中等职业教育“十三五”规划教材
计算机网络技术专业创新型系列教材

Windows Server 2012 操作系统项目教程

黄超强　赵　军　主编

邹　球　李清华　郭　建　副主编

科学出版社

北　京

内 容 简 介

本书内容紧扣中等职业教育技能大纲，理论与实践相结合，以广泛使用的服务器操作系统 Windows Server 2012 为例，介绍网络服务部署、配置与管理的技术方法。本书以工作过程为导向，以工程实践为基础，注重实训。全书主要内容包括课前准备、安装 Windows Server 2012 R2、Windows Server 2012 R2 的常用配置、安装与管理活动目录、安装与配置 DNS 服务器、安装与配置 Web 服务器、安装与配置 FTP 服务器、安装与配置 DHCP 服务器、安装与配置 DFS 服务器、管理 Hyper-V 及安全管理，其中，部分教学项目任务中有拓展提高的内容。

本书内容丰富，注重系统性、实践性和可操作性，每个项目的任务都有相应的操作示范，便于读者快速上手。本书既可以作为中等职业院校计算机应用专业和网络技术专业的教材，也可以作为网络管理和维护人员的参考书，以及各种培训班教材。

图书在版编目（CIP）数据

Windows Server 2012 操作系统项目教程/黄超强，赵军主编. —北京：科学出版社，2016

（中等职业教育“十三五”规划教材・计算机网络技术专业创新型系列教材）

ISBN 978-7-03-048737-7

Ⅰ. ①W… Ⅱ. ①黄… ②赵… Ⅲ. ①Windows 操作系统-网络服务器-中等专业学校-教材 Ⅳ. ①TP316.86

中国版本图书馆 CIP 数据核字（2016）第 129203 号

责任编辑：陈砺川 王会明 / 责任校对：陶丽荣
责任印制：吕春珉 / 封面设计：东方人华设计部

科 学 出 版 社 出版

北京东黄城根北街 16 号
邮政编码：100717
http://www.sciencep.com

铭浩彩色印装有限公司印刷

科学出版社发行 各地新华书店经销

*

2016 年 7 月第 一 版 开本：787×1092 1/16
2021 年 1 月第七次印刷 印张：14 3/4
字数：303 000

定价：40.00 元

（如有印装质量问题，我社负责调换〈铭浩〉）
销售部电话 010-62136230 编辑部电话 010-62135397-2008

计算机网络技术专业创新型系列教材

编写委员会

丛书序 FOREWORD

当今社会信息技术迅猛发展，互联网+、工业 4.0、3D 打印、VR（虚拟现实）、大数据、云计算等新理念、新技术层出不穷，信息技术的最新应用成果已渗透到人类活动的各个领域，不断改变着人类传统的生产和生活方式，信息技术应用能力已成为当今人们所必须掌握的基本必备能力之一。职业教育是国民教育体系和人力资源开发的重要组成部分，信息技术基础应用能力及其在各个专业领域应用能力的培养，始终是职业教育培养多样化人才、传承技术技能、促进就业创业的重要载体和主要内容。信息技术的不断更新迭代及在不同领域的普及和应用，直接影响着技术技能型人才信息技术能力的培养定位，引领着职业教育领域信息技术类专业课程教学内容与教学方法的改革，使之不断推陈出新、与时俱进。

2014 年，国务院出台《国务院关于加快发展现代职业教育的决定》，明确提出要“形成适应发展需求、产教深度融合、中职高职衔接、职业教育与普通教育相互沟通，体现终身教育理念，具有中国特色、世界水平的现代职业教育体系”，要实现“专业设置与产业需求对接，课程内容与职业标准对接，教学过程与生产过程对接，毕业证书与职业资格证书对接，职业教育与终身学习对接”。2014 年 6 月，全国职业教育工作会议在京召开，习近平主席就加快发展职业教育做出重要指示，提出职业教育要“坚持产教融合、校企合作；坚持工学结合、知行合一”。现代职业教育的发展将带来人才培养模式、教育教学方式和办学体制机制的巨大变革，这无疑给职业院校信息技术应用人才的培养提出了新的目标。信息技术类相关专业的教学必须要顺应改革，始终把握技术发展和人才培养的最新动向，推动教育教学改革与产业转型升级相衔接，突出“做中学、做中教”的职业教育特色，强化教育教学实践性和职业性，实现学以致用、用以促学、学用相长。

2009 年，教育部颁布了《中等职业学校计算机应用基础教学大纲》；2014 年，教育部在 2010 年新修订的专业目录基础上，相继颁布了计算机应用、数字媒体技术应用、计算机平面设计、计算机动漫与游戏制作、计算机网络技术、网站建设与管理、网络安防系统安装与维护、软件与信息服务、客户信息服务、计算机速录、计算机与数码产品维修等 11 个计算机类相关专业的教学标准，确定了专业教学方案及核心课程内容的指导意见。

为落实教育部深化职业教育教学改革的要求，使国内优秀中职学校积累的宝贵经验得以推广，“十三五”开局之年，科学出版社组织编写了这套中等职业教育信息技术类创新型规划教材，并将于“十三五”期间陆续出版发行。

本套教材是“以就业为导向，以能力为本位”的“任务引领”型教材，无论是教学体系的构建、课程标准的制定、典型工作任务或教学案例的筛选，还是教材内容、结构的设计与素材的配套，均得到了行业专家的大力支持和指导，他们为本套教材提出了十分有益的建议；

同时，本套教材也倾注了 30 多所国家示范学校和省级示范学校一线教师的心血，他们把多年的教学改革成果、经验收获转化到教材的编写内容及表现形式之中，为教材提供了丰富的素材和鲜活的教学案例，力求符合职业教育的规律和特点，力争为中国职业教学改革与教学实践提供高质量的教材。

本套教材在内容与形式上具有以下特色。

1．行动导向，任务引领。将职业岗位日常工作中典型的工作任务进行拆分，再整合课程专业知识与技能要求，是教材编写时工作任务设计的原则。以工作任务引领知识、技能及职业素养，通过完成典型的任务激发学生成就感，同时帮助学生获得对应岗位所需要的综合职业能力。

2．内容实用，突出能力培养。本套教材根据信息技术的最新发展应用，以任务描述、知识呈现、实施过程、任务评价以及总结与思考等内容作为教材的编写结构，并安排有拓展任务与关联知识点的学习。整个教学过程与任务评价等均突出职业能力的培养，以“做中学，做中教”“理论与实践一体化教学”作为体现教材辅学、辅教特征的基本形态。

3．教学资源多元化、富媒体化。教学信息化进程的快速推进深刻地改变着教学观念与教学方法。基于教材和配套教学资源对改变教学方式的重要意义，科学出版社开发了不同功能的网站，为此次出版的教材提供了丰富的数字资源，包括教学视频、音频、电子教案、教学课件、素材图片、动画效果、习题或实训操作过程等多媒体内容。读者可通过登录出版社提供的网站（www.abook.cn）下载、使用资源，或通过扫描书中提供的二维码，获取丰富的多媒体配套资源。多元化的教学资源不仅方便了传统教学活动的开展，还有助于探索新的教学形式，如自主学习、渗透式学习、翻转课堂等。

4．以学生为本。本套教材以培养学生的职业能力和可持续性发展为宗旨，教材的体例设计与内容的表现形式充分考虑到学生的身心发展规律，案例难易程度适中，重点突出，体例新颖，版式活泼，便于阅读。

当然，任何事物的发展都有一个过程，职业教育的改革与发展也是如此。本套教材的开发是我们探索职业教育教学改革的有益尝试，其中难免存在这样或那样的不足，敬请各位专家、老师和广大同学不吝指正。希望本系列创新型教材的出版助推优秀的教学成果呈现，为我国中等职业教育信息技术类专业人才的培养和现代职业教育教学改革的探索创新做出贡献。

工业和信息化职业教育教学指导委员会委员
计算机专业教学指导委员会副主任委员

前言

PREFACE

计算机网络日益普及，网络服务器在计算机网络中具有核心地位，很多企业或组织机构需要组建自己的服务器来运行各种网络业务，因而需要更多的掌握各类网络服务器部署、配置和管理技能，并能解决实际网络应用问题的应用型人才。

本书内容

本书以 Windows Server 2012 R2 为蓝本，重点介绍了 Windows Server 2012 R2 系统的应用及管理、网络服务器配置和安全管理等知识。

本书特点

本书采用了“项目—任务”编写模式，把每个项目划分为若干个任务，以任务引出知识点，以任务实现强化，进而达到培养技能的目的。书中内容以真实的网络管理过程为导向规划课程内容，将技能操作作为重点来讲解，充分考虑了知识的完整性、系统性和连贯性，使读者能够真正掌握网络构建与管理的知识和技能，独立完成相关的网络技术项目。另外，本书部分内容使用命令来配置，理论知识以“小贴士”形式穿插到所需之处。本书配套教学资源可扫书中二维码观看学习，或登录 www.abook.cn 网站下载使用。

本书编者

本书的主要编者为从事 Windows 相关教学的一线老师、多年从事网络搭建与应用项目训练的金牌教练以及企业工程技术人员。本书编者都具有丰富的 Windows 操作系统训练、教学、培训经验，希望借此书与广大读者分享编者在训练、教学过程中的经验。

本书由黄超强、赵军任主编，邹球、李清华、郭建任副主编。在本书编写过程中，编者重点研读了戴有炜出版的有关 Windows Server 2012 的几本书籍。经过集体讨论设计内容框架和结构，分工执笔完成：赵军负责全书统稿及课前准备；欧健编写项目一；李喜崇编写项目二；黄超强负责全书统稿及项目三；邹球编写项目四；曾尧、梁结坚编写项目五；邹球、蔡国财编写项目六；李清华编写项目七、项目八；郭建编写项目九、项目十。

由于编者水平有限，时间仓促，书中疏漏之处在所难免，敬请广大读者批评指正。

编　者

2016 年 4 月

目 录

CONTENTS

课 前 准 备

一、了解 Windows Server 2012 版本

Windows Server 2012 有四个版本，分别是 Foundation、Essentials、Standard 和 Datacenter。

Windows Server 2012 Foundation 版本仅提供给 OEM 厂商，限定用户 15 位，提供通用服务器功能，不支持虚拟化。

Windows Server 2012 Essentials 版本面向中小企业，用户限定在 25 位以内，该版本简化了界面，预先配置云服务连接，不支持虚拟化。

Windows Server 2012 Standard 版本提供完整的 Windows Server 功能，限制使用两台虚拟主机。

Windows Server 2012 Datacenter 版本提供完整的 Windows Server 功能，不限制虚拟主机数量。

Windows Server 2012 四个版本的适用范围、区别及客户端数量见表 0-1，版本的简化让企业更容易选择其所需版本。

表 0-1 Windows Server 2012 四个版本对比

版本	适用范围	区别	客户端数量
Foundation	一般用途经济环境	仅支持一个处理器，不支持虚拟化环境	一个用户帐户
Essentials	小型企业网络环境	仅支持两个处理器，不支持虚拟化环境	25 个用户帐户
Standard	无虚拟化或低度虚拟化环境	完整功能，支持 64 个处理器，虚拟机器数量支持两个	根据购买的客户端访问授权数量而定
Datacenter	高度虚拟化云端环境	完整功能，支持 64 个处理器，虚拟机器数量没有限制	根据购买的客户端访问授权数量而定

二、了解 Windows Server 2012 R2 新特性

Windows Server 2012 R2 是 Windows Server 2012 的升级版本，涵盖服务器虚拟化、存储、软件定义网络、服务器管理和自动化以及虚拟桌面基础结构等。它的一系列新特征（如 Hyper-V 等）极大地增强了该操作系统的功能，下面简单介绍 Windows Server 2012 R2 中的新特征。

1. 图形用户界面

Windows Server 2012 R2 由 Metro 设计语言开发，可以在 Server Core 和 GUI 选项之间切换。

2. 任务管理器

Windows Server 2012 R2 拥有全新的任务管理器。在“进程”选项卡中，以色调来区分资源利用，并列出了应用程序名称、状态以及 CPU、内存、硬盘和网络的使用情况。在“性能”选项卡中，CPU、内存、硬盘、以太网和 Wi-Fi 以菜单的形式分开显示。CPU 方面，虽然不显示每个线程的使用情况，但可以显示每个 NUNA 节点的数据。当逻辑处理器超过 64 个的时候，就以不同色调和百分比来显示每个逻辑处理器的使用情况。将鼠标悬停在逻辑处理器，可以显示该处理器的 NUNA 节点和 ID（如果可用）。

此外，在新版任务管理器中，增加了“启动”选项卡，可以识别 Windows Store 应用的挂起状态。

3. IP 地址管理

Windows Server 2012 R2 有一个 IP 地址管理，其作用为发现、监控、审计和管理在企业网络上使用的 IP 地址空间，IPAM 对 DHCP 和 DNS 进行管理和监控。

4. Active Directory

Windows Server 2012 R2 的 Active Directory 安装向导已经出现在服务器管理器中，并且增加了 Active Directory 的回收站。在同一个域中，密码策略可以更好地进行区分。Windows Server 2012 R2 中的 Active Directory 已经出现了虚拟化技术，虚拟化的服务器可以安全的进行克隆，简化了 Windows Server 2012 的域级别，使它完全可以在服务器管理器中进行。Active Directory 联合服务已经集成到系统中，并且已加入了 Kerberos 令牌。可以使用 Windows PowerShell 命令的“PowerShell 历史记录查看器”查看 Active Directory 的操作。

5. Hyper-V

Windows Server 2012 R2 包含一个全新的 Hyper-V。许多功能如网络虚拟化、多用户、存储资源池、交叉连接和云备份已经添加到 Hyper-V 中，这个版本中的 Hyper-V 可以访问多达 64 个处理器，1TB 的内存和 64TB 的虚拟磁盘空间，最多可以同时管理 1024 个虚拟主机以及 8000 个故障转移群集。

6. 重复数据删除技术

Windows Server 2012 R2 的“重复数据删除”可以实现删除数据内的重复信息而不损失数据的精确性或完整性的操作。其目标是通过将文件分割成小的（32～128 KB）且可变大小的区块并确定重复的区块，然后保持每个区块一个副本，在更小的空间中存储更多的数据。使用单个副本的引用替换了区块的冗余副本，区块被分为容器文件，并且容器已被压缩实现进一步的空间优化。

安装 Windows Server 2012 R2

SZ 公司员工有几百人，网络体系采用服务器—客户机模式，现在主流的服务器操作系统为 Windows Server 2012 R2。Windows Server 2012 R2 可以帮助 IT 人员搭建功能强大的网站、应用程序服务器和高度虚拟化的云应用环境，可以帮助各种大、中、小型企业简化网站与服务器的管理、改善资源的可用性、减少成本支出、保护好企业的程序与数据，因此 SZ 公司管理员决定使用 Windows Server 2012 R2 服务器操作系统。

在本项目中，我们将通过完成以下三个任务来学习如何安装和使用 Windows Server 2012 R2。

任务一　全新安装 Windows Server 2012 R2

任务二　升级安装 Windows Server 2012 R2

任务三　启动 Windows Server 2012 R2

知识目标

◆ 了解 Windows Server 2012 R2 对计算机的最低的要求及安装模式。

◆ 了解密码的复杂度及最小长度。

技能目标

◆ 掌握 Windows Server 2012 R2 的安装与升级。

◆ 掌握 Windows Server 2012 R2 的启动和使用。

任务一　全新安装 Windows Server 2012 R2

任务描述

本任务完成全新安装 Windows Server 2012 R2。观看“全新安装 Windows Server 2012 R2”教学视频请扫右侧二维码。

全新安装 Windows Server 2012 R2

相关知识

Windows Server 2012 R2 对计算机硬件的最低要求如表 1-1 所示。

表 1-1　硬件要求

硬　件	需　求
处理器（CPU）	最少 1.4GHz，64 位
内存（RAM）	最少 512MB
硬盘	最少 32GB
显示器	VGA800×600 或者更高分辨率显示器
其他	键盘、鼠标、DVD 光驱与可连接因特网

Windows Server 2012 R2 提供了两种安装模式：带有 GUI 的服务器安装和服务器核心安装。

- ◆ 带有 GUI 的服务器安装：安装完成后 Windows Server 2012 R2 包含图形界面，提供用户界面与图形管理工具，相当于 Windows 的完全安装。
- ◆ 服务器核心安装：安装完成后 Windows Server 2012 R2 仅提供最小化的环境，它可以降低维护与管理需求，减少使用硬盘容量、减少被攻击次数，因没有图形界面，管理员只能使用命令提示符、Windows PowerShall 或者远程计算机管理此服务器。

带有 GUI 的服务器提供方便的管理界面，但是服务器核心安装却可以提供比较安全的环境，因此可以先安装带有 GUI 的服务器，然后配置完服务器后，如有必要可切换到比较安全的服务器核心安装环境。

实现步骤

准备好 Windows Server 2012 R2 的安装光盘，然后按照以下步骤安装 Windows Server 2012 R2。

01 打开服务器电源，将 Windows Server 2012 R2 的安装光盘放入光驱，设置选择从光驱启动（如果是用 U 盘制作的 Windows Server 2012 R2 启动盘，选择从相应的 U 盘启动），进入 Windows Server 2012 R2 的启动界面，如图 1-1 所示。

02 安装程序启动完成后进入输入语言和其他首选项设置界面，如图 1-2 所示。在“要安装的语言”和“时间和货币格式”下拉列表中选择“中文（简体，中国）”，在“键盘和输入方法”下拉列表中选择“微软拼音”，设置完毕后，单击“下一步”按钮。

图 1-1　进入 Windows Server 2012 R2 的启动界面

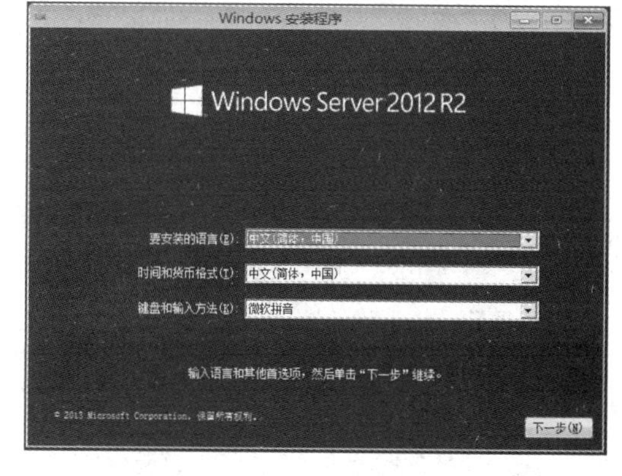

图 1-2　安装程序启动

03 进入图 1-3 所示界面，在该界面单击“现在安装”按钮。

04 进入图 1-4 所示界面，在该界面选择要安装的操作系统模式，这里选择“Windows Server 2012 Standard（带有 GUI 的服务器）”模式，单击“下一步”按钮。（**注意：服务器核心安装是没有图形界面的。**）

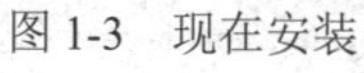

图 1-3　现在安装

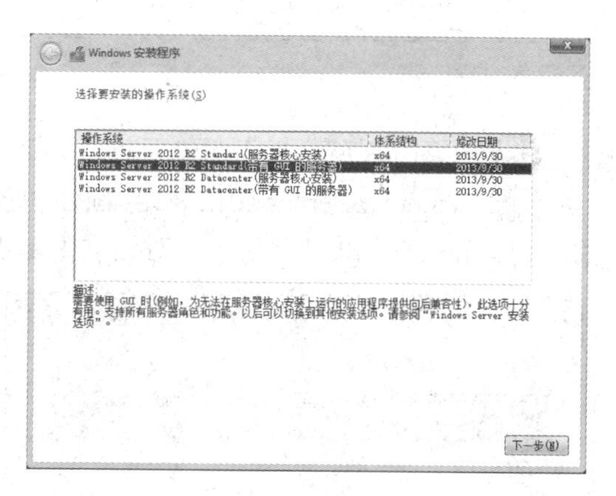

图 1-4　系统模式

05 出现如图 1-5 所示许可条款界面时，选中“我接受许可条款”复选框，单击“下一步”按钮。

06 进入图 1-6 所示界面，将安装类型选择为“自定义：仅安装 Windows（高级）”，以便手动给硬盘分区。

07 在如图 1-7 所示界面中选择“驱动器 0 未分配的空间”，单击“新建”按钮给磁盘分区。

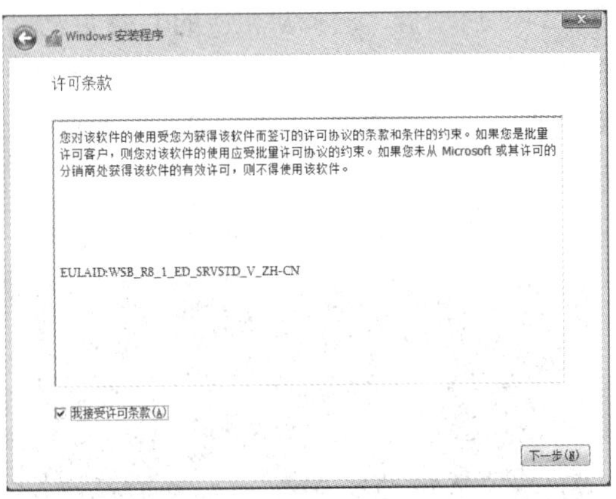

图 1-5　许可条款界面

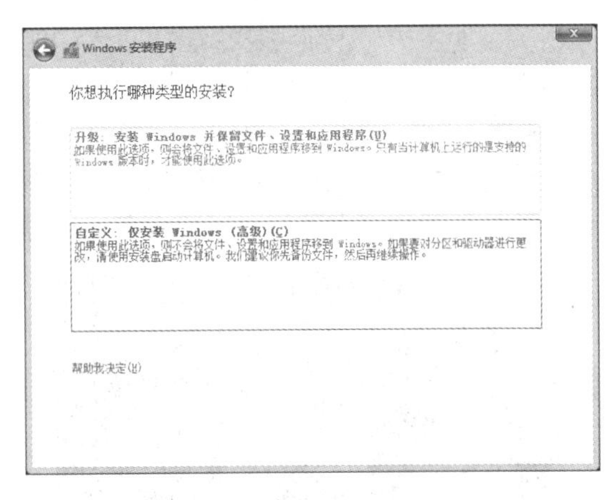

图 1-6　安装类型选择

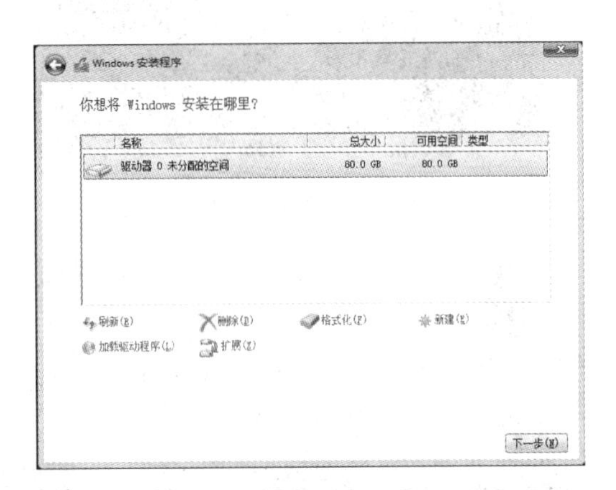

图 1-7　分配驱动器

小贴士

如果需要安装厂商提供的驱动程序才可以访问磁盘，则单击“加载驱动程序”按钮；需要删除，则单击“删除”按钮；需要格式化，则单击“格式化”按钮。

08 在图 1-8 所示界面中设置磁盘分区大小，设置完毕后，单击“应用”按钮。

09 Windows Server 2012 R2 会额外创建一个分区，即系统保留分区，存放的是 Windows 的启动文件，在如图 1-9 所示的对话框中单击“确定”按钮。

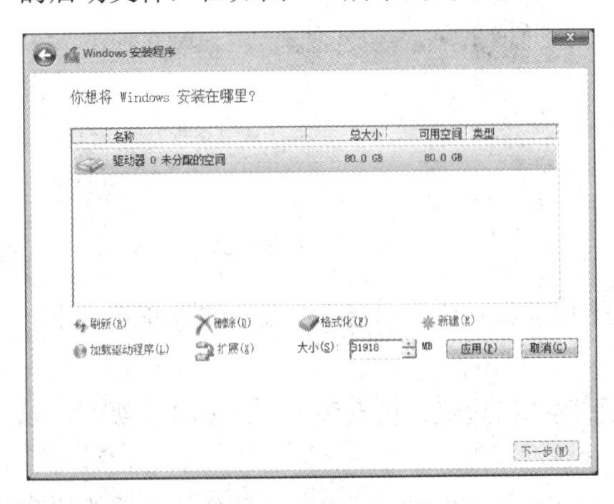

图 1-8　设置磁盘分区大小

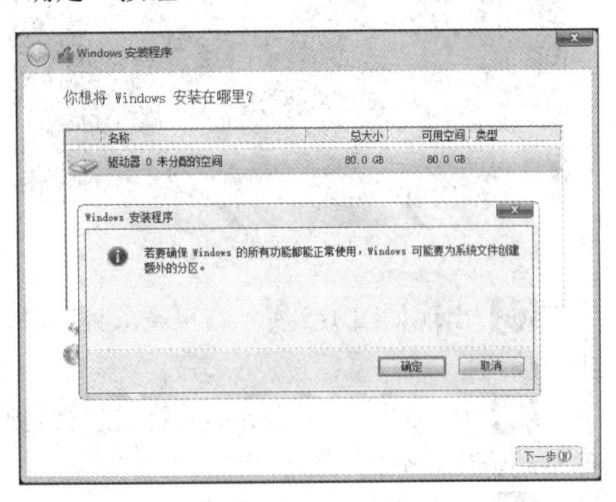

图 1-9　系统保留分区

10 在如图 1-10 所示界面中选择安装系统的主分区，单击“下一步”按钮。

11 安装程序开始安装 Windows Server 2012 R2，如图 1-11 所示。

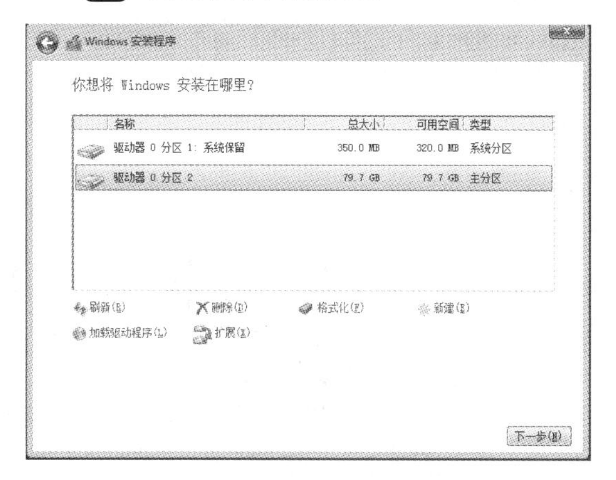

图 1-10　选择安装系统的主分区

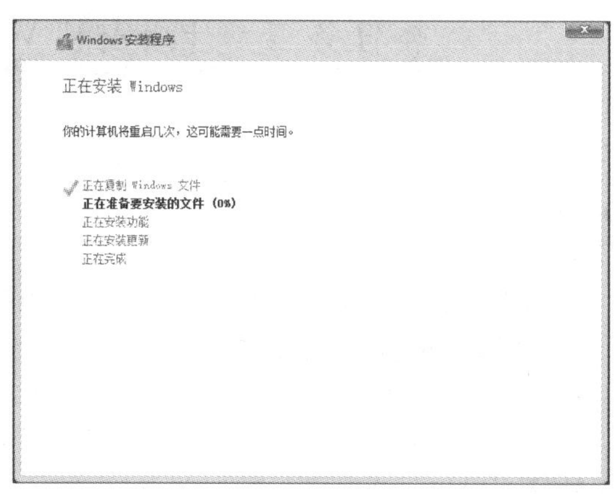

图 1-11　开始安装

12 Windows Server 2012 R2 安装完成之后系统将自动重启界面，如图 1-12 所示。

13 重启完成之后系统自动安装设备，如图 1-13 所示。

14 安装完毕后系统进行第二次自动重启，重启完成之后将进入设置 Administrator 帐户密码的界面，如图 1-14 所示。

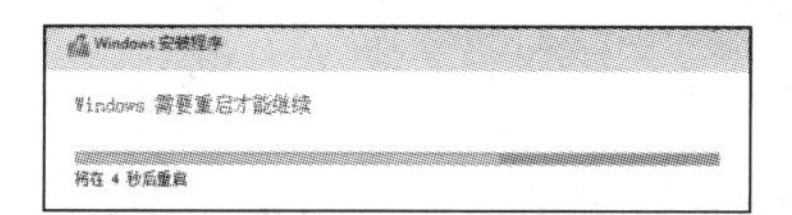

图 1-12　自动重启

正在准备设备 92%

图 1-13　系统自动安装设备

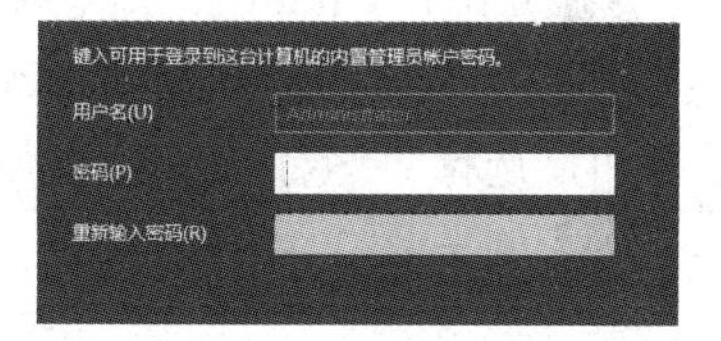

图 1-14　设置 Administrator 帐户密码

15 设置完密码之后，进入如图 1-15 所示的锁屏界面。

16 按 Ctrl + Alt + Delete 组合键登录，在如图 1-16 所示的界面中输入正确的密码即可进入系统。

图 1-15　进入锁屏界面

图 1-16　进入系统

至此，Windows Server 2012 R2 全新安装结束。

任务二　升级安装 Windows Server 2012 R2

任务描述

本任务完成升级安装 Windows Server 2012 R2。观看“升级安装 Windows Server 2012 R2”教学视频请扫右侧二维码。

升级安装 Windows Server 2012 R2

相关知识

升级安装 Windows Server 2012 R2 既可以进行升级安装，也可以进行全新安装。本任务以升级安装为主，请准备好 Windows Server 2012 R2 的安装光盘。

实现步骤

01 启动 Windows 系统并登录。

02 将 Windows Server 2012 R2 系统光盘放入光驱，等待如图 1-17 所示的自动播放提示界面，选择“运行 setup.exe”。

03 进入图 1-18 所示的界面，单击“现在安装”按钮。

图 1-17　选择“运行 setup.exe”

图 1-18　现在安装

04 可以在图 1-19 所示界面中选择“立即在线安装更新（推荐）”选项。

05 安装程序进入下载更新步骤。

06 更新完毕后，进入“选择要安装的操作系统”模式界面，这里选择“Windows Server 2012 Standard（带有 GUI 的服务器）”模式，如任务一中图 1-4 所示，单击“下一步”按钮。

07 出现“许可条款”界面时，选中“我接受许可条款”复选框，如任务一中图 1-5 所示，单击“下一步”按钮。

08 进入图 1-20 所示界面，将安装类型选择为“升级：安装 Windows 并保留文件、设置和应用程序”。

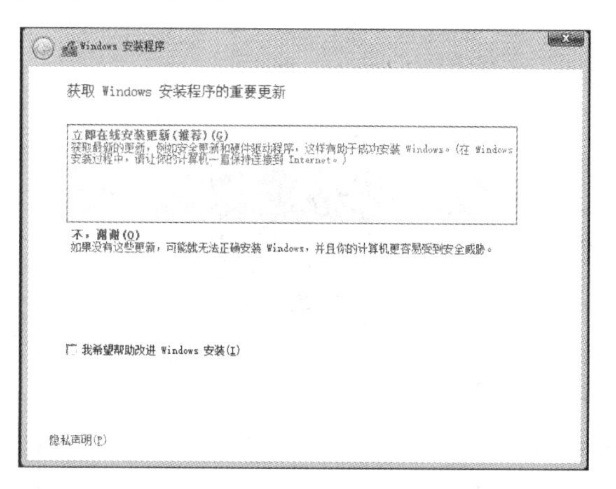

图 1-19　立即在线安装更新

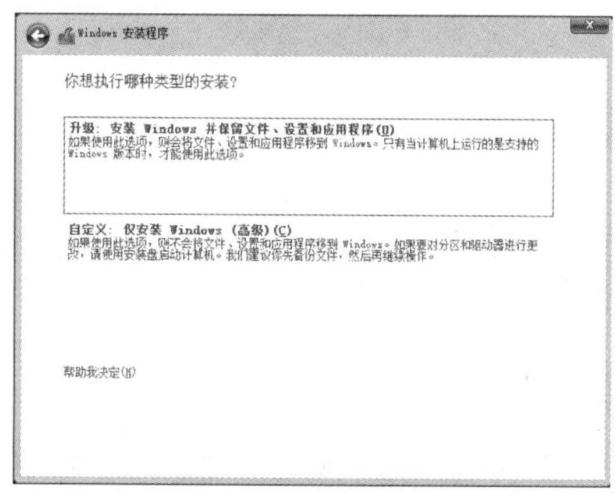

图 1-20　安装类型选择

09 进入图 1-21 所示界面显示系统没有兼容性问题，单击“下一步”按钮，否则建议解决问题后再安装。

10 安装程序开始升级安装 Windows Server 2012 R2，如图 1-22 所示。

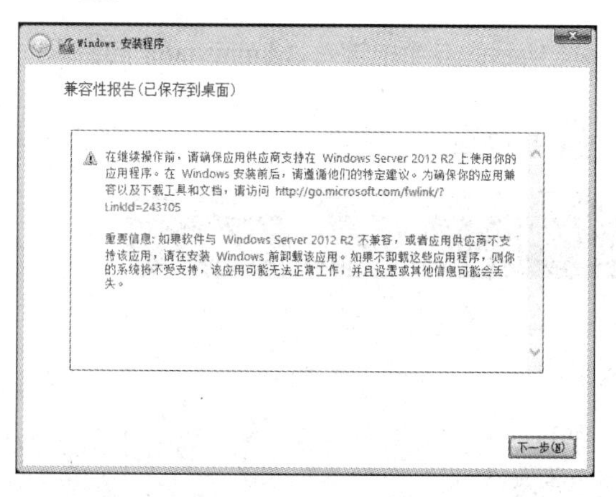

图 1-21　兼容性报告

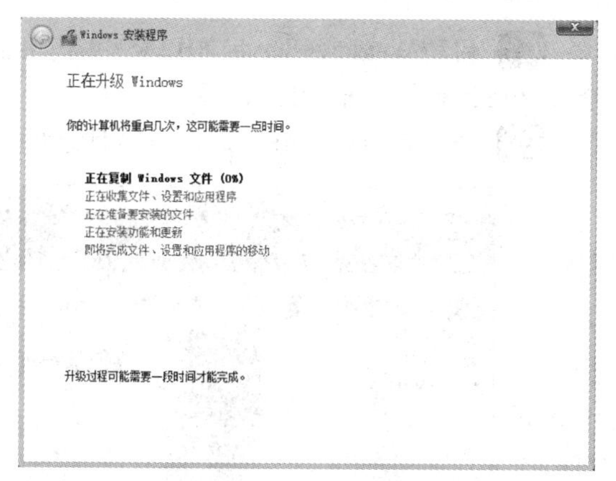

图 1-22　开始升级安装

11 升级安装 Windows Server 2012 R2 完成后，系统会自动重启进行安装设备，安装完毕后系统进行第二次自动重启。

12 重启完成之后将进入设置 Administrator 帐户密码的界面，如图 1-14 所示。

13 设置完密码之后，进入如图 1-15 所示的锁屏界面。

14 按 Ctrl + Alt + Delete 组合键登录，在如图 1-16 所示的界面中输入正确的密码即可进入系统。

至此，Windows Server 2012 R2 升级安装结束。

任务三　启动 Windows Server 2012 R2

任务描述

本任务完成启动 Windows Server 2012 R2。观看“启动 Windows Server 2012 R2”教学视频请扫右侧二维码。

启动 Windows Server 2012 R2

相关知识

Windows Server 2012 R2 第一次启动，会要求设置 Administrator 的密码，所设置的密码至少需要六个字符，并且需满足密码复杂性要求，密码中至少含有字母 A～Z、a～z、0～9、非字母数字（如!、@、#、&）等四组中的三组。例如，12abAB 属于一个有效的密码，而 abcdef 则不属于一个有效的密码。

实现步骤

01 启动 Windows Server 2012 R2，在如图 1-16 所示的界面中输入 Administrator 的密码，登录 Windows Server 2012 R2 系统。

02 登录成功后会出现如图 1-23 所示的“服务器管理器”界面。

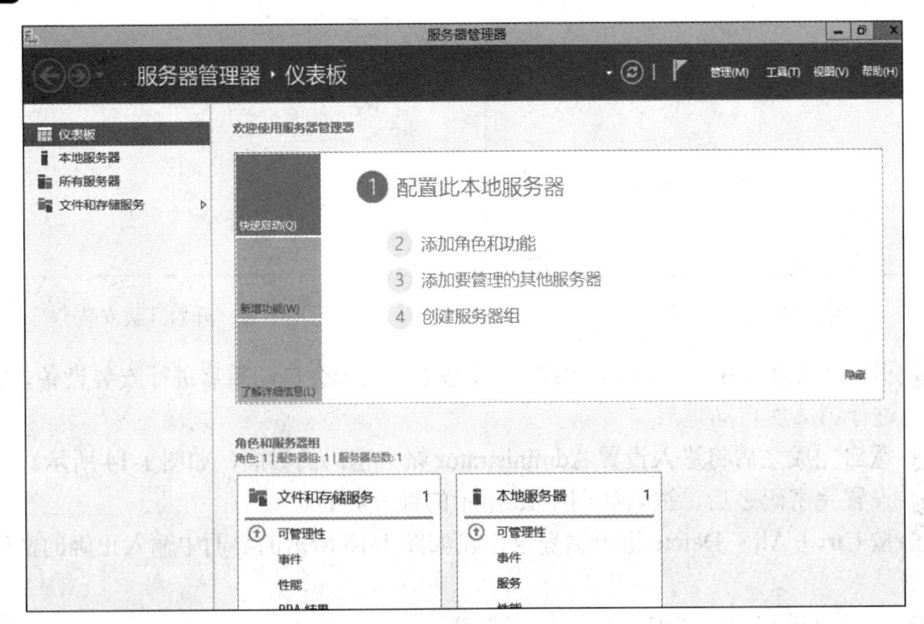

图 1-23　服务器管理器

03 注销、登录与关机。如暂时不使用计算机，可以选择注销或者锁定计算机，如图 1-24 所示。

04 关闭或者重启计算机。同时按下“⊞+C”键，打开超级按钮，单击屏幕右下角“设置”图标⚙。

05 在如图 1-25 所示的右下角界面中单击“电源”图标，可以选择“关机”和“重启”操作。

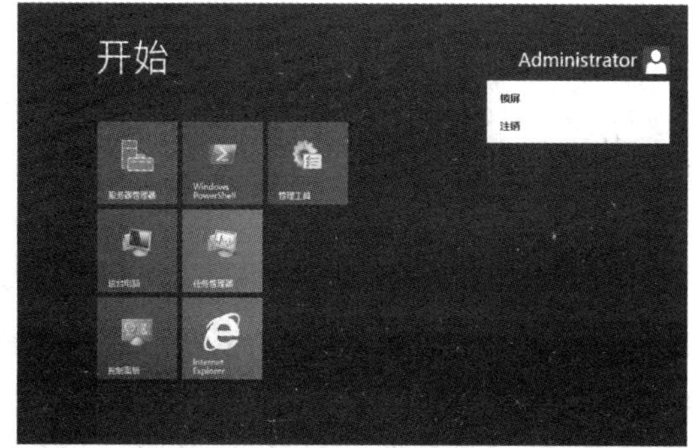

图 1-24　注销、登录与关机

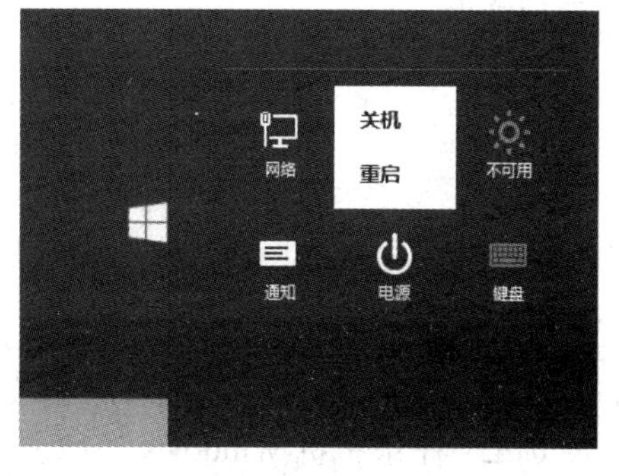

图 1-25　关机和重启

06 适当调整显示设置，可以让显示器获得最佳的显示效果，让眼睛更舒服，右击桌面空白处，在弹出的快捷菜单中选择“屏幕分辨率”选项，如图 1-26 所示。

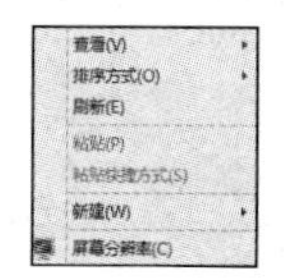

图 1-26　调整显示分辨率

07 在如图 1-27 所示的窗口中设置合适的屏幕分辨率。

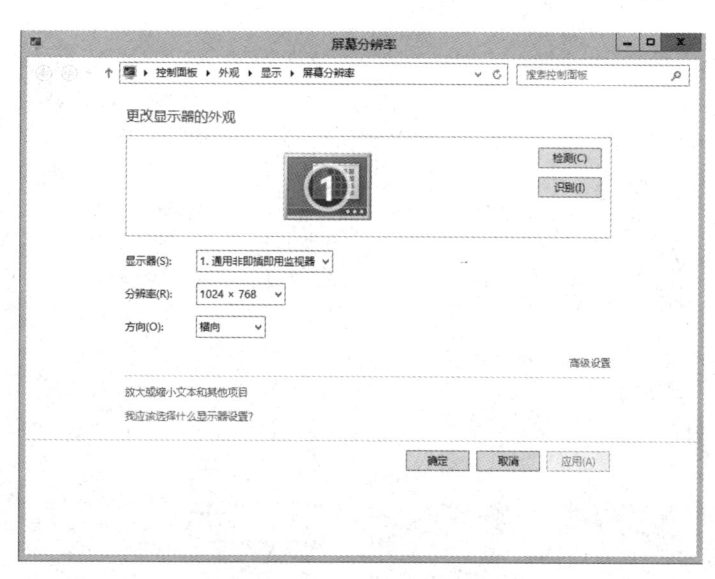

图 1-27　设置合适的屏幕分辨率

至此，Windows Server 2012 R2 升级安装结束。

项目小结

在本项目中介绍了 Windows Server 2012 R2 安装前必须具备的基本常识，全新安装 Windows Server 2012 R2，升级安装 Windows Server 2012 R2 以及如何登录、注销、锁定和关闭 Windows Server 2012 R2，以便让我们熟悉 Windows Server 2012 R2 的基本操作并具备基本的管理能力。

项目实训

实训一：使用 Oracle VM VirtualBox 创建一台虚拟机，虚拟机命名为 Windows 2012，内存大小为 1024MB，硬盘大小为 60GB，虚拟机文件保存在 D:\windows2012 文件夹下，使用 Windows Server 2012 R2 系统 ISO 全新安装 Windows 系统。

实训二：在虚拟机 Windows 2012 服务器操作系统中，设置管理员密码为"1qaz！QAZ"，并使用管理员用户登录服务器操作系统，尝试注销、重新启动、锁定系统等基本操作。

Windows Server 2012 R2 的常用配置

SZ 公司由于业务的发展需要，新购置了一台服务器并已安装 Windows Server 2012 R2 操作系统，为了使服务器运作起来，需要对网络、存储、用户等进行必要的配置。网络拓扑如图 2-1 所示。

在本项目中，我们将通过完成以下三个任务来学习 Windows Server 2012 R2 的常用配置。

任务一　配置网络

任务二　管理磁盘之 diskpart 命令

任务三　管理本地用户和组

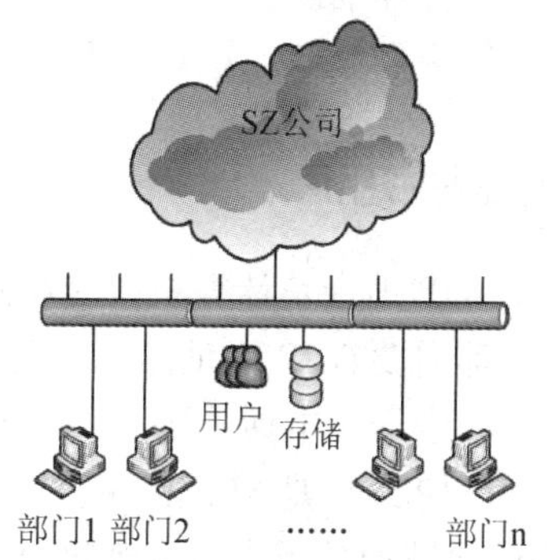

图 2-1　SZ 公司拓扑图

知识目标

- 了解 IP 地址的分类及私有地址范围。
- 了解基本磁盘与动态磁盘特点。
- 了解用户与组。

技能目标

- 掌握 netsh 命令配置网络。
- 掌握 diskpart 命令管理磁盘。
- 掌握 net user 和 net localgroup 管理本地用户和组。

任务一　配置网络

任务描述

从图 2-1 拓扑得知，SZ 公司需要为部门内网分配 C 类的私网 IP。一个标准 C 类的网段可以满足 254 个主机，也可以灵活使用 VSLM 可变长子网掩码，对子网的主机数进行适当的调整。同时，为了保证不同部门跨网段也可以通信，还需要规划每个部门网段的默认网关，一般来讲，实际工作中习惯选择该网段最后一个可用主机的 IP 来作为默认网关。本任务不对子网规划进行详细讲解，只针对服务器进行 TCP/IP 网络配置，使其能连接网络，方便提供服务。观看“配置网络”教学视频请扫右侧二维码。

配置网络

相关知识

IP 地址是计算机在因特网中的一个地址编号。大家日常见到的情况是每台联网的计算机上都需要有 IP 地址才能正常通信。如果把“个人电脑”比作“一台电话”，那么“IP 地址”就相当于“电话号码”，而因特网中的路由器，就相当于电信局的“程控式交换机”。

IP 地址是一个 32 位的二进制数，通常被分割为四个“8 位二进制数”(也就是四个字节)。IP 地址通常用“点分十进制”表示成（a.b.c.d）的形式，其中，a、b、c、d 都是 0～255 之间的十进制整数。例如，点分十进 IP 地址（100.4.5.6），实际上是 32 位二进制数（01100100.00000100.00000101.00000110）。

IP 地址编址方案将 IP 地址空间划分为 A、B、C、D、E 五类，其中 A、B、C 是基本类，D、E 类作为多播和保留使用。

公有地址（Public Address）由 Inter NIC（Internet Network Information Center 因特网信息中心）负责，这些 IP 地址分配给注册并向 Inter NIC 提出申请的组织机构。通过分配的 IP 地址可直接访问因特网。

私有地址（Private address）属于非注册地址，是组织机构内部使用的地址。

留用的内部私有地址有：A 类 10.0.0.0～10.255.255.255；B 类 172.16.0.0～172.31.255.255；C 类 192.168.0.0～192.168.255.255。

计算机获取 IP 地址的方式有两种：①自动获取 IP 地址，即由网络中的 DHCP 服务器自动分配一个 IP 地址；②手动设置 IP 地址，即由管理员手动设置指定的 IP 地址。

实现步骤

01 在桌面按住 Windows 键切换到“开始”→“服务器管理器”→“本地服务器”

→“以太网”，打开“服务器管理器”界面查看“本地服务器”的“属性”，如图 2-2 所示。

02 选择要进行网络连接的“以太网”适配器，右击，在弹出的快捷菜单中选择“属性”命令，在弹出的对话框中双击“Internet 协议版本 4（TCP/IPv4）”进入“常规”选项卡，选中“使用下面的 IP 地址”单选按钮，输入指定的“IP 地址”、“子网掩码”、“默认网关”和 DNS 服务器地址，如图 2-3 所示。

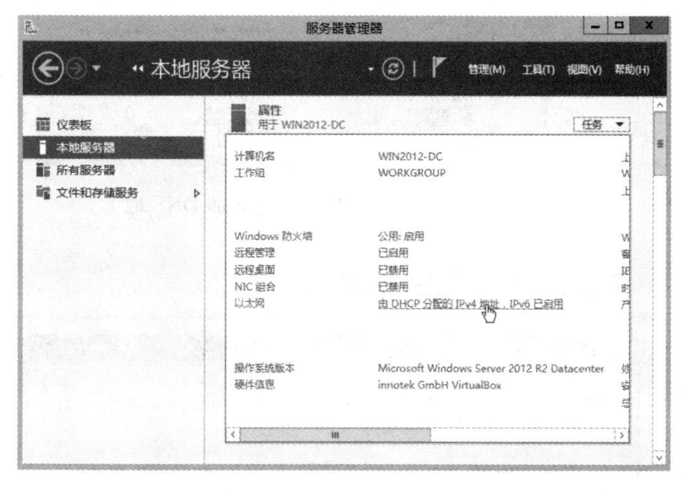

图 2-2　本地服务器属性

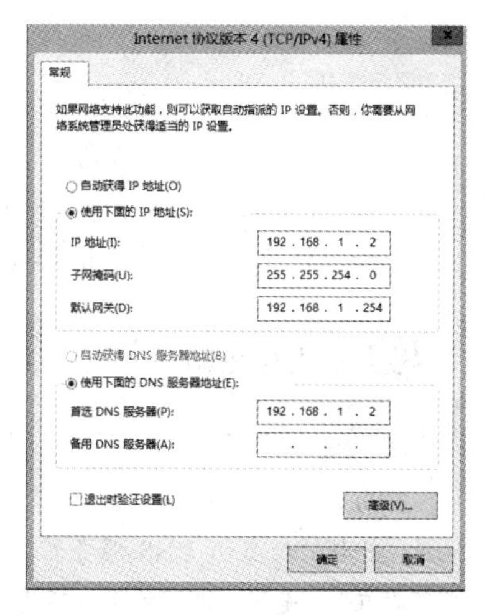

图 2-3　“常规”选项卡

03 打开 cmd 命令提示符，输入命令“ping 192.168.1.2”按 Enter 键确定，显示网络配置成功，如图 2-4 所示。

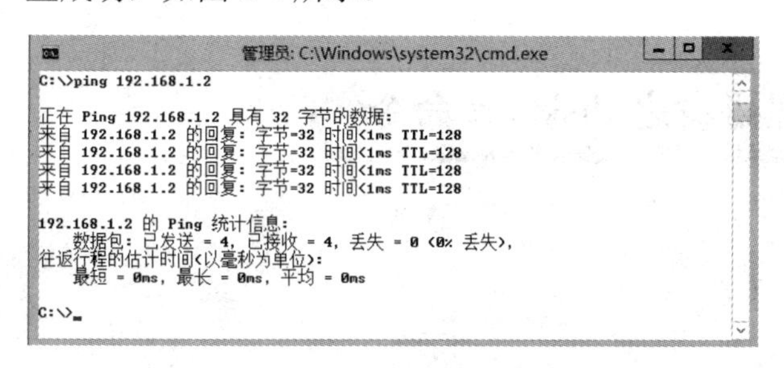

图 2-4　使用 ping 命令测试网络

小贴士

如果网络中的计算机不能 ping 通服务器，有可能是开启了防火墙，可通过关闭防火墙，或者在高级防火墙的左侧导航窗体中定位到“入站规则”，找到配置文件类型为“公共”的“文件和打印共享(回显请求-ICMPv4-In)”规则，设置为允许。

拓展提高

在 Windows Server 2012 R2 中打开网络连接进行网络的配置，需要多次单击鼠标，如果遇到服务器反应慢，会比较费时，而使用命令行配置网络可以节省时间。

01 打开 cmd 命令提示符，完成添加一个 IP 地址 192.168.1.3/23、网关 192.168.0.1，如图 2-5 所示。

02 使用命令，完成添加一个 192.168.1.3 的 DNS 地址，如图 2-6 所示。

```
C:\>netsh interface ip add address "以太网" 192.168.1.3 255.255.254.0 192.168.0.
1 1

C:\>ipconfig

Windows IP 配置

以太网适配器 以太网:

   连接特定的 DNS 后缀 . . . . . . . :
   IPv4 地址 . . . . . . . . . . . . : 192.168.1.2
   子网掩码 . . . . . . . . . . . . : 255.255.255.0
   IPv4 地址 . . . . . . . . . . . . : 192.168.1.3
   子网掩码 . . . . . . . . . . . . : 255.255.254.0
   默认网关. . . . . . . . . . . . . : 192.168.1.254
                                       192.168.0.1
```

图 2-5　使用命令添加 IP 地址、网关

```
C:\>netsh interface ip add dns "以太网" 192.168.1.3 index=1

配置的 DNS 服务器不正确或不存在。

C:\>ipconfig/all

Windows IP 配置

   主机名 . . . . . . . . . . . . . : WIN2012-DC
   主 DNS 后缀 . . . . . . . . . . . :
   节点类型 . . . . . . . . . . . . : 混合
   IP 路由已启用 . . . . . . . . . . : 否
   WINS 代理已启用 . . . . . . . . . : 否

以太网适配器 以太网:

   连接特定的 DNS 后缀 . . . . . . . :
   描述. . . . . . . . . . . . . . . : Intel(R) PRO/1000 MT Desktop Adapter
   物理地址. . . . . . . . . . . . . : 08-00-27-65-5A-39
   DHCP 已启用 . . . . . . . . . . . : 否
   自动配置已启用. . . . . . . . . . : 是
   IPv4 地址 . . . . . . . . . . . . : 192.168.1.2(首选)
   子网掩码 . . . . . . . . . . . . : 255.255.255.0
   IPv4 地址 . . . . . . . . . . . . : 192.168.1.3(首选)
   子网掩码 . . . . . . . . . . . . : 255.255.254.0
   默认网关. . . . . . . . . . . . . : 192.168.1.254
                                       192.168.0.1
   DNS 服务器 . . . . . . . . . . . : 192.168.1.3
                                       192.168.1.2
```

图 2-6　使用命令添加 DNS 地址

03 使用命令删除上述添加的 IP、网关、DNS，如图 2-7 所示。

> **小贴士**
>
> 在图 2-6 中，使用命令添加一个 DNS 地址，出现“配置的 DNS 服务器不正确或不存在”，是因为在网络中并不存在 IP 为 192.168.1.3 的 DNS 服务器，但配置已经完成，可通过 ipconfig/all 命令查看。

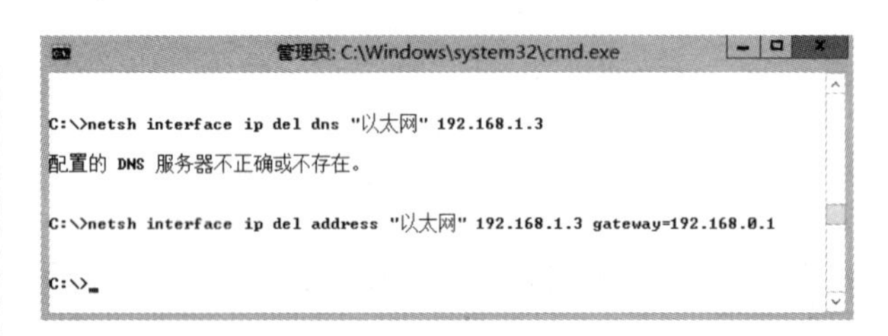

图 2-7　删除网络配置

任务二　管理磁盘之 diskpart 命令

任务描述

服务器新添加了四块大小均为 500GB 的磁盘。现在计划对磁盘进行分区操作，因为在实际工作环境中，常会遇到要在安装系统之前对磁盘进行分区，而使用图形化界面打开磁盘管理又较为费时，所以使用 diskpart 命令管理磁盘是管理员必须掌握的技能。下面我们就以划分基本磁盘和动态磁盘为例进行介绍。观看“管理磁盘之 diskpart 命令”教学视频请扫右侧二维码。

管理磁盘之 diskpart 命令

相关知识

Windows 把磁盘分为基本磁盘和动态磁盘。

基本磁盘：新安装的磁盘默认为基本磁盘，基本磁盘分为主分区、扩展分区、逻辑分区，一个磁盘只能存在一个扩展分区，扩展分区下不能直接存放数据，而是在扩展分区下划分多

个逻辑分区来存放数据，在没有扩展分区的情况下，最多可划分四个主分区。

动态磁盘：相比基本磁盘，动态磁盘可以新建一些具有特殊功能的卷，用来提高访问效率、容错或者扩大磁盘空间，包括简单卷、跨区卷、带区卷、镜像卷和 RAID-5 卷。

实现步骤

01 在“运行”窗口中输入 diskpart 命令，如图 2-8 所示。

02 单击“确定”按钮，弹出 diskpart 命令模式，并查看当前的硬盘列表，如图 2-9 所示。

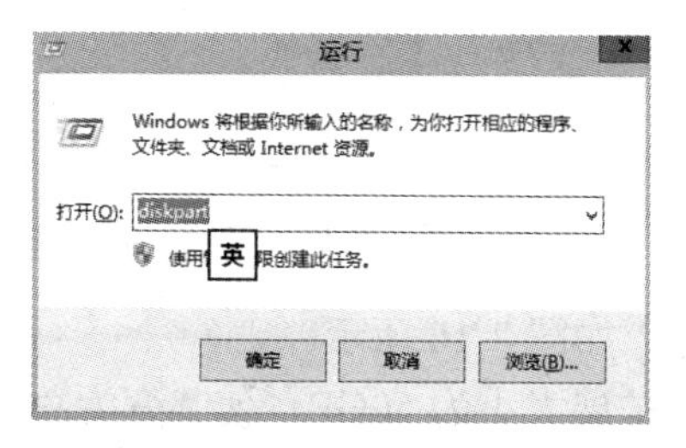

图 2-8　输入 diskpart 命令

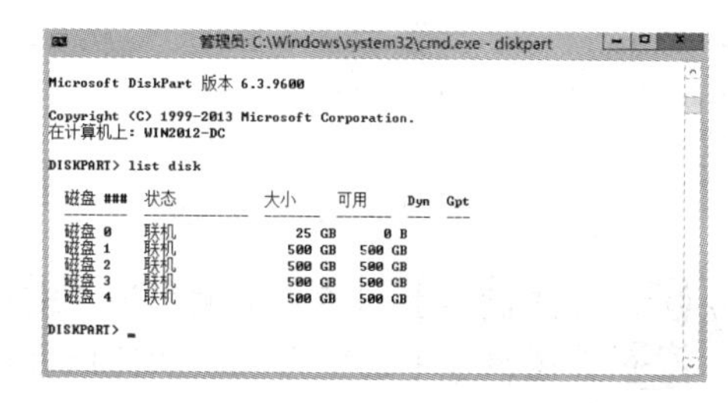

图 2-9　diskpart 命令模式

03 在磁盘 1 创建一个大小为 50GB 的主分区，如图 2-10 所示。

04 在磁盘 1 创建一个大小为 100GB 的扩展分区，并在扩展分区下创建一个大小为 50GB 的逻辑分区，如图 2-11 所示。

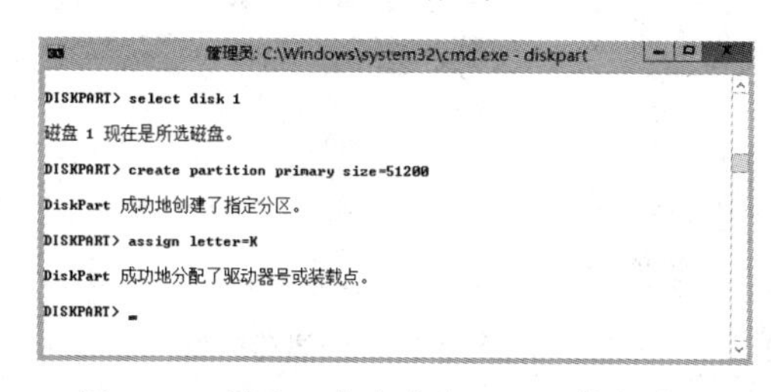

图 2-10　创建一个大小为 50GB 的主分区

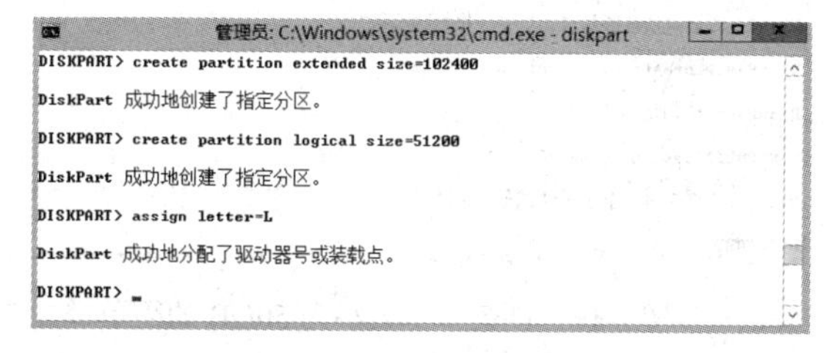

图 2-11　创建扩展分区和逻辑分区

05 在扩展分区下把剩余的磁盘空间创建为第二个逻辑分区，并查看分区列表，如图 2-12 所示。

06 退出 diskpart 命令模式，重新打开 cmd 命令提示符，对刚才的磁盘进行格式化，以主分区 K 盘为例，如图 2-13 所示。

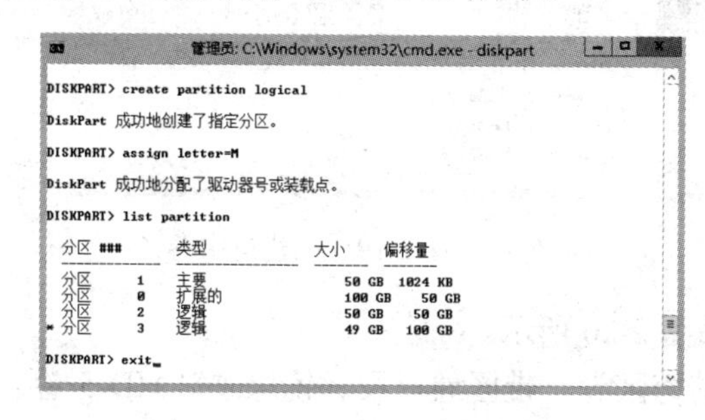

图 2-12　创建逻辑分区，查看分区列表

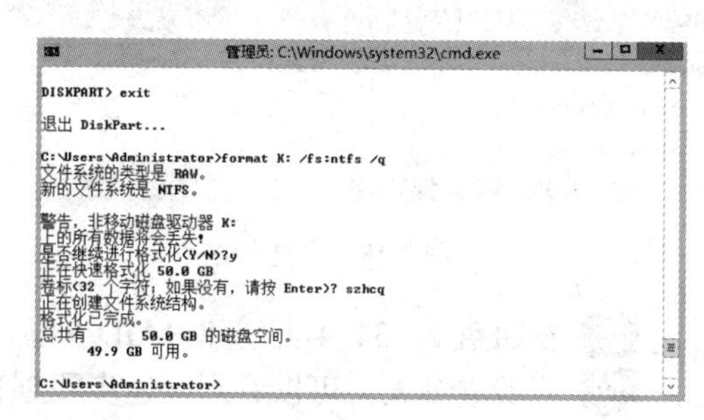

图 2-13　磁盘进行格式化

07 以上是对基本磁盘的管理，下面则对动态磁盘进行管理，重新进入 diskpart 命令模式，如图 2-14 所示。

08 把基本磁盘 2、3、4 转换为动态磁盘，如图 2-15 所示。

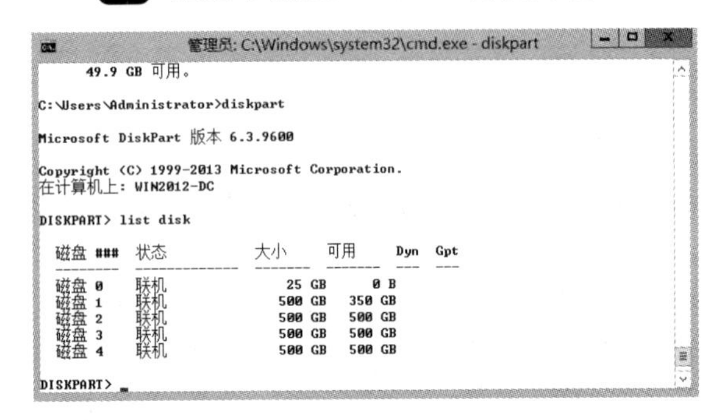

图 2-14 diskpart 命令模式

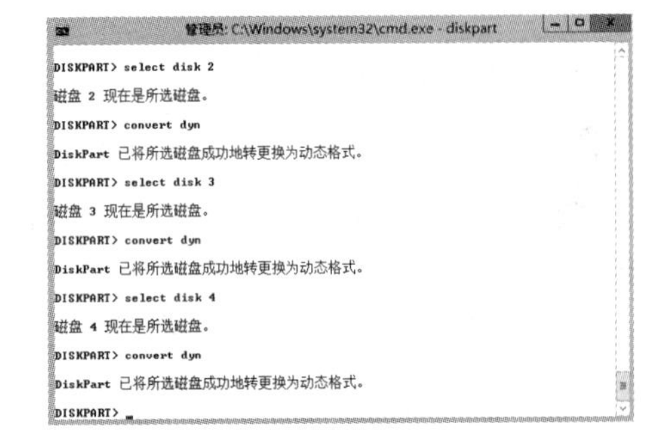

图 2-15 转换为动态磁盘

09 在磁盘 2 上创建一个大小为 50GB 的简单卷，如图 2-16 所示。

10 在磁盘 3 上对磁盘 2 上的简单卷进行扩展，扩展大小为 50GB，使其变为总大小为 100GB 的跨区卷，如图 2-17 所示。

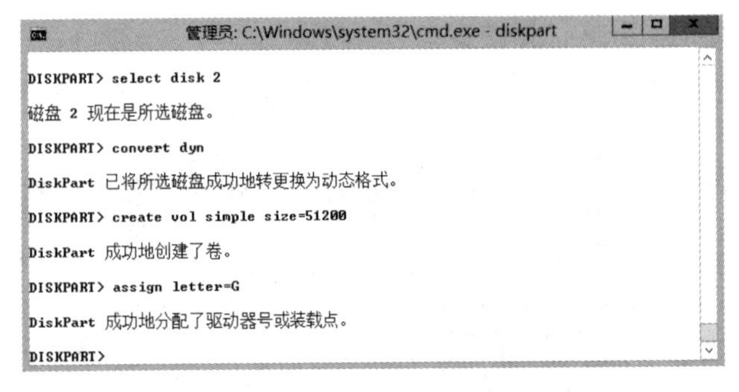

图 2-16 创建一个大小为 50GB 的简单卷

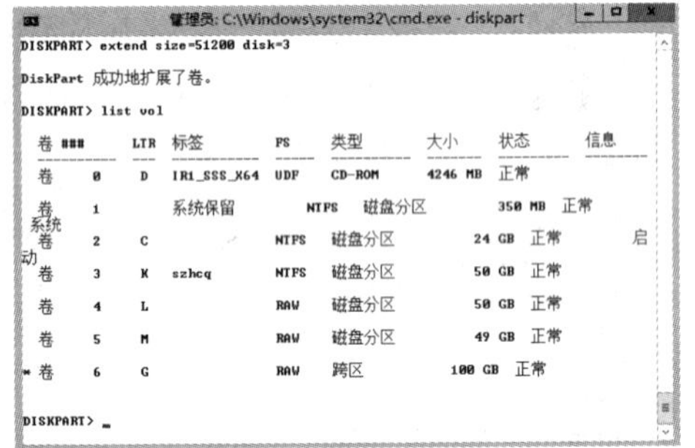

图 2-17 创建跨区卷

11 在磁盘 2 和磁盘 3 上创建带区卷，如图 2-18 所示。

12 在磁盘 2 和磁盘 3 上创建镜像卷，大小为 50GB，如图 2-19 所示。

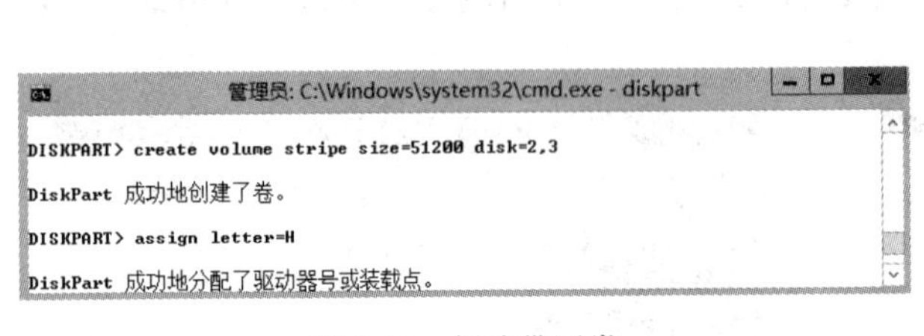

图 2-18 创建带区卷

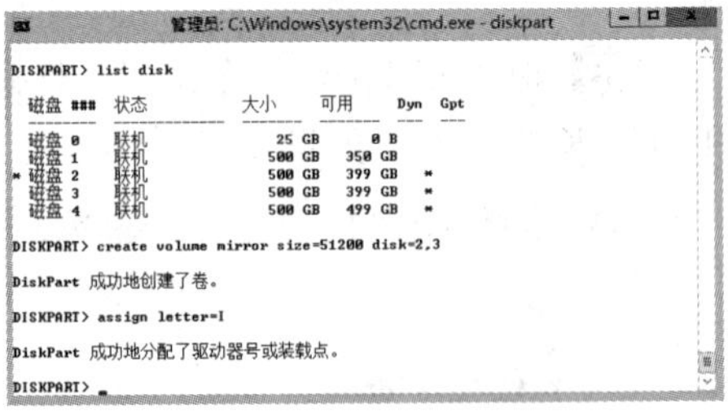

图 2-19 创建镜像卷

13 在磁盘 2、3、4 上创建 RAID-5 卷，如图 2-20 所示。

14 查看卷列表，可以看到上述步骤划分的跨区卷、带区卷以及、镜像卷 RAID-5 卷，由于还没有进行格式化，所以磁盘格式为 RAW，如图 2-21 所示。

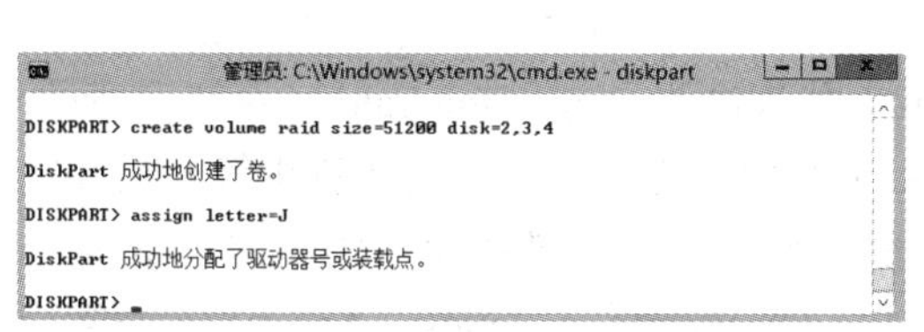

图 2-20　创建 RAID-5 卷

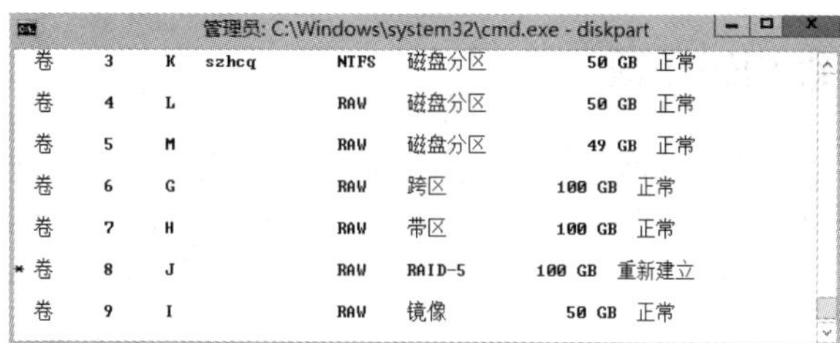

图 2-21　查看卷列表

15 退出 diskpart 命令模式，在 cmd 命令符下格式化磁盘，以 RAID-5 卷为例，如图 2-22 所示。

16 使用 diskmgmt.msc 命令查看磁盘管理器，如图 2-23 所示。

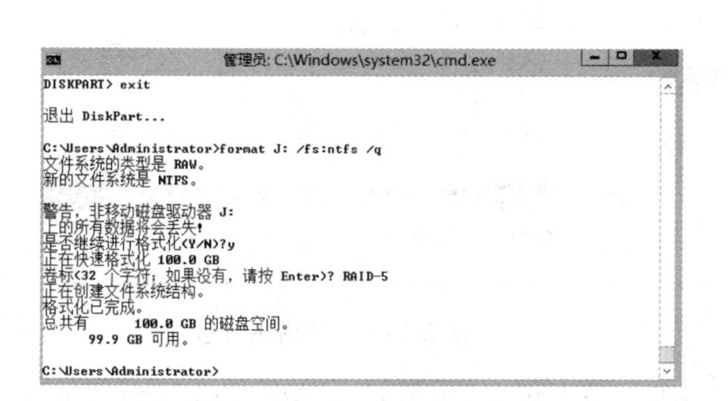

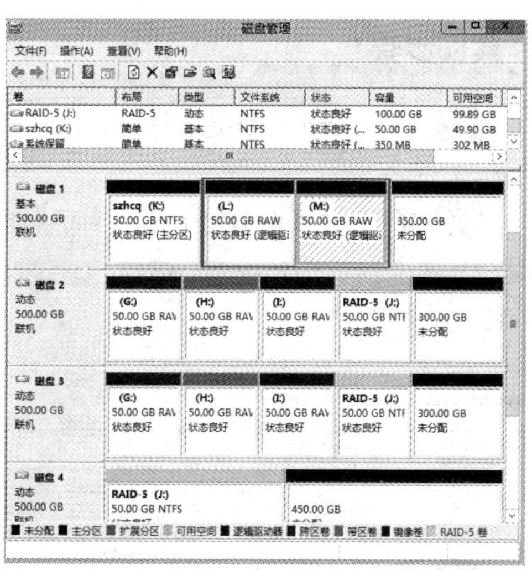

图 2-22　格式化磁盘

图 2-23　查看磁盘管理器

任务三　管理本地用户和组

任务描述

操作系统安装好后，除了配置网络使其能和其他计算机通信、创建分区使其能更好地存储数据外，更重要的是要注重使用这些资源的用户。为了保障 Windows 登录的安全，需要创建和编辑用户，设置用户个性化密码，并把用户加入到指定或新建的用户组中。本任务将介绍如何使用 net user 和 net localgroup 对本地用户和组进行管理。观看“管理本地用户和组”教学视频请扫右侧二维码。

管理本地用户和组

相关知识

Windows 内置了本地安全帐户管理器（SAM），默认设置了 Administrator（系统管理员）以及 Guest（来宾）两个帐户作为计算机管理员和临时用户登录使用，并且根据特定的权限设置了若干个本地用户组 Administrators、Guest、Everyone 来管理用户。

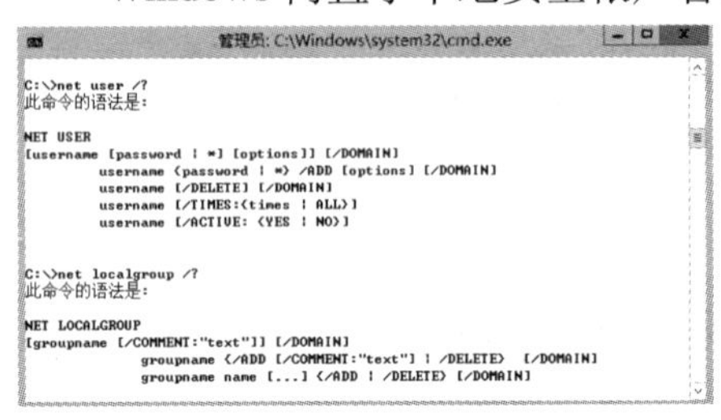

图 2-24　命令语法

net user 用于增加、创建、改动用户帐户；net localgroup 用于查看用户组，将用户帐户加入组。这两个命令的具体语法如图 2-24 所示。

实现步骤

01 打开 cmd 命令提示符，创建一个用户，帐户名为 hcq，密码为 sz@2016，如图 2-25 所示。

02 增加用户的描述信息，例如“sz 公司员工”，如图 2-26 所示。

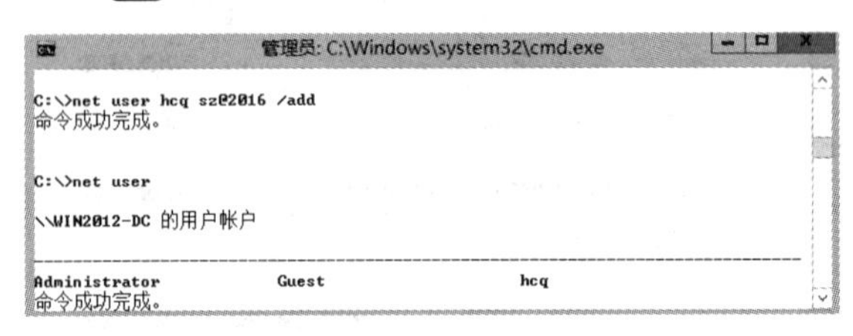

图 2-25　创建用户

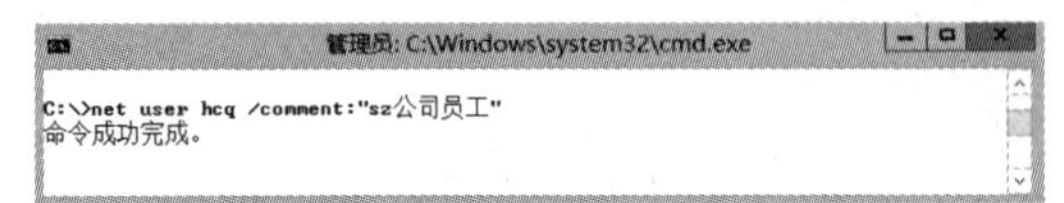

图 2-26　增加描述信息

03 限制用户的登录时间，如只允许周一至周五早上 8 点至下午 17 点登录，如图 2-27 所示。

04 创建一个本地组，如 szgroup，如图 2-28 所示。

05 把 hcq 用户加入 szgroup 组，如图 2-29 所示。

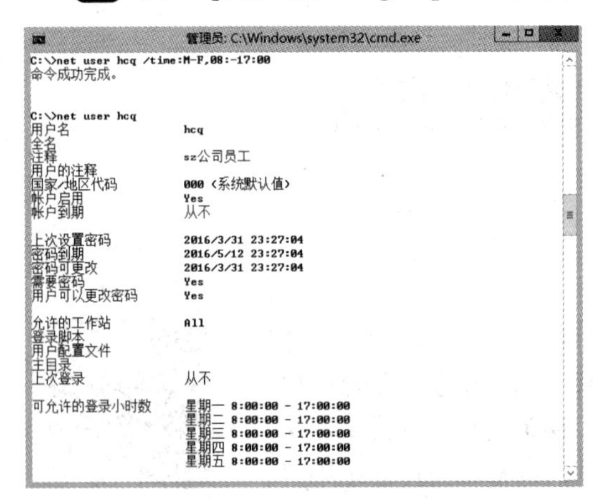

图 2-27　限制用户的登录时间

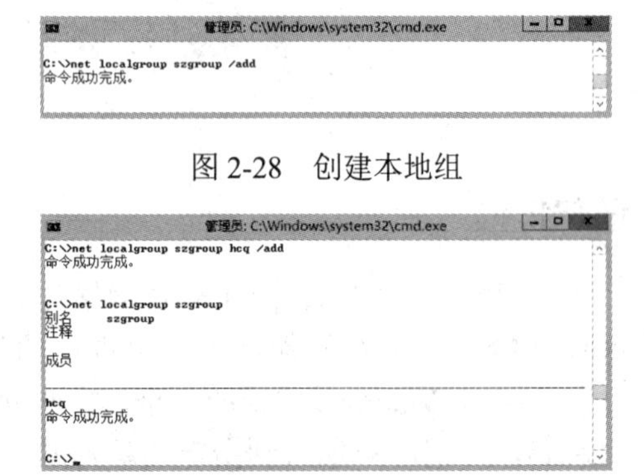

图 2-28　创建本地组

图 2-29　把用户加入组

06 把 hcq 用户踢出 szgroup 组，如图 2-30 所示。

07 把 hcq 用户提升为管理员，如图 2-31 所示。

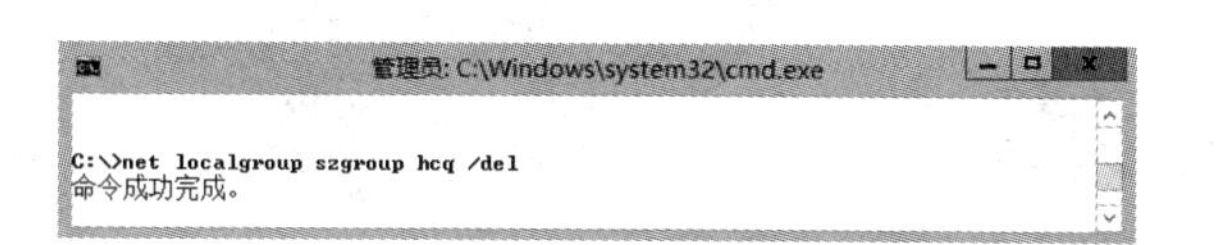

图 2-30 把用户踢出组

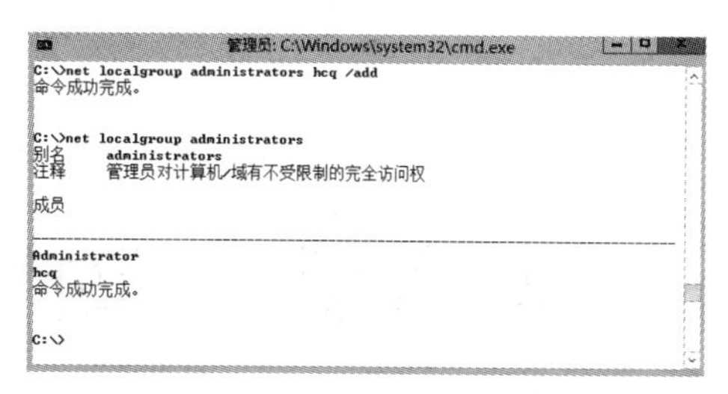

图 2-31 把 hcq 用户提升为管理员

项 目 小 结

在本项目中，当计算机运行速度慢的时候使用命令管理可以提高工作效果，而且也相应可以使用批处理、脚本等形式减少网络管理员的工作量。管理员在熟悉掌握图形化界面的情况下，可以适当地学习使用命令去管理常用配置。Windows Server 2012 R2 的常用配置有非常多，除了本项目提到的管理网络、管理磁盘、管理本地用户和组，还有管理共享、分配用户权限、设置配额等。

项 目 实 训

SZ 公司有四个大部门：技术部、人事部、销售部、财务部，其中技术部 100 名员工，人事部 30 名员工，销售部 200 名员工，财务部 20 名员工，请使用 VSLM 对以上部门进行 IP 地址规划，并设置共享，只允许财务部的用户可以访问，限制所有员工只能在工作时间登录，设置用户的磁盘配额为 50MB。

安装与管理活动目录

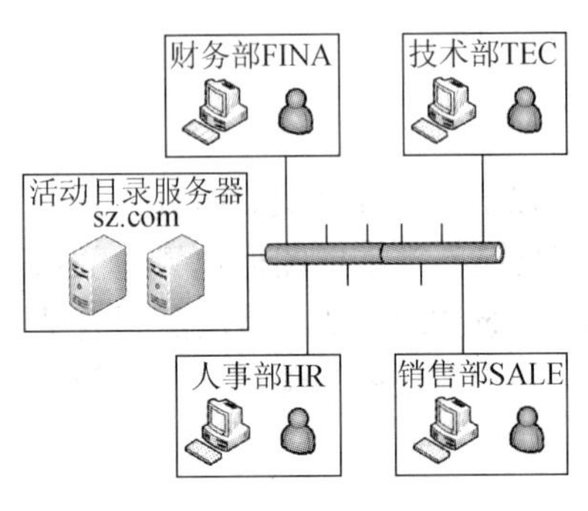

图 3-1　活动目录网络拓扑图

SZ 公司原来是一个只有十几人的小公司，网络管理员采用了工作组网络模型来管理计算机。近年来，公司不断发展，规模已增加到几百人，网络管理工作越来越繁重、复杂，为了实现对公司内网所有计算机、用户账号、共享资源、安全策略的集中管理，网络管理员决定在一台Windows Server 2012 服务器（IP：192.168.1.2/23)上启用活动目录服务，域名为 sz.com，网络拓扑如图 3-1 所示。

在本项目中，我们将通过完成以下五个任务来学习安装与管理活动目录。

任务一　安装活动目录
任务二　管理活动目录组织单位、用户帐户
任务三　将 Windows 计算机加入域
任务四　管理活动目录组帐户
任务五　利用组策略分发 QQ 软件

知识目标

◆　了解创建域的必要条件。
◆　了解域中组织单位、用户、组及其他对象的作用与关联性。

技能目标

◆　掌握活动目录的安装及将成员机加入域。
◆　掌握域环境下如何创建用户、组、组织单位及批量导用户。
◆　掌握 AGDLP 规则。
◆　掌握使用组策略分发软件。

任务一　安装活动目录

任务描述

安装活动目录，创建网络中第一台域控制器。观看“安装活动目录”教学视频请扫右侧二维码。

安装活动目录

相关知识

创建域必要满足以下几点要求：

- 安装活动目录的磁盘分区格式为 NTFS，且登录用户须具备 Administrators 组权限。
- 至少配置一个静态 IP 地址，如 192.168.1.2。
- 符合 DNS 规格的域名，如 sz.com。
- 有相应的 DNS 服务器支持，由于域控制器需要将自己注册到 DNS 服务器内，以便让其他计算机通过 DNS 服务器找到这台域控制器，因此必须要有一台可支持活动目录的 DNS 服务器，也就是它必须支持 Service Location Resouce Record，并且支持动态更新。

实现步骤

01 安装活动目录前，应为服务器配置静态 IP 地址。依照图 3-2 中的提示设置“IP 地址”、“子网掩码”、“默认网关”与“首选 DNS 服务器”。

02 确保光驱中已插入 Windows Server 2012 R2 光盘。

03 单击任务栏左边的“服务器管理器”按钮，弹出如图 3-3 所示界面，单击“添加角色和功能”按钮。

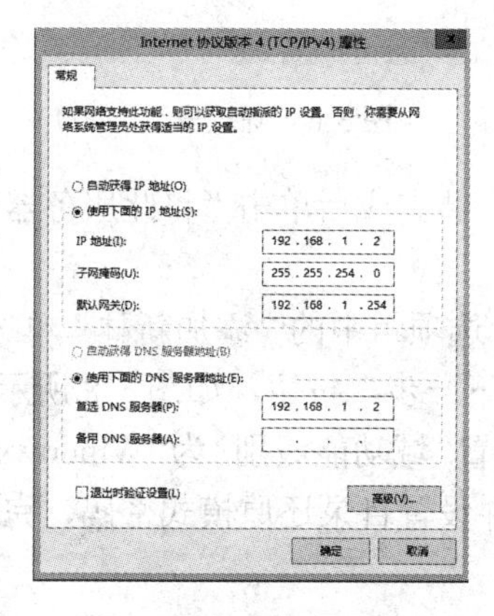

图 3-2　IP 地址设置

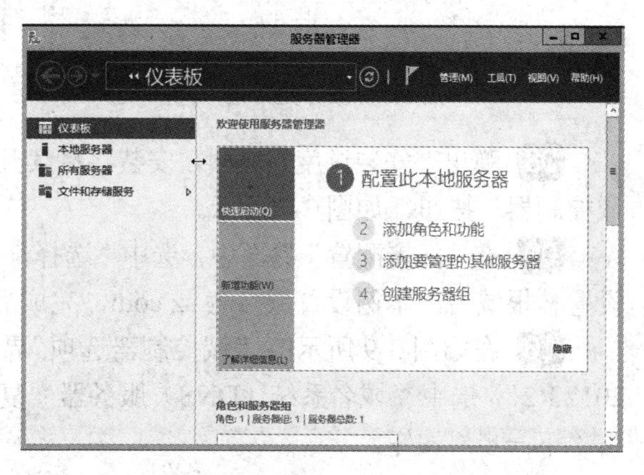

图 3-3　添加角色和功能

04 弹出“添加角色和功能向导”界面，在“安装类型”界面中选择默认的“基于角色或功能的安装”选项，然后单击“下一步”按钮，进入到“选择目标服务器”界面，如图 3-4 所示。

小贴士

图 3-4 中系统默认选中“从服务器池中选择服务器”单选按钮，安装程序会自动检测与显示这台计算机采用静态 IP 地址设置的网络连接。另外，在 Windows Server 2012 R2 版本中，不能再使用 dcpromo 命令来运行活动目录的安装向导。

图 3-4　服务器选择

05 单击“下一步”按钮，进入到“选择服务器角色”界面，在“服务器角色”选项组中，选中“Active Directory 域服务”复选框，如图 3-5 所示。

06 单击“下一步”按钮，在弹出的“添加 Active Directory 域服务所需的功能”对话框中单击“添加功能”按钮即可。

07 连续单击“下一步”按钮直至出现“确认安装所选内容”界面时，单击“安装”按钮，如图 3-6 所示。

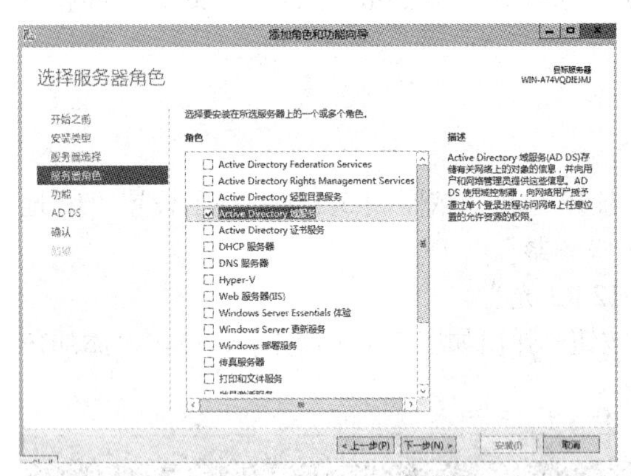

图 3-5　服务器角色

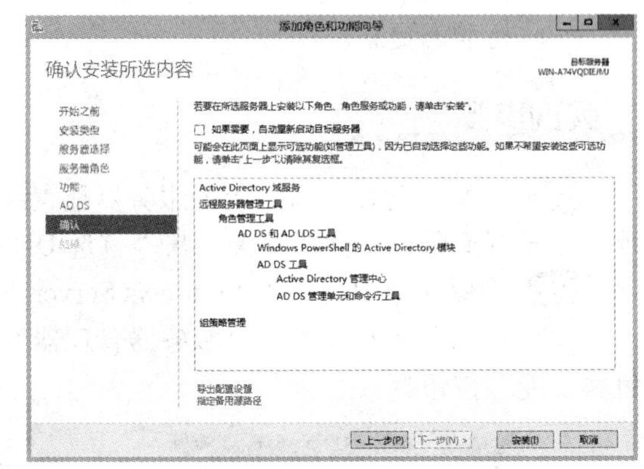

图 3-6　确认安装

08 弹出“安装进度”界面，安装将持续几分钟。安装完成后单击“将此服务器提升为域控制器”按钮，如图 3-7 所示。

09 在“部署配置”界面中，选中“选择部署操作”选项组中的“添加新林”单选按钮，设置林根域名，本例设置域名为 sz.com，完成后单击“下一步”按钮，如图 3-8 所示。

10 在如图 3-9 所示的“域控制器选项”界面中，设置“域功能级别”为“Windows Server 2012 R2”，选中“域名系统（DNS）服务器”复选框，并设置目录还原模式密码，完成后单击“下一步”按钮。

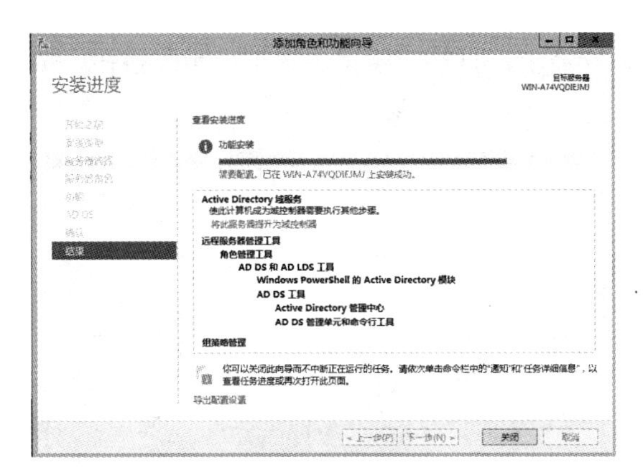

图 3-7　完成功能安装

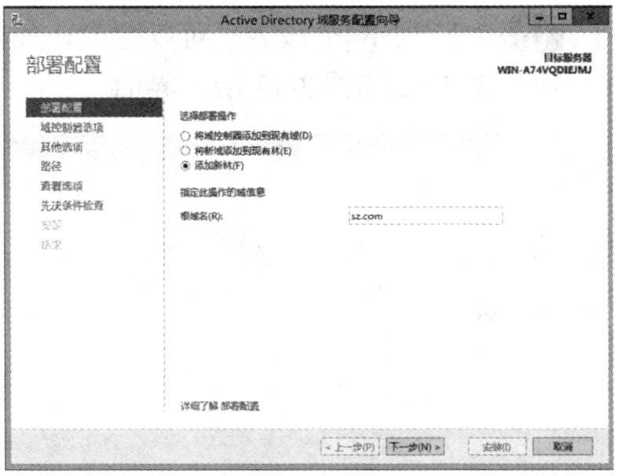

图 3-8　根域名

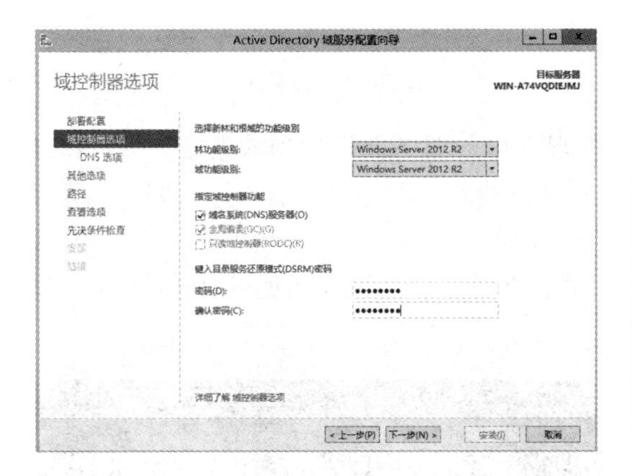

图 3-9　域控制器选项

> **小贴士**
>
> 图 3-9 所设置的密码用于紧急情况下活动目录的还原，非系统管理员密码。域用户的密码默认必须至少七个字符，并且符合密码复杂性，即包含 A～Z、a～z、0～9、非字母数字等四组字符中的三组，如 Aa123456 为有效密码，而 ab123456 为无效密码。

11 在如图 3-10 所示的“DNS 选项”界面中，提示服务器将自动检查 DNS 是否启用，如果已经启动，则需要配置 DNS 委派选项，依据警告信息可知，DNS 没有启用，因此不必理会它，直接单击“下一步”按钮。

12 进入到“其他选项”界面，服务器将自动根据之前输入的域名生成一个“NetBIOS 域名”，如 SZ，如图 3-11 所示。

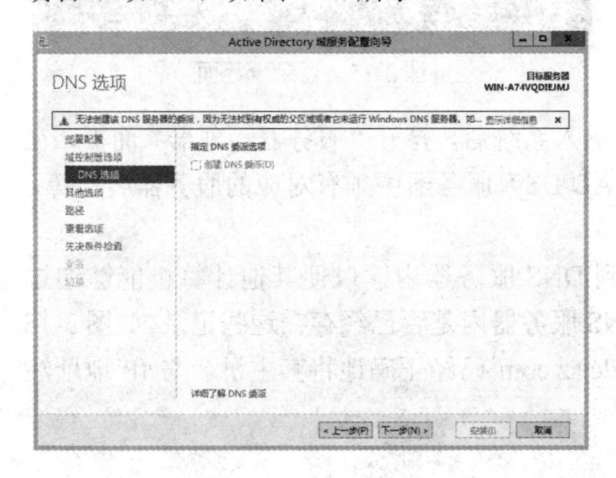

图 3-10　DNS 选项

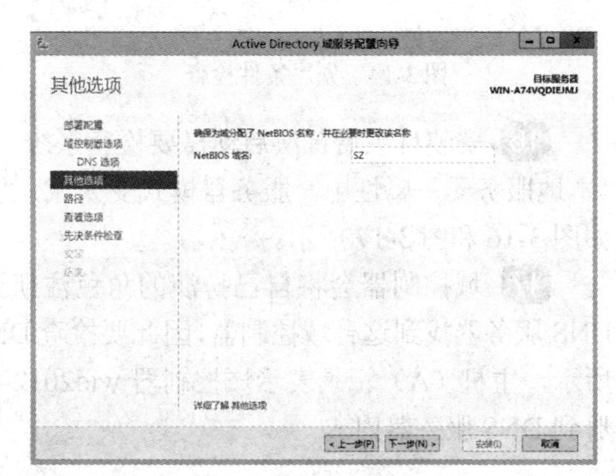

图 3-11　NetBIOS 域名

13 “Net BIOS 域名”可以更改，如无特殊需求，直接连续单击“下一步”按钮，依次出现如图 3-12 和图 3-13 所示界面。

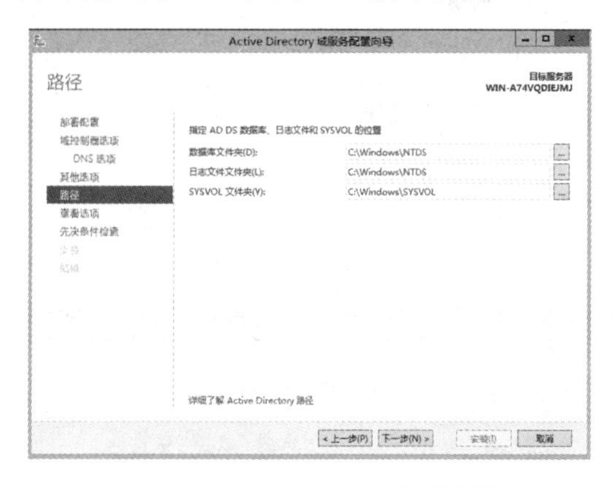

图 3-12　SYSVOL 目录路径设置

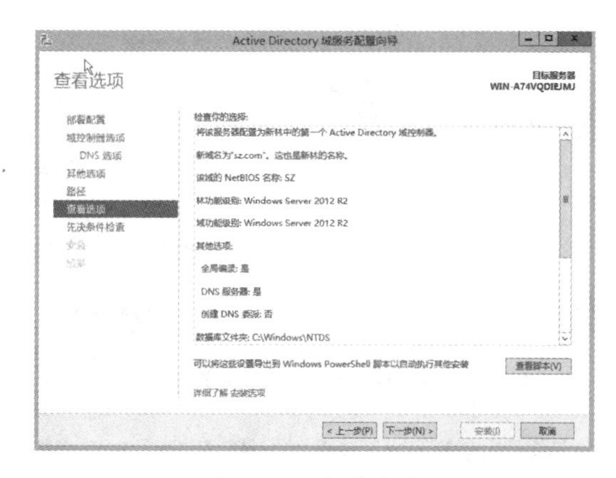

图 3-13　查看选项

14 进入到如图 3-14 所示“先决条件检查”界面中，服务器根据当前系统环境，自动检查安装活动目录的先决条件是否满足，如果顺利通过检查，单击“安装”按钮即可，否则将根据界面提示信息先排除问题。

15 活动目录安装完成后系统会自动重启。重启完成后登录域界面如图 3-15 所示。至此，安装活动目录的任务已完成。

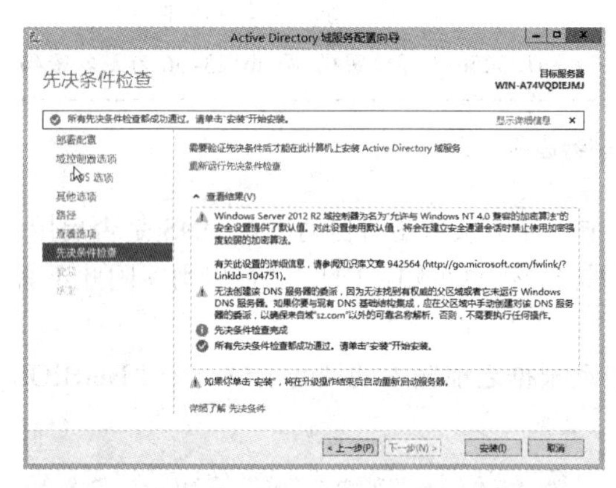

图 3-14　先决条件检查

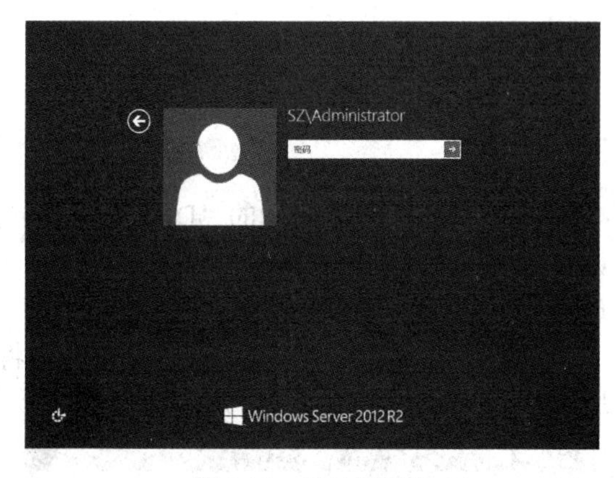

图 3-15　登录域界面

16 安装目录后首次启动需要检查系统。进入系统后，打开“服务器管理器”面板，在“本地服务器”属性中，服务器模式变为域，“AD DS”服务器中须有对应的服务器名称等，如图 3-16 和图 3-17 所示。

17 域控制器会将自己扮演的角色注册到 DNS 服务器内，以便其他计算机能够通过 DNS 服务器找到这台域控制器，因此要检查 DNS 服务器内是否已经存在这些记录。如图 3-18 所示，主机（A）记录表示域控制器 wid2012-dc.sz.com 已经正确地将其主机名与 IP 地址注册到 DNS 服务器内。

18 除此之外，还须检查_tcp、_udp 等文件夹，如图 3-19 所示，数据类型为服务位置（SRV）的_ldap 记录，表示 win 2012-dc.sz.com 已经正确注册为域控制器，_gc 记录表示全局编录服务器的角色由 win2012-dc.sz.com 扮演。如果这些记录都不存在，网络中其他要加入域的计算机将不能通过此区域找到域控制器。

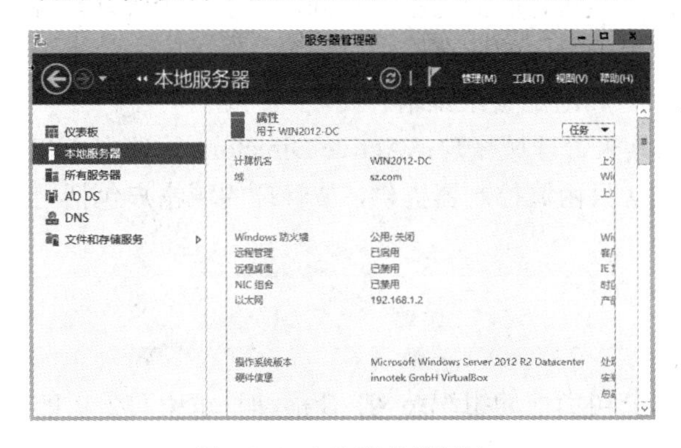

图 3-16　本地服务器属性

图 3-17　AD DS 服务器

图 3-18　正向区域 A 记录

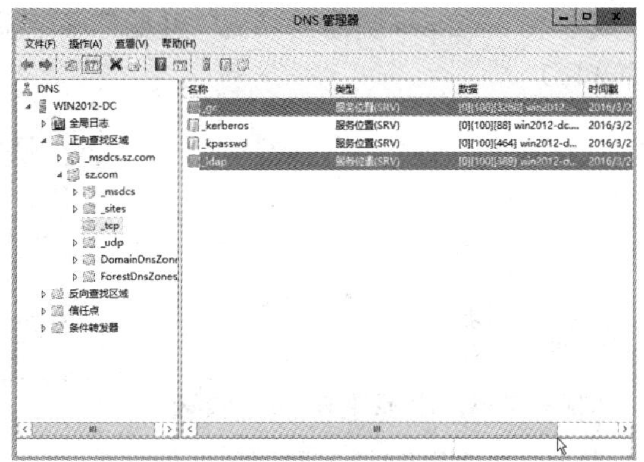

图 3-19　服务位置 SRV

任务二　管理活动目录组织单位、用户帐户

任务描述

使用域控制器内置的活动目录管理工具，创建组织单位与域用户帐户。观看“管理活动目录组织单位、用户帐户”教学视频请扫右侧二维码。

管理活动目录组织单位、用户帐户

相关知识

在活动目录域服务中，对用户帐户管理非常重要，无论是登录域还是使用域中资源，都必须使用域用户帐户进行验证。公司各部门用户较多，职能也各不相同，为了便于管理，可以将多个用户添加到组中，对组设置的权限适用于组中的所有用户，从而实现对用户的集中管理。而利用组织单位，可以为不同部门的用户和组配置组策略。

Windows Server 2012 R2 可以通过两个工具来管理域帐户：Active Directory 管理中心和 Active Directory 用户和计算机，这两个工具默认只由域控制器提供，被管理的域帐户包括用户帐户、组帐户和计算机帐户等。

实现步骤

01 活动目录安装完毕后，管理员可根据公司当前的组织结构，在活动目录中对公司的各种资源进行集中管理。在如图 3-20 所示“运行”对话框中输入 dsa.msc 命令。

02 单击“确定”按钮，弹出“Active Directory 用户和计算机”窗口，如图 3-21 所示。（或者按 Windows 键切换到“开始”→“系统管理工具”→“Active Directory 管理中心”窗口。）

图 3-20 dsa.msc

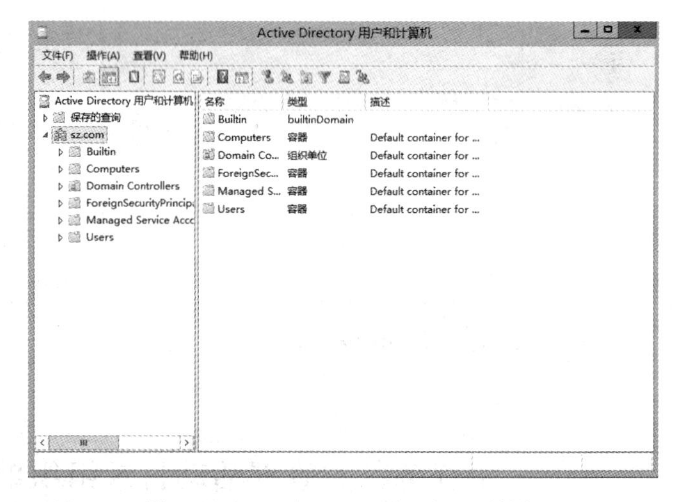

图 3-21 Active Directory 用户和计算机

03 选中域名 sz.com，右击，在弹出的菜单中选择“新建”→“组织单位”命令，如图 3-22 所示。

04 在弹出的“新建对象-组织单位”对话框中输入规划好的名称，如“技术部”，系统默认选中“防止容器被意外删除”复选框，单击“确定”按钮，如图 3-23 所示。

05 同理，在“新建对象-用户”对话框中新建用户，如 Tec-1，如图 3-24 所示。

06 为用户设置密码，出于安全性考虑，可以选中“用户下次登录时须更改密码”复选框，如图 3-25 所示。

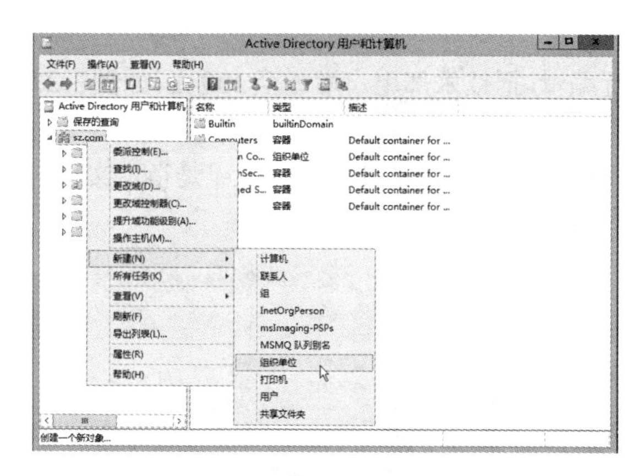

图 3-22　新建组织单位

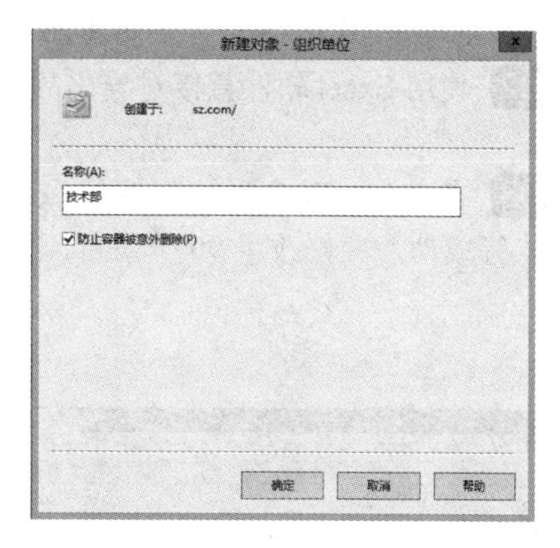

图 3-23　技术部

图 3-24　新建用户

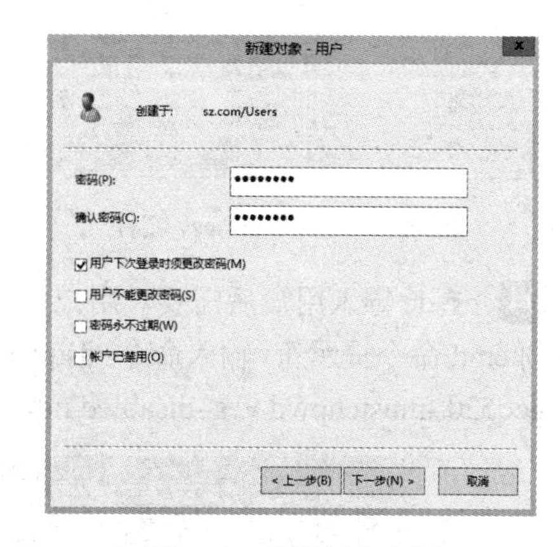

图 3-25　设置用户密码

07 通过类似的操作可新建组织单位、组、员工帐户、计算机、打印机、共享文件夹等资源。

拓展提高

在现实环境中，由于用户较多，管理员会采用批量导出、导入用户的方法。微软默认提供了两个批量导入导出工具，分别是 csvde（CSV 目录交换）和 ldiifde（LDAP 数据互换格式目录交换），具体选择哪个工具取决于需要完成的任务。如果需要创建对象，那么既可以使用 CSVDE，也可以使用 LDIFDE；如果需要修改或删除对象，则必须使用 LDIFDE。我们这里以 csvde 命令为例。

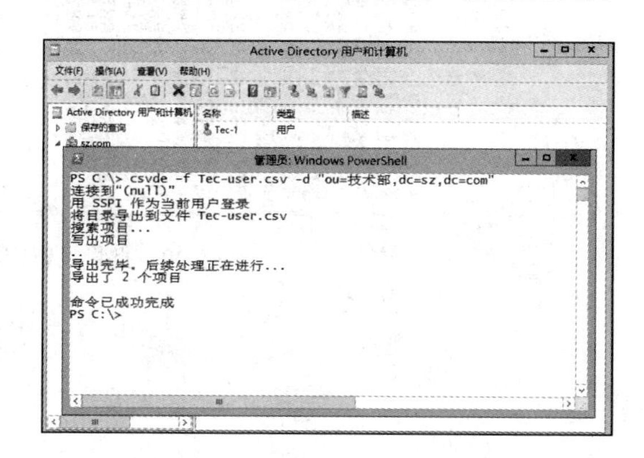

图 3-26　批量导出技术部的用户

01 打开 Windows PowerShell 命令行界面，切换到 C 盘根目录，输入命令：csvde－f Tec-user.csv－d"ou=技术部,dc=sz,dc=com"，命令执

行成功，并导出了两个项目，如图 3-26 所示。

02 使用 Excel 软件直接对导出的文件进行编辑，把技术部用户增加至 100 人，如图 3-27 所示。

03 在 PowerShell 中输入命令：csvde-I-f Tec-user.csv，其中-I 是导入，-f 是指定文件，命令执行成功，并修改了 99 个条目，如图 3-28 所示。

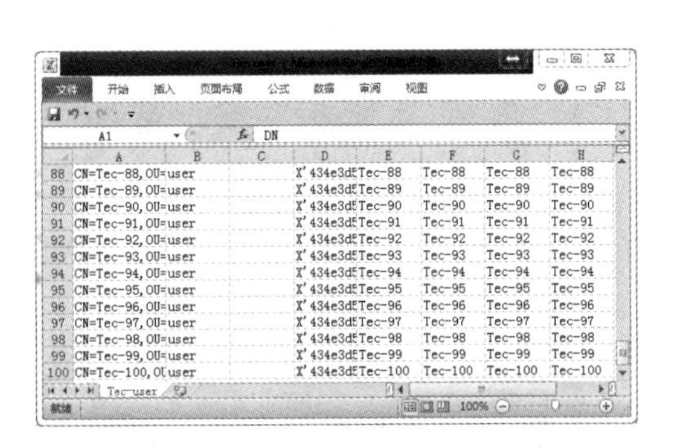

图 3-27　编辑 user1.csv 文件

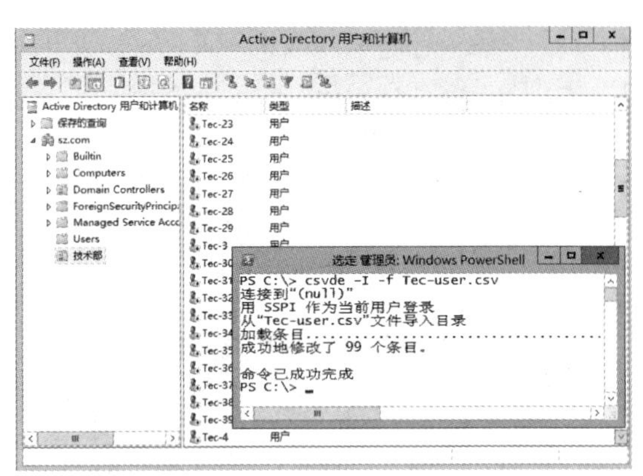

图 3-28　批量导入技术部的用户

04 csvde 导入用户后需要对用户设置密码并启用帐号，在 PowerShell 中输入 cmd 命令，切换到 cmd 命令提示符，输入命令：dsquery user "ou=技术部,dc=sz,dc=com" | dsmod user -pwd Huangcq520 -mustchpwd yes -disabled no，命令成功执行，如图 3-29 和图 3-30 所示。

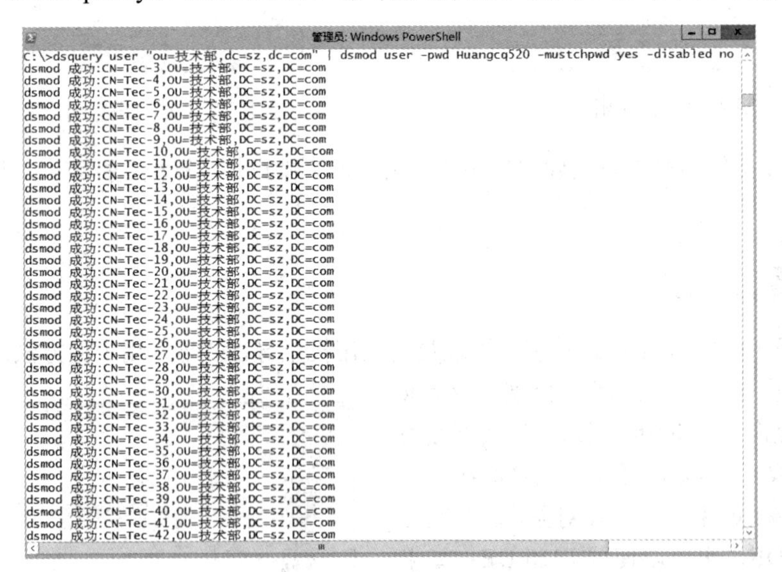

图 3-29　批量设置密码并启用帐号（一）

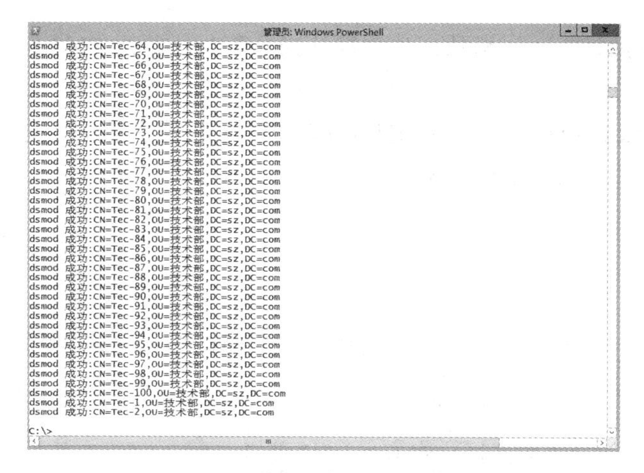

图 3-30　批量设置密码并启用帐号（二）

小贴士

用 Excel 可以方便地生成 CSV 文件，生成的 CSV 文件有很多字段，不能直接用于导入，必须进行编辑删减一些字段。CSV 至少需要三个字段：objectClass, sAMAccountName, DN。另外，CSV 还存在不能创建密码的不足，在导入用户后，还须对用户进行创建密码操作。

任务三　将 Windows 计算机加入域

任务描述

本任务完成把 Windows 8.1 客户端加入 sz.com 域。观看“将 Windows 计算机加入域”教学视频请扫右侧二维码。

将 Windows 计算机加入域

相关知识

当网络中的第一台域控制器创建完成后，该服务器就充当了管理者的角色，其他计算机需要加入域成为域成员机才能接受域控制器的集中管理和访问 Active Directory 数据库与其他域资源。以下是可以被加入域的系统版本：

Windows Server 2012 Datacenter/Standard

Windows Server 2008(R2) Datacenter/Enterprise/Standard

Windows Server 2003(R2) Datacenter/Enterprise/Standard

Windows 8 Enterprise/Pro

Windows 7 Ultimate/Enterprise/Professional

Windows Vista Ultimate/Enterprise/Professional

Windows XP Professional

实现步骤

01 使用管理员登录 Windows 8.1 客户端，为 Windows 8.1 客户端配置 IP 地址，如图 3-31

所示，依照图中提示设置计算机的“IP 地址”，“子网掩码”、“默认网关”与“首选 DNS 服务器”。

02 使用 cmd 命令提示符，输入 ping sz.com 命令测试与域控制器 DNS 服务器的连通性，正常解析 sz.com 域名 IP 为 192.168.1.2，如图 3-32 所示。

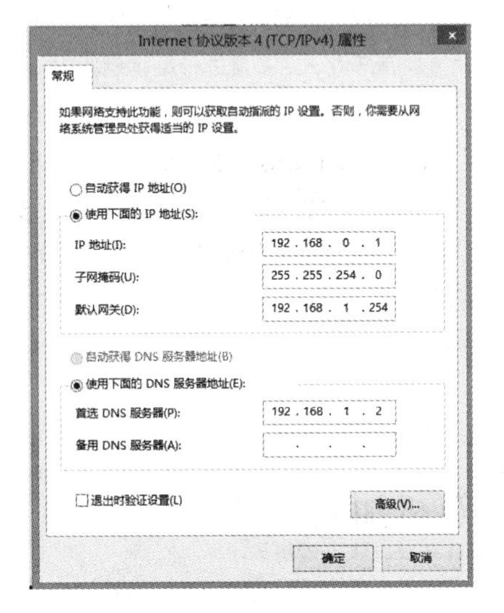

图 3-31 IP 地址设置

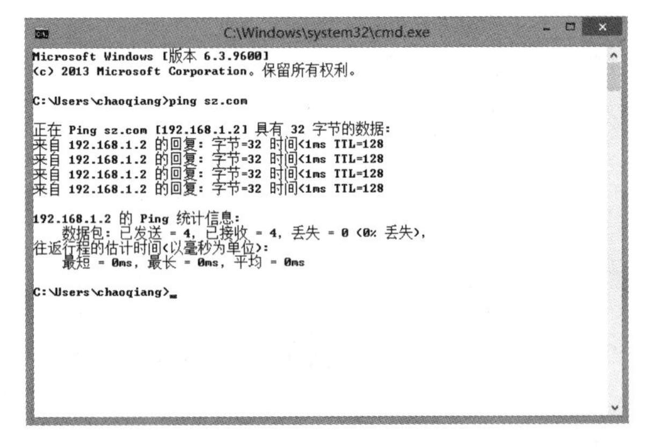

图 3-32 ping 通 sz.com 域

03 打开 Windows 8.1 客户端的“系统”属性，如图 3-33 所示。

图 3-33 更改设置

04 单击“更改设置”按钮，在弹出的“计算机名/域更改”对话框中，把原来隶属于工作组“WORKGROUP”更改为域 sz.com，如图 3-34 所示。

05 单击“确定”按钮，弹出“Windows 安全”对话框，系统提示“请输入有权限加入该域的帐户的名称和密码”，按提示输入管理员帐户及密码，如图 3-35 所示。

06 单击“确定”按钮，系统提示“欢迎加入 sz.com 域”，如图 3-36 所示。

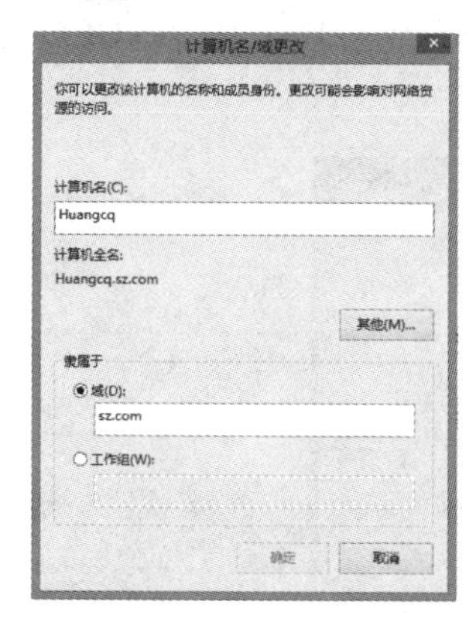

图 3-34　输入域名

图 3-35　输入加入域的帐户的名称和密码

图 3-36　成功加入域

07 单击“确定”按钮，出现需要重新启动计算机的提示，单击“确定”按钮。重新启动完毕后可发现系统登录界面发生变化，如图 3-37 所示。

08 单击“其他用户”图标，在“其他用户”界面中输入域用户帐户名称与密码进行登录（如 Tec-1），如图 3-38 所示。

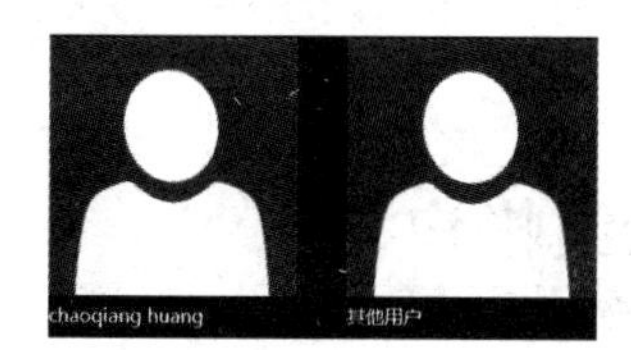

图 3-37　选择其他用户

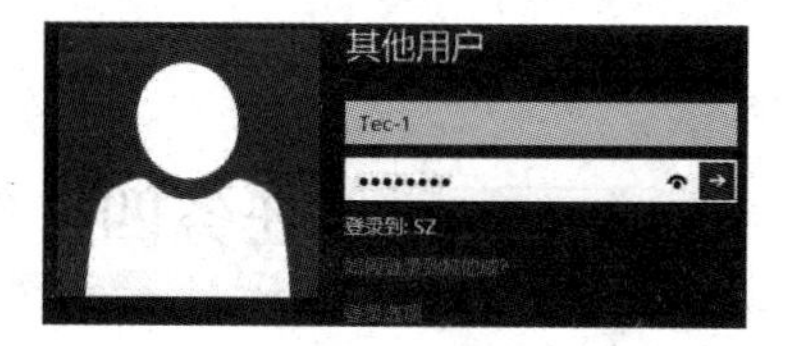

图 3-38　使用域用户登录

09 在 Windows 8.1 客户端再次打开“系统”属性，计算机已经处于域模式，如图 3-39 所示。

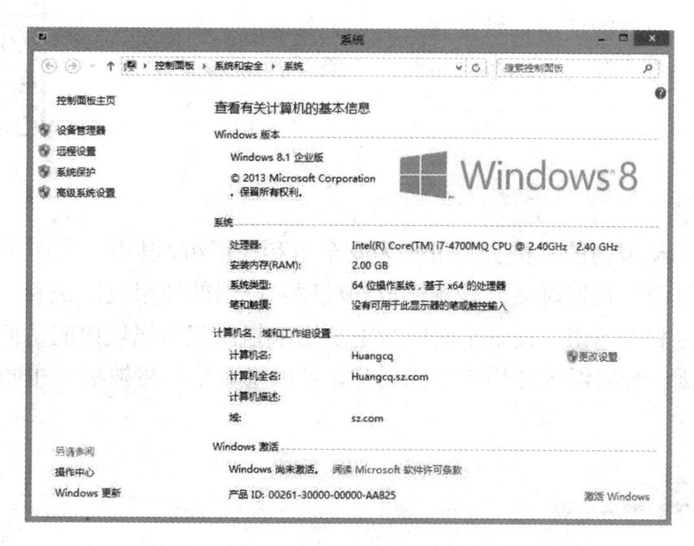

图 3-39　查看客户端系统属性

10 打开域控制器，按 Windows 键切换到“开始”→“系统管理工具”→“Active Directory 管理中心”窗口，单击展开 sz.com 下的 Computers 可查看到客户端 HUANGCQ 计算机，如图 3-40 所示。

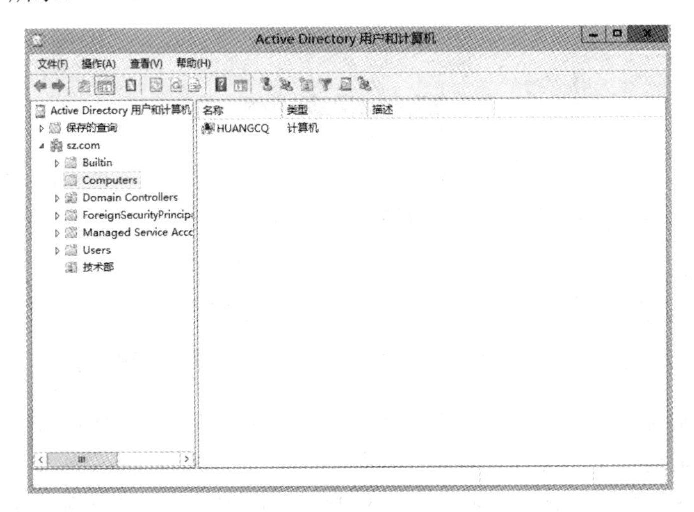

图 3-40　查看域内计算机

任务四　管理活动目录组帐户

任务描述

使用域控制器内置的活动目录管理工具创建组帐户，并把用户添加到组。观看“管理活动目录组帐户”教学视频请扫右侧二维码。

管理活动目录组帐户

相关知识

Active Directory 域内的组按类型可分为安全组和通用组，其中安全组可以被用来设置权限与权利，如可以设置它们对文件具备读取的权限。以组的使用范围来看，域内的组可分为本地域组、全局组和通用组。其中本地域组主要用来指派其所属域内的访问权限，以便可以访问该域内的资源。全局组主要用来组织用户，可以将多个即将被赋予相同权限的用户加入到同一个全局组中。

实现步骤

01 按 Windows 键切换到“开始”→“系统管理工具”→“Active Directory 管理中

心”窗口，依照图 3-41 提示单击展开“sz(本地)”组选择“技术部”，右击，在弹出的快捷菜单中选择“新建”→“组”命令。

02 在弹出的“创建-组”对话框中，输入“组名”、“描述”，选择“组类型”、“组范围”等信息，如图 3-42 所示。

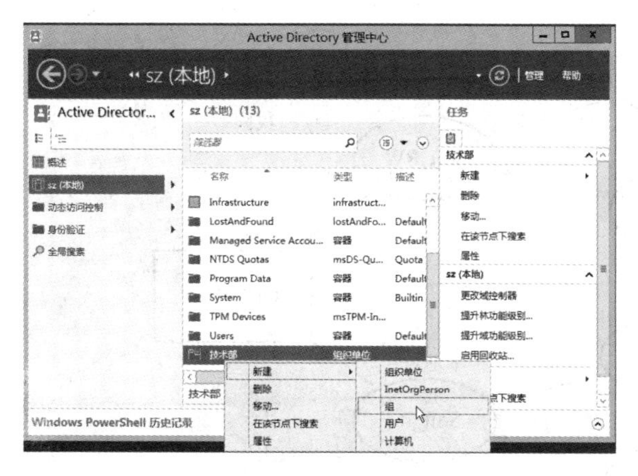

图 3-41　新建组

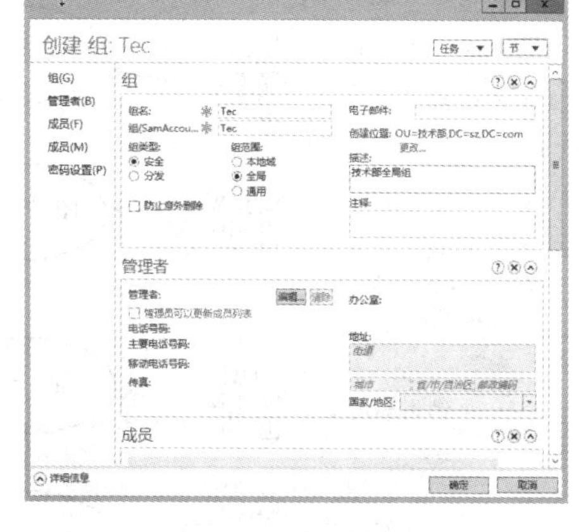

图 3-42　输入组名

03 单击“确定”按钮，双击当前窗口左上边的“技术部”按钮，进入到如图 3-43 所示界面，依照图中提示，选中要添加到组中的 100 个技术部用户，右击，在弹出的快捷菜单中选择“添加到组”命令。

04 在弹出的“选择组”对话框中直接输入组名 Tec（或者单击“检查名称”按钮找到 Tec 组），单击“确定”按钮，完成操作，如图 3-44 所示。

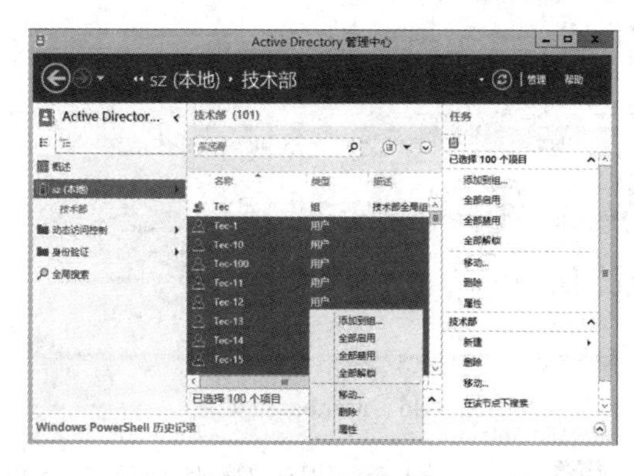

图 3-43　添加到组

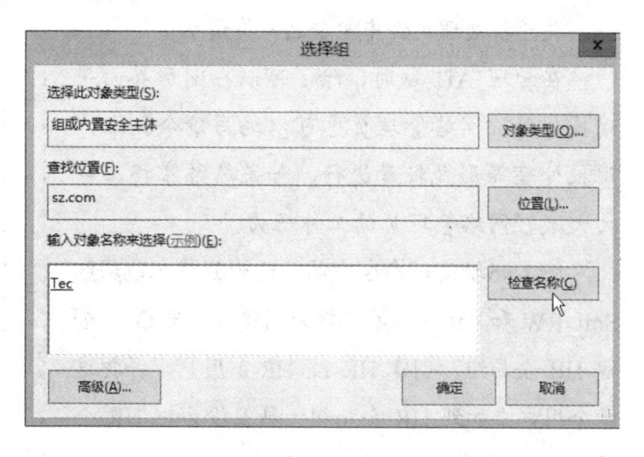

图 3-44　选择组

拓展提高

在域中实施 NTFS 权限分配一般不直接给每个帐户权限，而是采用 AGDLP 规则。AGDLP 规则的含义为：①将用户帐户加入全局组；②将全局组加入本地域组；③给本地域组赋权限。

以 SZ 公司为例，网络管理员计划在公司服务器上创建 Soft 文件夹存放软件，要求技术部与人事部的员工有读取和写入权限，而销售部与财务部的员工只有读取权限，如图 3-45 所示。

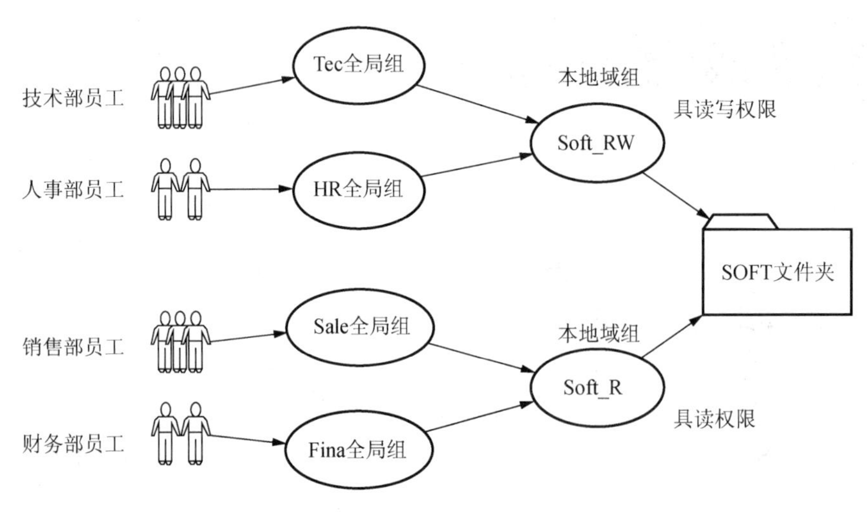

图 3-45　AGDLP 规则

01 设置 AGDLP 规则前，须先搭建好图 3-45 所示中域组织结构环境。在 C 盘根目录创建批处理文件 user.bat，依照图 3-46 所示，添加批处理命令的内容。

> **小贴士**
>
> 关于批处理文件中命令的一些说明：
>
> 在管理 AD 域时，除了可以在图形界面手动操作外，网络管理员也可以编写命令脚本，用批处理等形式批量进行，如果熟练掌握，可大大减轻网络管理员的工作压力。
>
> 图 3-46 批处理命令中第一段为创建本地域组 Soft_RW 和 Soft_R；第二段为创建人事部 OU，创建 HR 全局组，创建 HR-1、HR-2 用户，并把这两个用户添加到 HR 全局组；第五段为把 HR 全局组、Tec 全局组加入 Soft_RW 本地域组，把 Sale 全局组、Fina 全局组加入 Soft_R 本地域组。

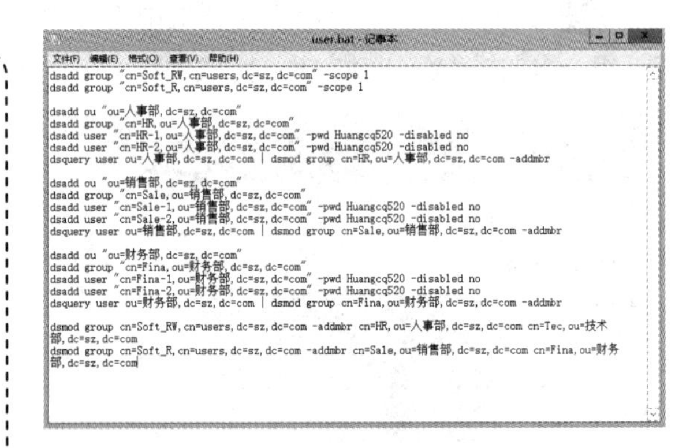

图 3-46　user.bat 批处理

02 打开 cmd 命令提示符，切换到 C 盘根目录，执行批处理文件 user.bat。执行结果如图 3-47 和图 3-48 所示。

03 在 cmd 命令提示符下，切换到 C 盘根目录，依照图 3-49 的命令创建 Soft 目录，设置共享名为 Soft 的共享。

04 打开 C 盘，选中 Soft 文件夹，右击，在弹出的快捷菜单中选择“属性”→“共享”→“高级”→“权限”命令，在弹出的“Soft 的权限”对话框中，对 Everyone 的权限进行修改，如图 3-50 所示。

图 3-47　批处理结果（一）

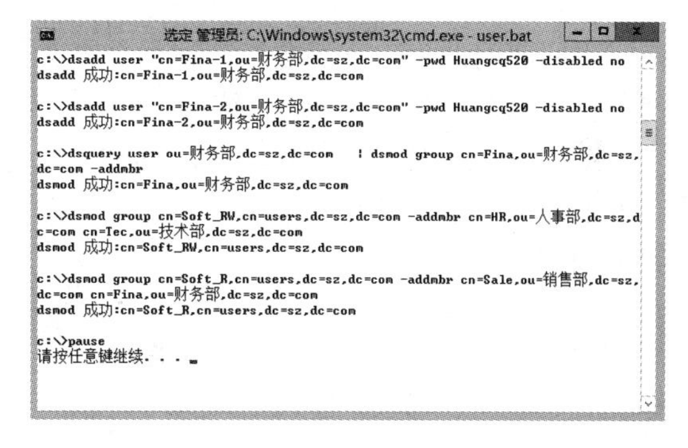

图 3-48　批处理结果（二）

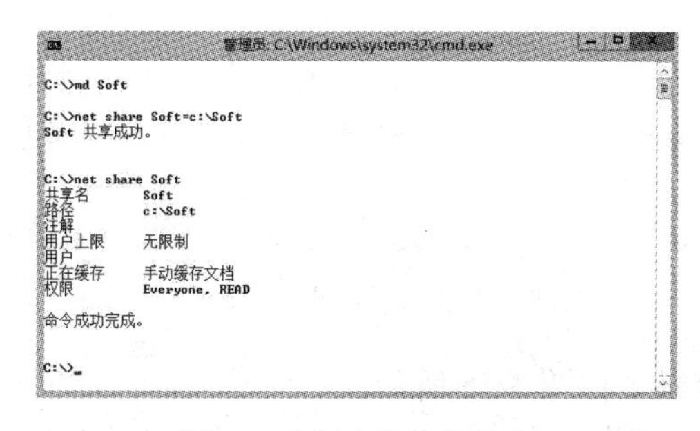

图 3-49　创建共享文件夹

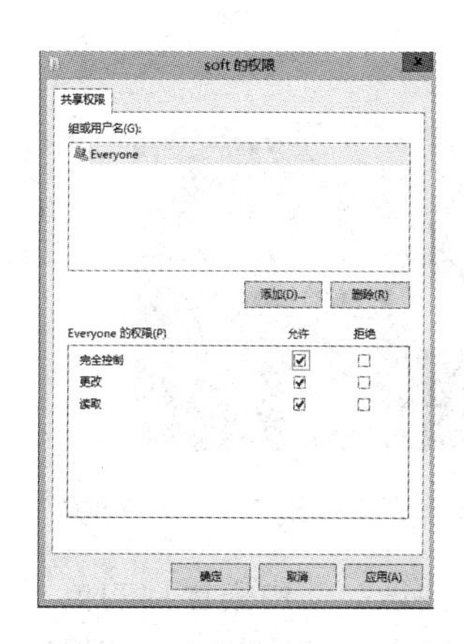

图 3-50　共享权限设置

05 将 Soft_R 本地域组的权限设置为读取，Soft_RW 本地域组的权限设置为读取和写入，如图 3-51 和图 3-52 所示。

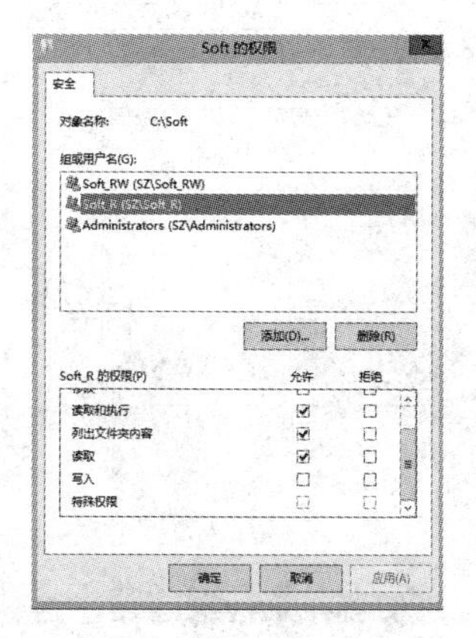

图 3-51　Soft_R 安全权限设置

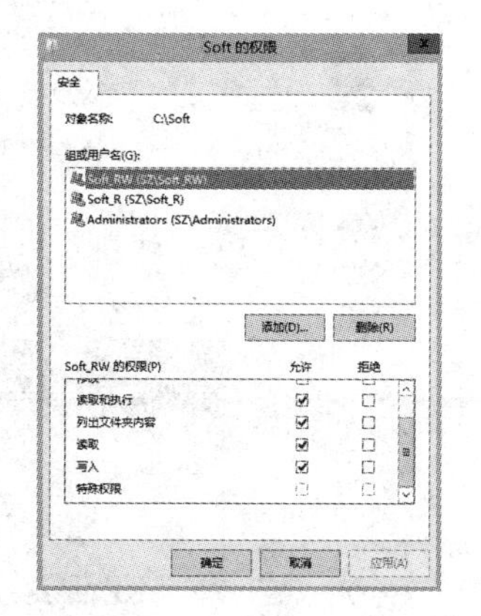

图 3-52　Soft_RW 安全权限设置

> **小贴士**
>
> NTFS 具备 FAT 所没有的本地安全性，这主要体现在文件权限的分配上，通过对文件（包括整个分区和目录）权限的分配，可以限制任何用户对文件的访问，这对于多用户环境管理来说极其重要。在设置步骤 4 的过程中，会因为继承关系不能删除访问对象，可以通过“高级”→“禁用继承”→“从此对象中删除所有已继承的权限”删除对象，再根据任务需求进行添加对象等操作。

06 进入 Soft 文件夹，新建 test.txt 记事本，内容为：“这是公司存放软件的共享文件夹--BY 强哥”。

07 使用 Windows 8.1 客户端进行测试，在任务三中已经将此客户端加入域，可以分别使用不同部门的用户进行登录，访问共享文件夹，测试权限是否符合要求。图 3-53 所示为使用技术部用户 Tec-1 登录系统。

08 登录后使用“\\192.168.1.2\Soft”访问共享。Tec-1 用户有读取和写入权限，双击 test 记事本，可以正常打开，在 Windows 8.1 客户端新建 Tec-1 文件夹，并成功上传到共享，如图 3-54 所示。

图 3-53　使用技术部用户 Tec-1 登录

图 3-54　验证技术部员工的读写权限

09 同理，使用销售部的员工用户 Sale-1 登录，如图 3-55 所示。

10 登录后访问共享，可以打开 test 记事本，验证有读取权限，在 Windows 8.1 新建 Sale-1 文件夹，上传到共享被拒绝，验证没有写入权限，如图 3-56 所示。

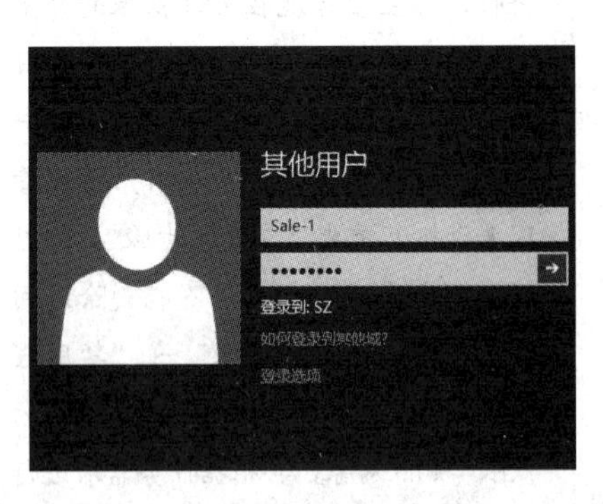

图 3-55　使用销售部用户 Sale-1 登录

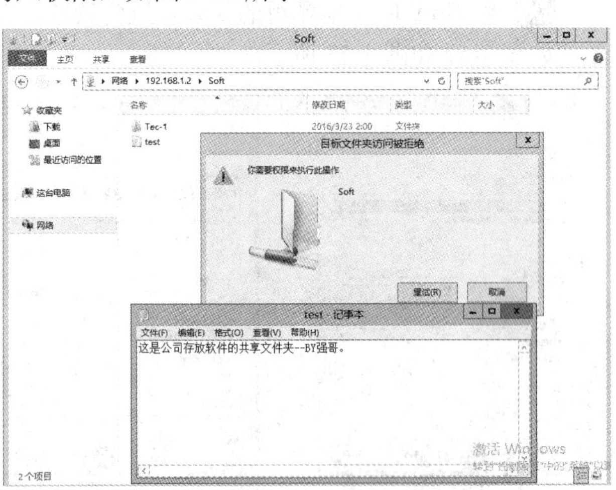

图 3-56　验证销售部员工的只读权限

任务五　利用组策略分发 QQ 软件

任务描述

使用组策略管理器，为指定的组织单位配置组策略，实现软件分发，并且在用户登录时安装。观看“利用组策略分发 QQ 软件”教学视频请扫右侧二维码。

利用组策略分发 QQ 软件

相关知识

安装和维护软件对于网络管理员来说是一件烦琐的事情，现在技术的不断发展也同时带动着软件的频繁更新，为了适应公司作业的需求，软件需要被不断安装与卸载。一两台机器如果采用手动进行安装不是难事，但是面对几十、上百甚至更多的客户端要同时安装新软件时，采用手动操作是非常耗时耗力的。所以需要更为简单可行的办法——利用组策略分发应用程序。

MSI 是实现软件分发功能所必需的文件格式。MSI 文件通常包含了安装内置程序所要的环境信息和安装或卸载程序时需要的指令和数据。当用户双击 MSI 文件时，与之关联的 Windows Installer 的 Msiexec.exe 文件将会被调用，它将用 Msi.dll 读取软件包（.msi)、转换文件（.mst)，以便进行下一步的处理。

实现步骤

01 在网上下载 MSI 转换工具及 QQ 的最新版本,使用 MSI 转换工具把 QQ 由 EXE 格式转换为 MSI 格式，并保存到 C 盘的 Soft 共享文件夹下，如图 3-57 所示。

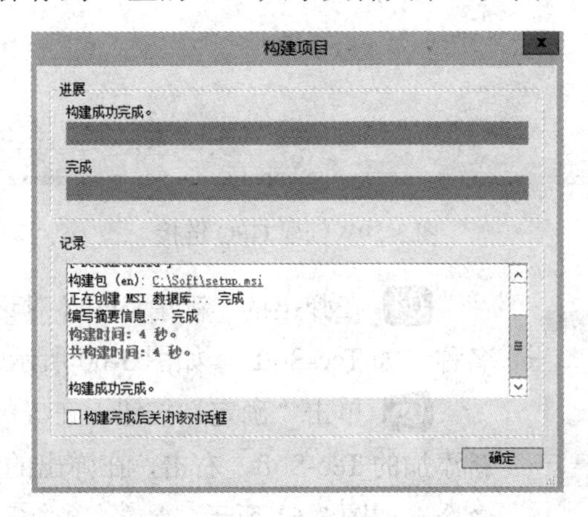

图 3-57　构建项目

02 按 Windows 键切换到“开始”→“系统管理工具”，打开“管理工具”窗口，如图 3-58 所示，在“管理工具”窗口中，双击“组策略管理”快捷方式。

图 3-58　组策略管理

03 在弹出“组策略管理”窗口中，单击展开 sz.com 组选择“技术部”，右击，在弹出的快捷菜单中选择“在这个域中创建 GPO 并在此处链接”命令，如图 3-59 所示。

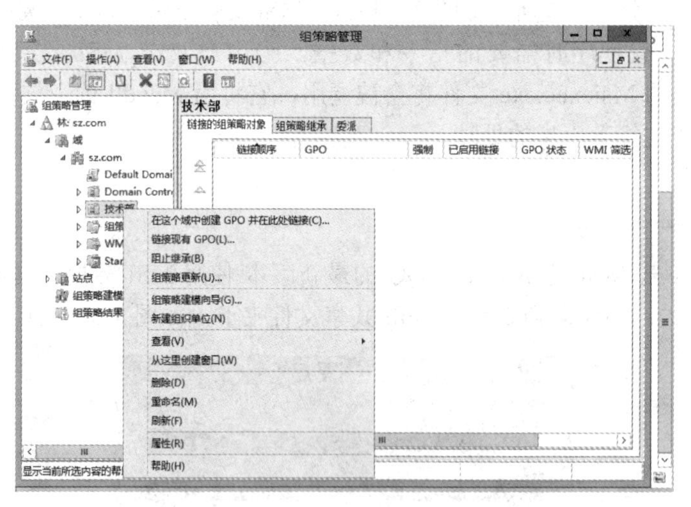

图 3-59　创建 GPO 链接

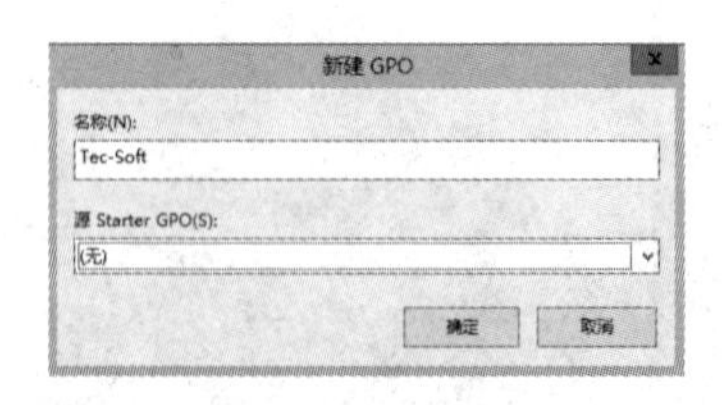

图 3-60　新建 GPO

04 在弹出的“新建 GPO”对话框中，输入规划好 GPO 名称（如 Tec-Soft），如图 3-60 所示。

05 单击“确定”按钮，在“组策略管理”窗口中选中新添加的 Tec-Soft，右击，在弹出的快捷菜单中选择“编辑”命令，如图 3-61 所示。

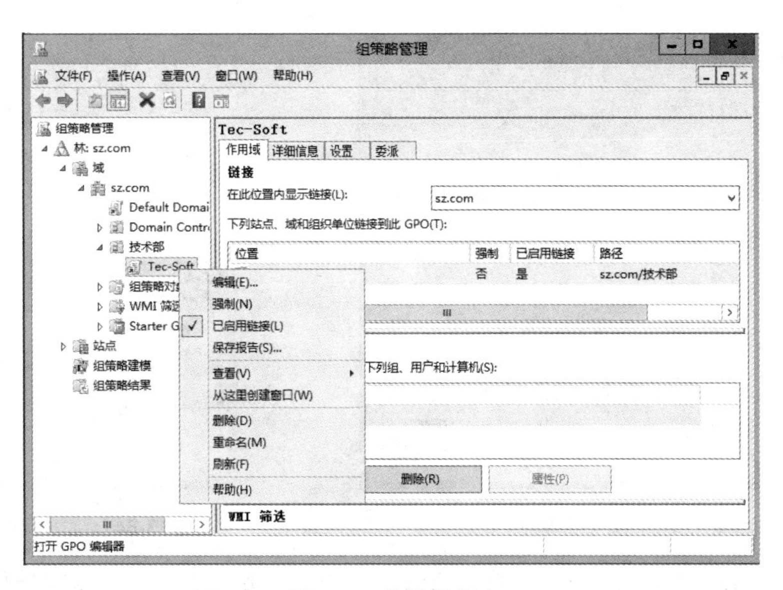

图 3-61　编辑组策略

06 在打开的“组策略管理编辑器”窗口中找到“软件安装”项，右击，在弹出的快捷菜单中选择“新建”→“数据包”命令，如图 3-62 所示。

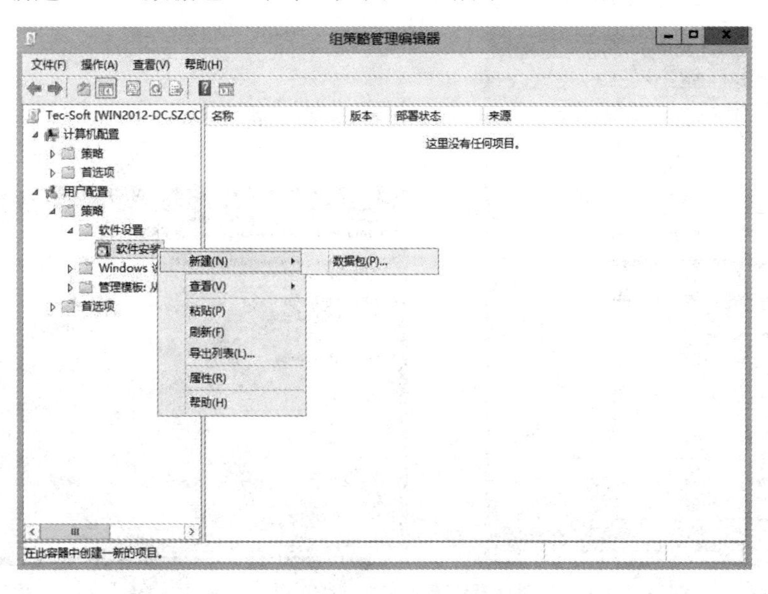

图 3-62　新建数据包

07 弹出“打开”窗口，在地址栏里输入“\\192.168.1.2\Soft”，选中 setup.msi 文件，如图 3-63 所示。

08 单击“打开”按钮，在弹出的“部署软件”对话框中选中“已分配”单选按钮，如图 3-64 所示。

图 3-63 软件包网络路径

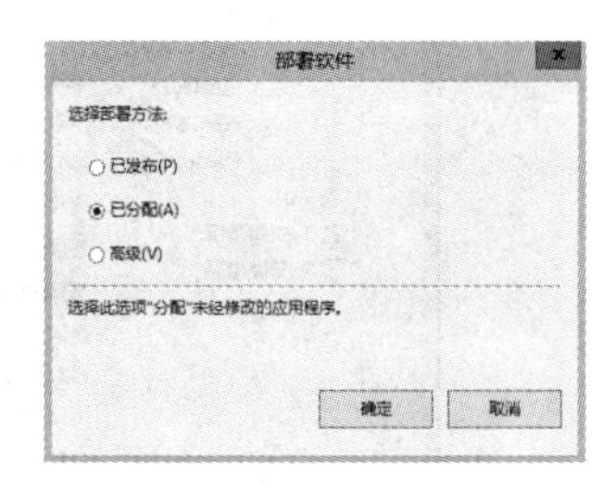

图 3-64 部署软件

09 单击“确定”按钮。双击刚分配的 QQ 软件，在弹出的“QQ8.1 属性”对话框中选中“在登录时安装此应用程序”复选框，单击“确定”按钮，如图 3-65 所示。

10 打开命令提示符窗口，输入 gpupdate/force 命令并执行，刷新组策略，以便使上述设置立即生效，如图 3-66 所示。

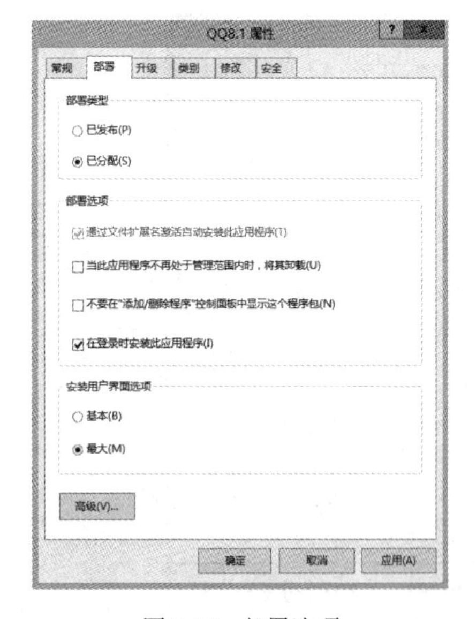

图 3-65 部署选项

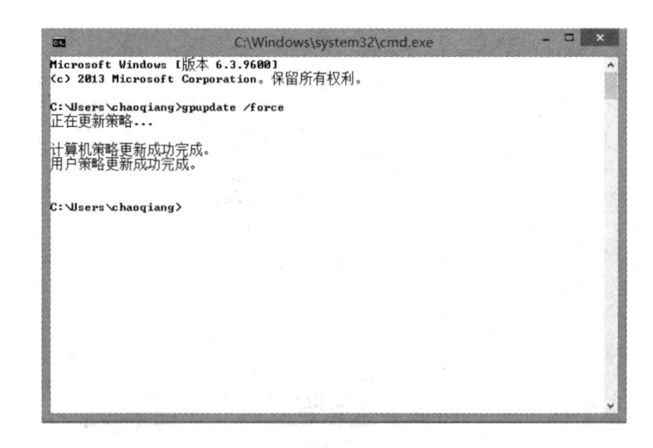

图 3-66 刷新组策略

11 切换到 Windows 8.1 客户端，使用技术部员工 Tec-1 登录，如图 3-67 所示。

12 技术部组织单位的用户登录成功后自动弹出软件的安装界面，如图 3-68 所示。

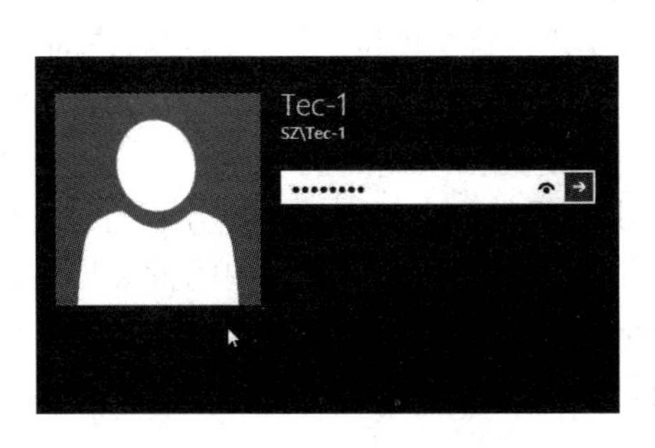

图 3-67　切换 Tec-1 用户登录验证

图 3-68　登录后弹出安装界面

13 此外，QQ 软件也可通过“程序和功能”进行安装，如 3-69 所示。

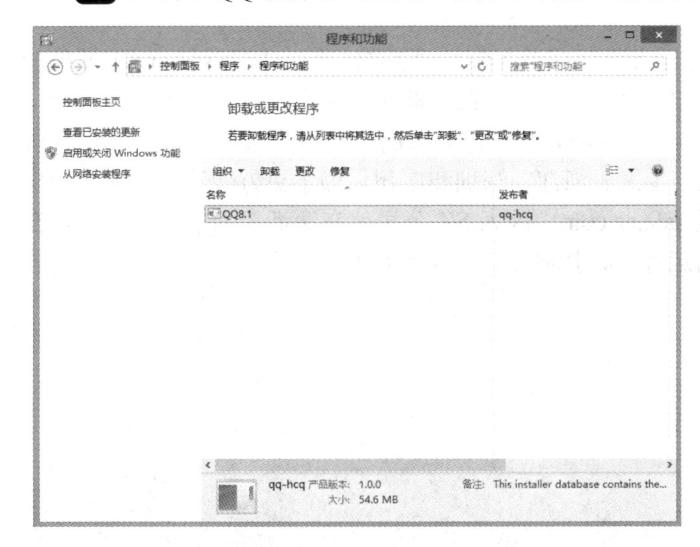

图 3-69　程序和功能

小贴士

如果出现不能分发的问题，可以考虑从下面两个方面排查。

1. 测试软件分发的域用户是否有读取共享文件夹的权限。

2. 重启域控制器及客户端计算机。

项 目 小 结

活动目录存储的信息包含了各种相关对象，如用户、用户组、计算机、域、组织单位（OU）以及安全策略等。这些信息可以通过活动目录服务被发布出来，以供用户和管理员的使用。

一个域可能拥有一台以上的域控制器。每一台域控制器都拥有它所在域的目录的一个可写副本。对目录的任何修改都可以从源域控制器复制到域、域树或者森林中的其他域控制器上。由于目录可以被复制，而且所有的域控制器都拥有目录的一个可写副本，所以用户和管理员可以在域的任何位置方便地获得所需的目录信息。

通过活动目录，管理员可以管理服务器及客户端计算机帐户，所有服务器及客户端计算机加入域管理并实施组策略；管理用户域帐户、用户信息、企业通讯录（与电子邮件系统集成)、用户组管理、用户身份认证、用户授权管理等；管理打印机、文件共享服务等网络资源；系统管理员可以集中地配置各种桌面配置策略；支持财务、人事、电子邮件、企业信息门户、办公自动化、补丁管理、防病毒系统等各种应用系统。

本项目从五个任务着手，完成了对活动目录中的安装、组织单位、组、用户帐户的管理、加域、分发软件等。其中对两个任务进行了拓展提高：一为批量导出、导入用户，二为 AGDLP 规则。任务一的安装是前提，任务二的组织单位和用户是为拓展提高批量导出用户和任务三加域的登录用户作准备，任务三的加域以及任务四的共享及 AGDLP 规划为任务五的分发软件提供了便利，每个环节有目的、有节奏，保证各个任务有序进行。本项目中的批量导出、导入用户，使用批处理，利用组策略分发软件都是网络管理员在处理实际工程作业时经常使用的手段，在实际环境中容易出错的地方，正文中穿插了小贴士，给出了较为可行的排查方法。

项 目 实 训

SZ 公司有四个大部门：技术部、人事部、销售部、财务部，统一处于 sz.com 根域控的管理。其中技术部 100 名员工，人事部 30 名员工，销售部 200 名员工，财务部 20 名员工，公司也有具体的员工信息名单，网络管理员需要创建起公司的用户帐户。随着全国市场拓展，销售部在全国设立五个分部：北京、上海、浙江、深圳和广州。为了更方便管理，网络管理员计划为销售部单独建立一个子域 sale.sz.com。因为 SZ 公司就在深圳，为了安全起见，在子域中限制深圳分部可执行文件的运行。请按照上述需求给出合适的配置。

项目四

安装与配置 DNS 服务器

SZ 公司需要一台 DNS 服务器为内部用户提供域名解析服务，用户可以使用域名访问公司的网站、FTP 站点和邮件服务器。同时，为了提高冗余性，公司还需要搭建第二台 DNS 服务器，作为辅助服务器。内部的局域网使用 sz.com 作为域名，需要解析 WWW 服务器、FTP 服务器、邮件服务器等。网络拓扑如图 4-1 所示。

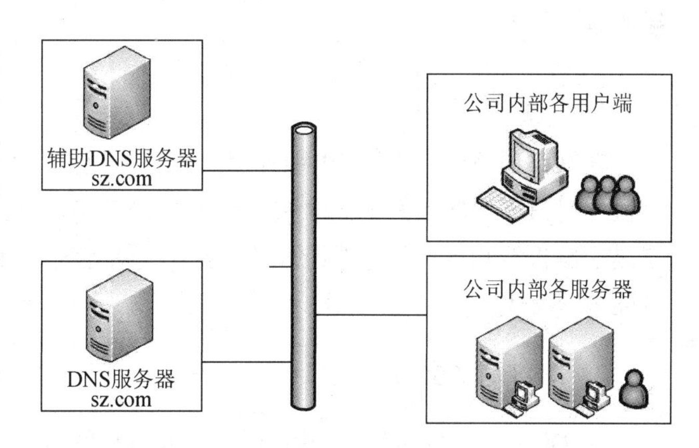

图 4-1　DNS 服务器网络拓扑图

在本项目中，我们将通过完成以下五个任务来学习安装与配置 DNS 服务器。

任务一　安装 DNS 服务
任务二　创建 DNS 区域
任务三　配置 DNS 区域记录
任务四　配置辅助 DNS 服务器
任务五　配置 DNS 客户端

知识目标

- 了解 DNS 区域分类。
- 了解 DNS 记录类型。

技能目标

- 掌握 DNS 服务器的安装。
- 掌握 DNS 服务器区域的创建、资源记录的添加、区域传送及 DNS 劫持等。
- 掌握 DNS 客户端的配置。

任务一　安装 DNS 服务

任务描述

安装 DNS 服务，搭建一台 DNS 服务器。观看“安装 DNS 服务器”教学视频请扫右侧二维码。

安装 DNS 服务器

相关知识

1. DNS 概念

在网络通信中，由于 IP 地址信息不容易记忆，所以网络中出现了域名这个名词，在访问网络时只需要输入好记忆的域名即可。DNS 是域名系统（Domain Name System）的缩写，它是由解析器和域名服务器组成的。提出查询请求的 DNS 客户端称为解析器，提供数据的 DNS 服务器称为域名服务器。

2. DNS 域名空间

在 DNS 中，域名空间采用分层结构，包括根域、顶级域、二级域和主机名。域名空间的层次结构类似一棵倒置的树，其中根作为最高级别，树枝处于下一级别，树叶则处于最低级别。一个区域就是 DNS 域名空间中的一部分，维护着该区域的数据库记录。在域名层次结构中，每一层称为一个域，每个域用一个点号“.”分开。域又可以进一步分成子域。每个域都有一个域名，最底层是主机。

实现步骤

01 安装 DNS 服务前，应为服务器配置静态 IP 地址，如图 4-2 所示，依照图中提示设置“IP 地址”、“子网掩码”、“默认网关”与“首选 DNS 服务器”。（如何打开 IP 属性对话框请参考项目二任务一配置网络相关内容。）

02 单击任务栏上的“服务器管理器”按钮，在出现的操作界面中单击“添加角色和功能”按钮，如图 4-3 所示。

03 弹出“添加角色和功能向导”界面，在“安装类型”窗口选择默认的“基于角色或功能的安装”选项，单击“下一步”按钮，进入到“选择目标服务器”窗口，如图 4-4 所示。

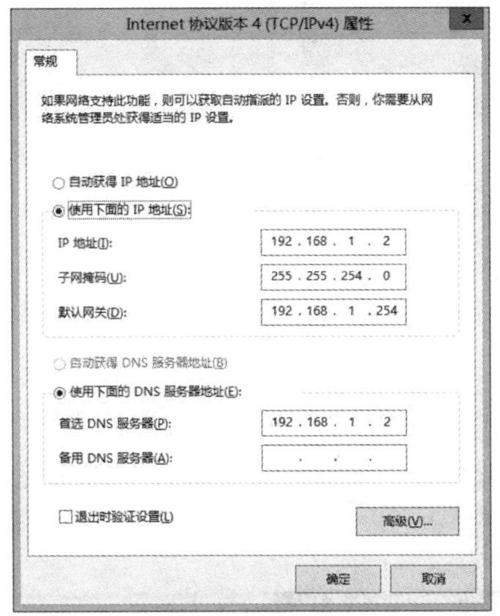

图 4-2　配置 IP 地址

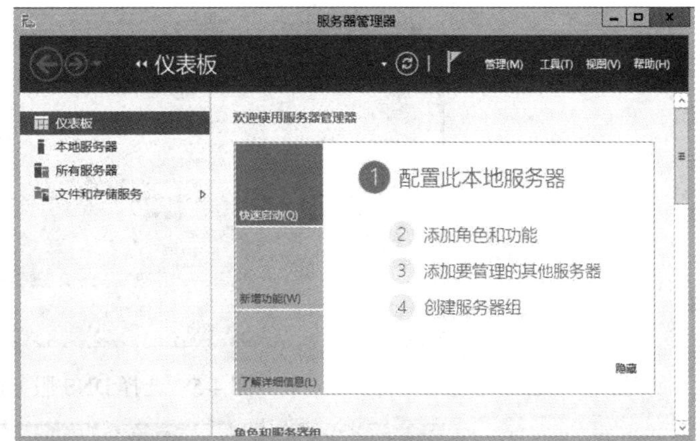

图 4-3　添加角色和功能

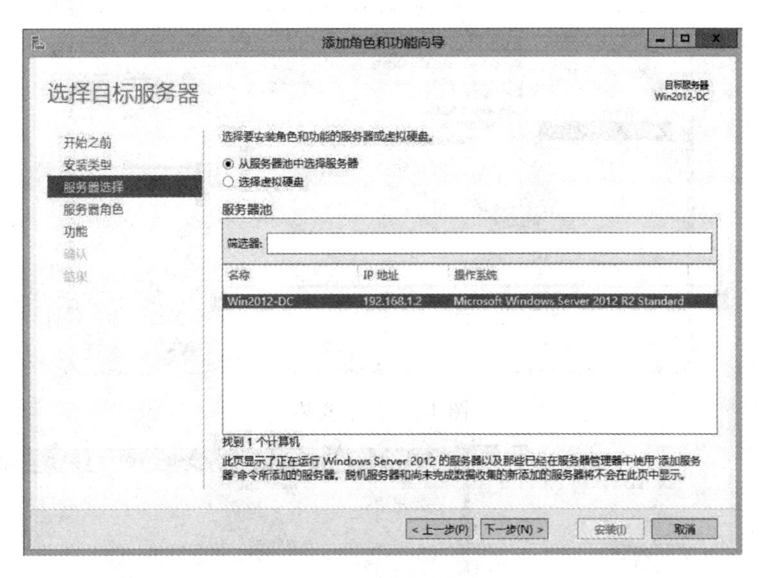

图 4-4　服务器选择

04 单击“下一步”按钮，在如图 4-5 所示的界面中选中 “DNS 服务器”复选框，单击“下一步”按钮。

05 弹出“确认安装所选内容”界面，如图 4-6 所示，单击“安装”按钮，开始安装。

06 弹出“安装进度”界面，安装将持续几分钟，安装完成后单击“关闭”按钮，如图 4-7 所示。

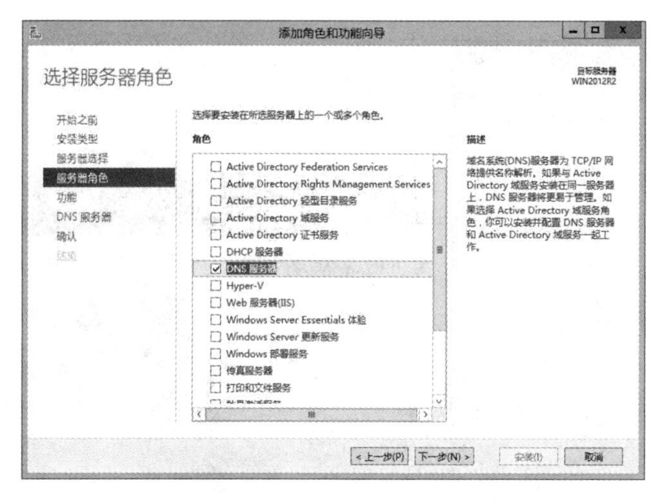

图 4-5　选择 DNS 服务器

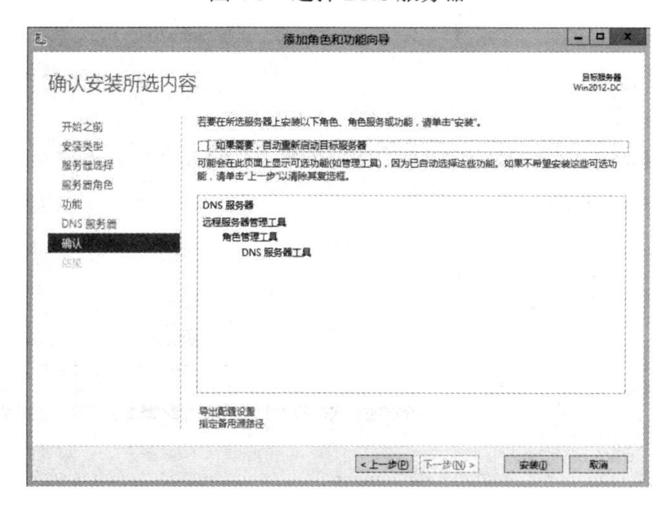

图 4-6　确认安装

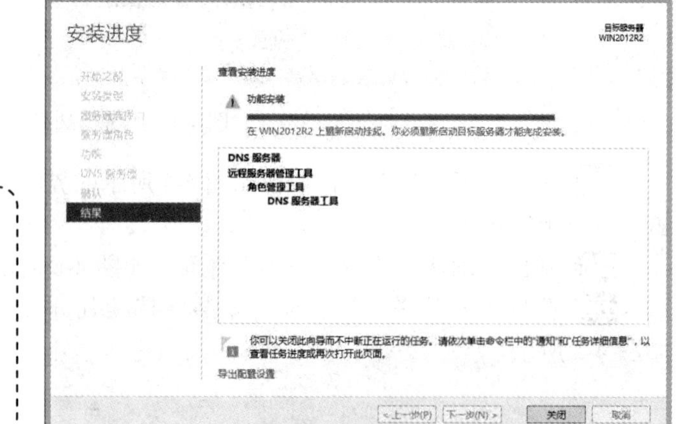

图 4-7　完成功能安装

小贴士

DNS 服务器要为客户机提供域名解析服务，必须具备以下条件：

1. 有固定的 IP 地址。
2. 安装并启动 DNS 服务。
3. 有区域文件。

任务二　创建DNS区域

任务描述

创建一个“正向查找区域”和一个“反向查找区域”。在“正向查找区域”根目录下新建一个区域，区域名为sz.com；在“反向查找区域”根目录中新建一个区域，“网络ID”为192.168.1。观看“创建DNS正反向区域”教学视频请扫右侧二维码。

创建DNS正反向区域

相关知识

1. 主要区域

主要区域是新区域的正本，负责在新区域的计算机上管理和维护本区域的资源记录。

2. 辅助区域

辅助区域即为辅助DNS服务器区域，为了避免由于DNS服务器软、硬件故障导致DNS解析失败，通常都安装两台DNS服务器：一台作为主服务器，一台作为辅助服务器。当主DNS服务器发生故障，辅助DNS服务器便立即启动承担DNS解析服务，自动从主DNS服务器上获取相应的数据，因此，无需在辅助DNS服务器中添加各种主机记录。

3. 存根区域

存根区域只包含用于标识该区域的权威DNS服务器所需的资源记录。含有存根区域的DNS服务器对该区域没有管理权，它维护着该区域的权威DNS服务器列表，列表存放在NS资源记录中。DNS服务器向存根区域的NS资源记录中指定的权威DNS服务器发送迭代查询，像在使用其缓存中的NS资源记录一样。

4. DNS的动态更新

动态更新是指当DNS客户机发生更改时，可以使用DNS服务器注册和动态更新其资源记录。如绝大部分因特网用户上网的时候分配到IP地址都是动态的，若用户想把连网的计算机处理成一个有固定域名的网站就必须用到动态域名。用户可以申请一个域名，利用动态域名解析服务把域名与连网的计算机绑定在一起，这样就可以在家里或公司搭建自己的网站，非常方便。

实现步骤

01 打开“DNS 管理器”窗口。选择“开始”→“管理工具”→“DNS”命令，打开管理界面，如图 4-8 所示。

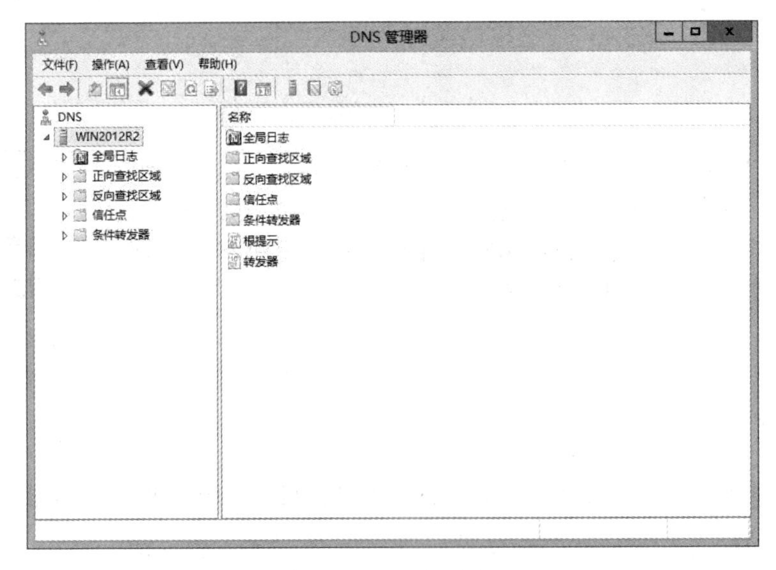

图 4-8　DNS 管理界面

02 右击“正向查找区域”选项，如图 4-9 所示，在弹出的快捷菜单中选择“新建区域”选项，在弹出的“新建区域向导”对话框中单击“下一步”按钮。

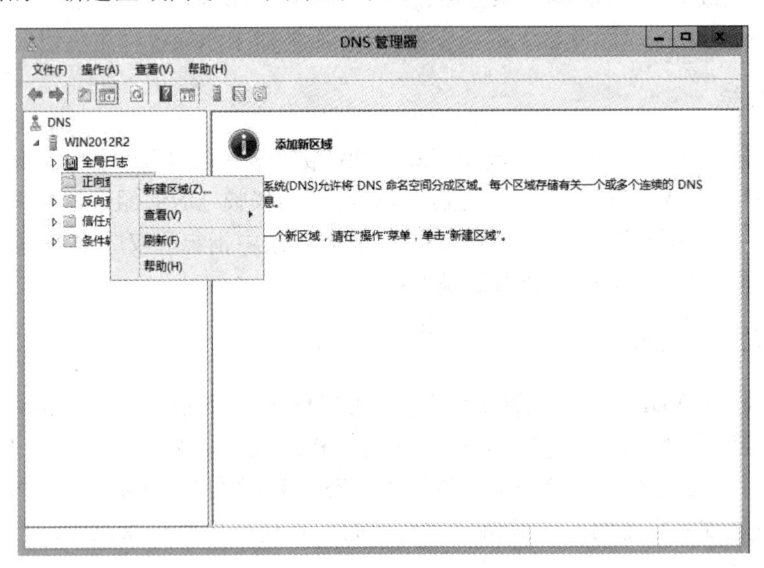

图 4-9　新建正向区域

03 在如图 4-10 所示的“新建区域向导”对话框的“区域类型”界面中，如果所部署的 DNS 服务器是网络中的第一台 DNS 服务器，则应该将该 DNS 服务器作为主 DNS 服务器

使用，选中“主要区域”单选按钮，然后单击“下一步”按钮。

04 进入“区域名称”界面，在“区域名称”文本框中输入一个能反映单位信息的区域名称（如 sz.com），如图 4-11 所示，单击“下一步”按钮。

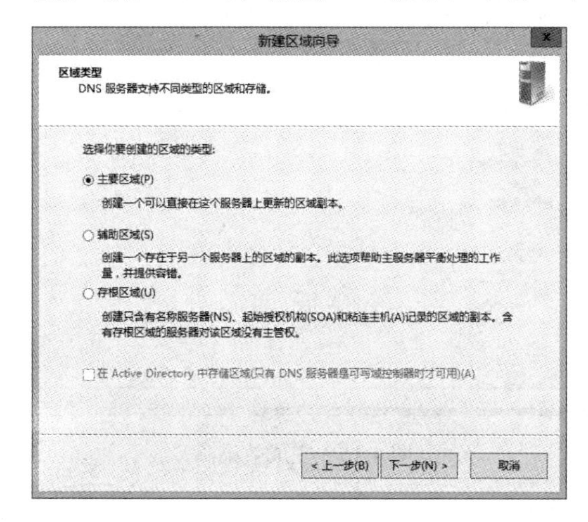

图 4-10　区域类型

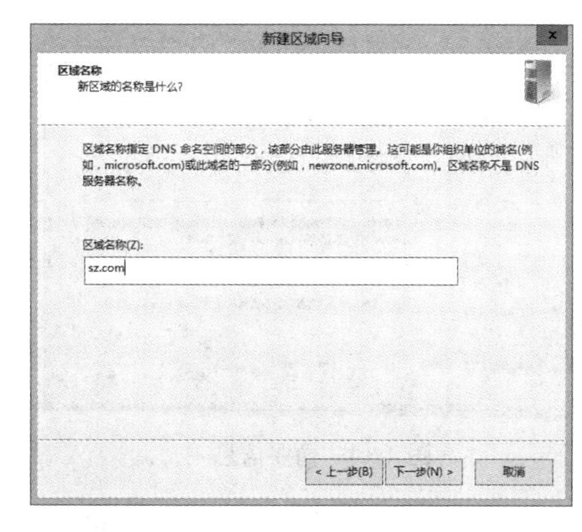

图 4-11　区域名称

05 在打开的“区域文件”界面中已经根据区域名称默认填入了一个文件名，如图 4-12 所示，保持默认值不变，单击“下一步”按钮。

06 在“动态更新”界面中选中“不允许动态更新”单选按钮，如图 4-13 所示，单击“下一步”按钮。

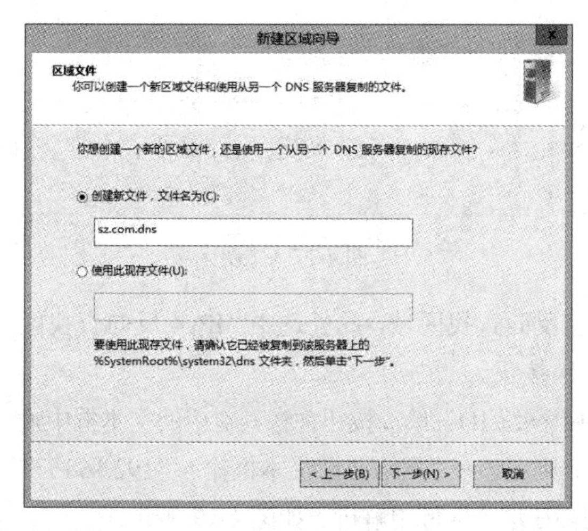

图 4-12　区域文件名

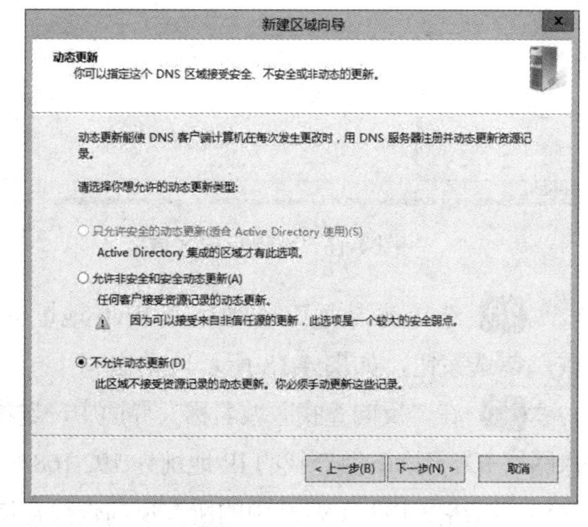

图 4-13　动态更新

07 弹出“正在完成新建区域向导”界面，如图 4-14 所示，单击“完成”按钮。安装完成后，在 DNS 管理控制台中看到新创建的正向查找区域 sz.com，如图 4-15 所示。

08 创建反向查找区域。选择“开始”→“管理工具”→“DNS”命令，打开“DNS 管理器”窗口，右击“反向查找区域”选项，如图 4-16 所示，在弹出的快捷菜单中选择“新建区域”选项。

09 在弹出的“区域类型”界面中，选中“主要区域”单选按钮，如图 4-17 所示，单击“下一步”按钮。

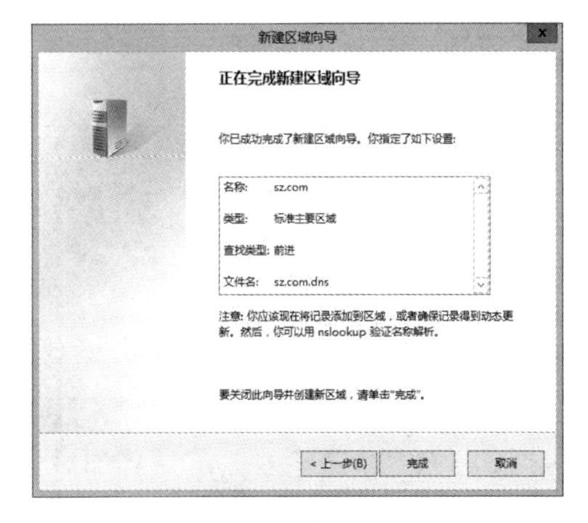

图 4-14　摘要信息

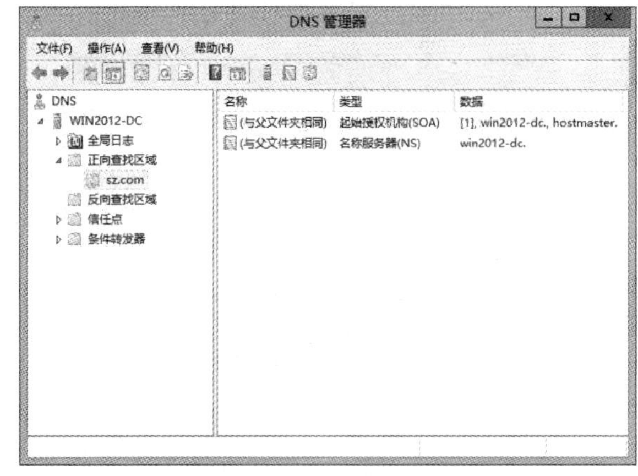

图 4-15　完成效果

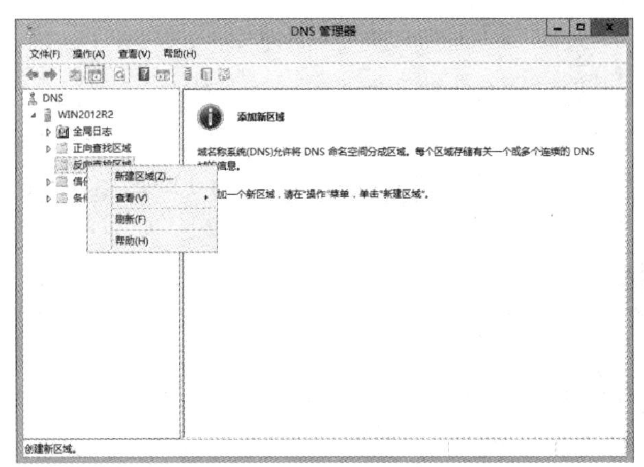

图 4-16　新建反向区域

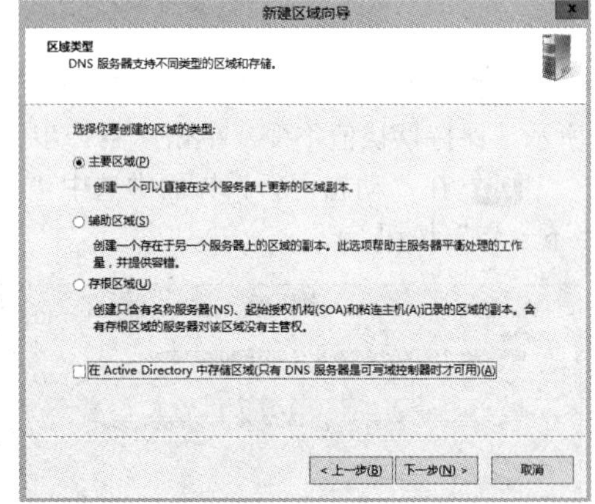

图 4-17　主要区域

10 选择是否为 IPv4 地址或 IPv6 地址创建反向查找区域，此处选中“IPv4 反向查找区域”单选按钮，如图 4-18 所示，单击“下一步”按钮。

11 在“反向查找区域名称”界面中，选中“网络 ID”单选按钮并在其对应的文本框中输入网络 ID。例如，要查找的 IP 地址为 192.168.1.2，则应该在“网络 ID”文本框输入“192.168.1”，这样，网络段 192.168.1.0 中的所有反向查找查询都在这个区域中解析，如图 4-19 所示。

12 单击“下一步”按钮，在弹出的“区域文件”界面中按照默认选择（如图 4-20 所示），单击“下一步”按钮，进入“动态更新”界面，选中“不允许动态更新”单选按钮，单击“下一步”按钮。

13 出现如图 4-21 所示对话框，单击“完成”按钮，完成反向查找区域的创建。

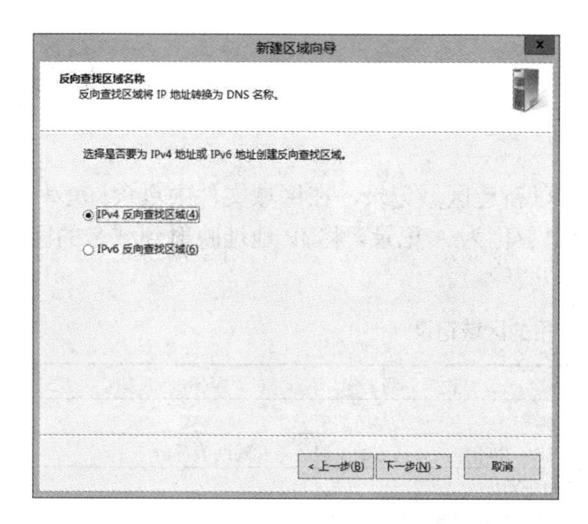

图 4-18　IPv4 反向查找区域

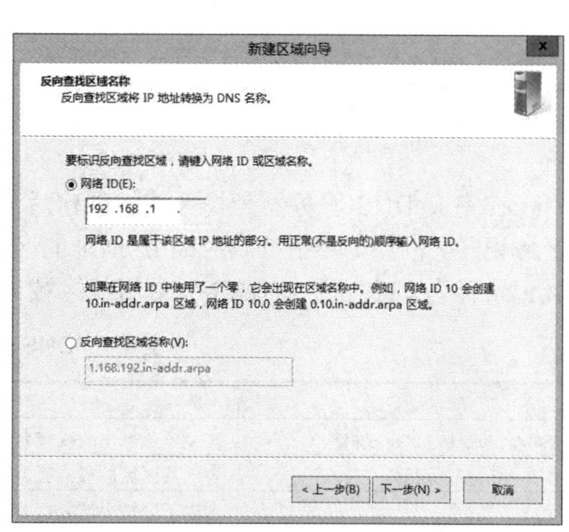

图 4-19　网络 ID 设置

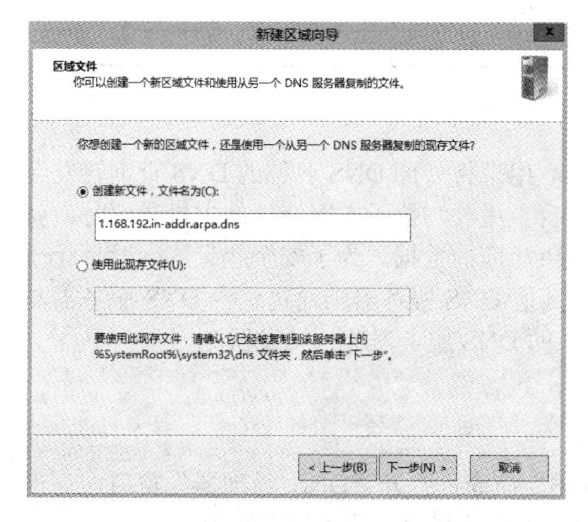

图 4-20　动态更新

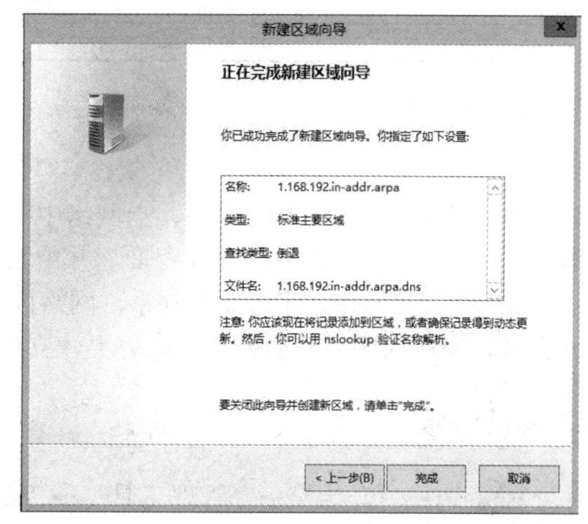

图 4-21　摘要信息

任务三　配置 DNS 区域记录

任务描述

- 新建一台主机记录并进行测试。
- 为主机记录配置一个别名记录。
- 配置转发器。

观看“配置 DNS 区域记录”教学视频请扫右侧二维码。

配置 DNS 区域记录

相关知识

1. 区域记录类型

在完成 DNS 服务器查找区域的创建后，可以新建区域记录，在区域文件中包含许多种区域记录。例如，将主机映射成 IP 地址的区域记录称为 A 记录，将 IP 地址映射到域名的区域记录称为 PTR 记录。DNS 上常用的区域记录见表 4-1。

表 4-1　DNS 上常用的区域记录

区域记录	说　明
SOA 记录（起始授权机构）	定义了该域中的权威名称服务器
NS（名称服务器）	表示某区域的权威服务器和 SOA 中指定的该区域的主服务器和辅助服务器
A（主机）	列出了区域中域名到 IP 地址的映射
PRT（指针）	相对于 A 资源记录，PTR 记录是把 IP 地址映射到域名
MX	邮件交换记录，向指定的邮件交换主机提供消息路由
SRV（服务）	列出了正在提供特定服务的服务器
CNAME（别名）	将多个名字映射到同一台计算机上，便于用户访问

2. 转发器

转发器是网络上的域名系统（DNS）服务器，用来将外部 DNS 名称的 DNS 查询转发给该网络外的 DNS 服务器。例如，当网络中的某台主机要与位于本网络外的主机通信时，就需要向外界的 DNS 服务器进行查询，并由其提供相应的数据。为了安全起见，一般只让一台 DNS 服务器与外界建立直接联系，网络内的其他 DNS 服务器则通过这台 DNS 服务器与外界进行间接的联系，这台直接与外界建立联系的 DNS 服务器称为转发器。

实现步骤

01 选择“开始”→“管理工具”→“DNS”命令，打开“DNS 管理器”窗口，右击区域名 sz.com，如图 4-22 所示，在弹出的快捷菜单中选择“新建主机”选项。

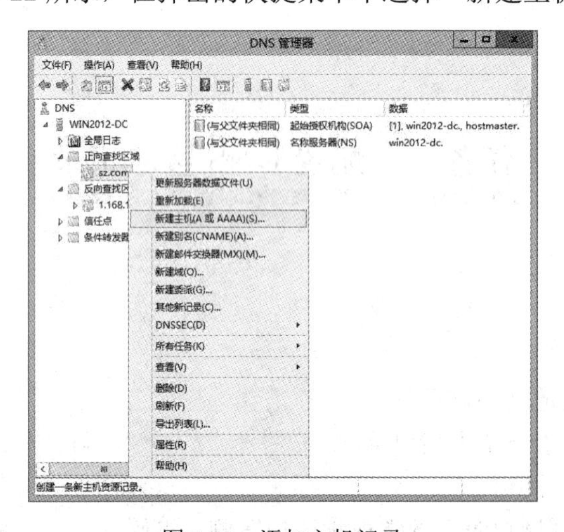

图 4-22　添加主机记录

02 在弹出的“新建主机”对话框中，输入主机名称（如 www）、IP 地址（如 192.168.1.2），同时选中“创建相关的指针（PRT）记录”复选框，如图 4-23 所示，单击“添加主机”按钮。弹出成功添加主机记录对话框，单击“确定”按钮，如图 4-24 所示，

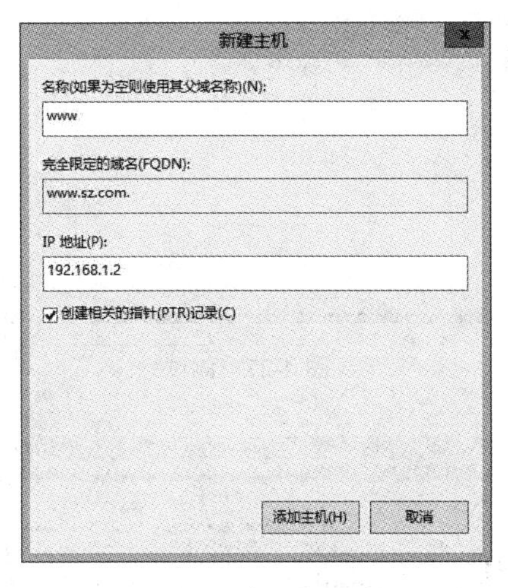

图 4-23　主机记录信息图

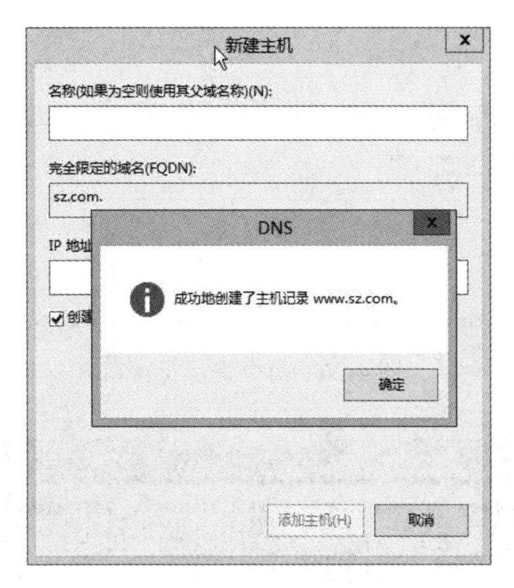

图 4-24　完成

03 此时，可以在“DNS 管理”窗口中的“正向查找区域”目录下的 sz.com 下看到新创建的主机记录 www，如图 4-25 所示。

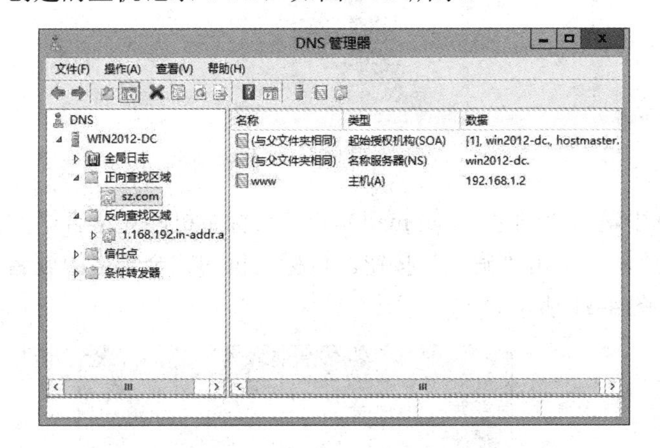

图 4-25　添加主机记录后的界面

> **注意**
>
> 此处创建相关的指针记录也可以通过“反向查找区域”目录快捷菜单下的“新建指针”选项来实现。

04 使用命令 nslookup 进行测试。打开 DOS“命令提示符”窗口，在其中输入“nslookup www.sz.com”，如图 4-26 所示，然后按 Enter 键。测试所得到结果如图 4-27 所示。

05 使用 ping 命令进行测试。打开 DOS“命令提示符”窗口，在其中输入命令“ping www.sz.com”，而后按 Enter 键运行，所得到的测试结果如图 4-28 所示。

06 在打开的“DNS 管理器”窗口中，右击区域名 sz.com，弹出如图 4-29 所示的快捷菜单，选择“新建别名”选项。

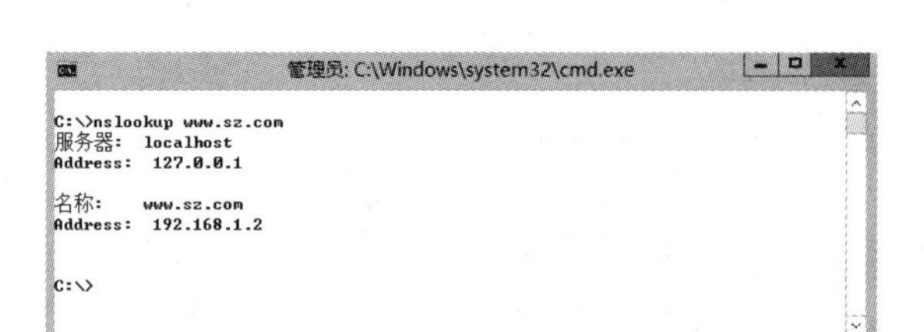

图 4-26 命令提示符窗口

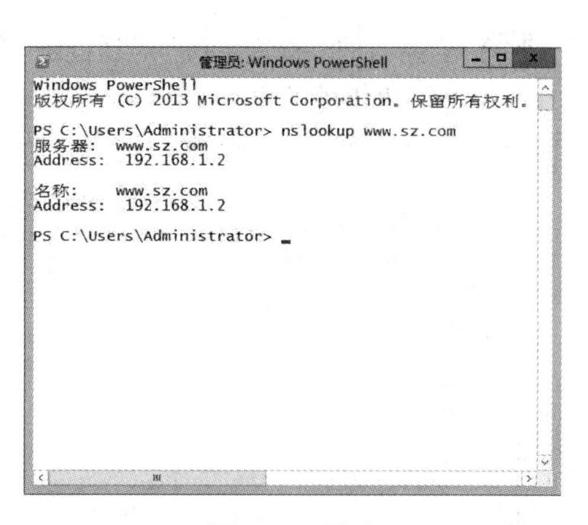

图 4-27 测试

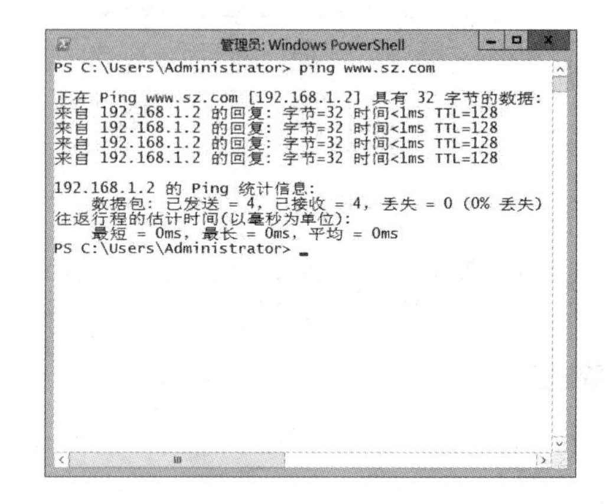

图 4-28 测试

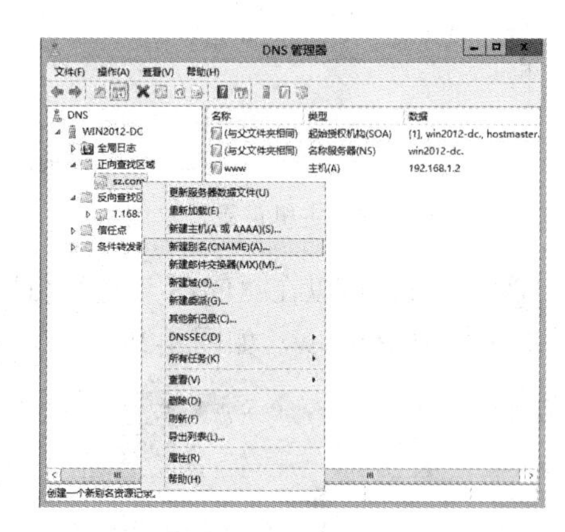

图 4-29 新建别名

07 在“新建资源记录”对话框中输入“别名”（如 mail）和“目标主机的完全合格的域名”（如 www.sz.com），如图 4-30 所示，单击“确定”按钮。目标主机的完全合格的域名可以通过“浏览”对话框来获得，如图 4-31 所示。

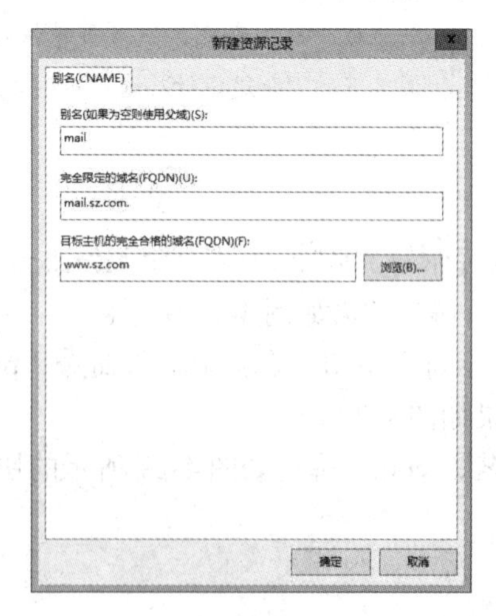

图 4-30 别名信息

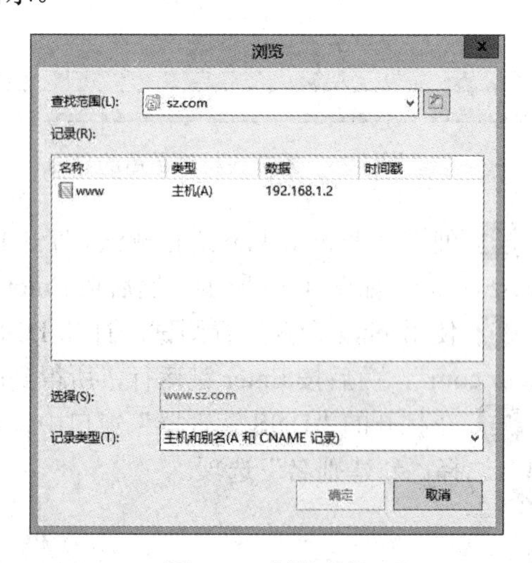

图 4-31 浏览主机

08 此时在“DNS 管理器”窗口中的 sz.com 目录中可以看到 mail 的别名记录，如图 4-32 所示。

09 创建别名记录以后，计算机就能将 mail.sz.com 解析为 192.168.1.2。打开“命令提示符”窗口，使用 nslookup 命令测试别名 mail.sz.com 是否能被解析到 www.sz.com 上。在操作界面中输入“nslookup mail.sz.com”，按 Enter 键运行，结果如图 4-33 所示。

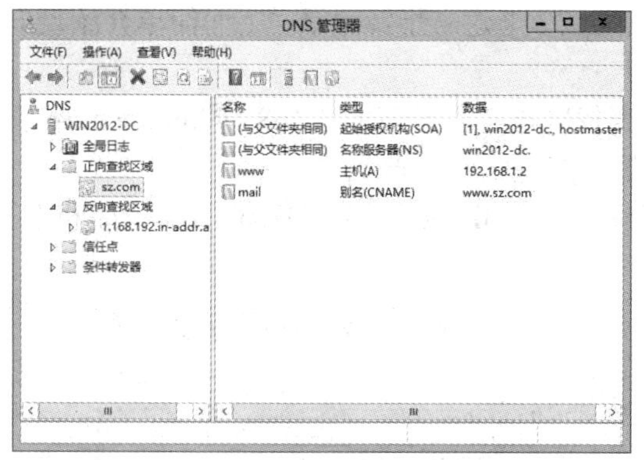

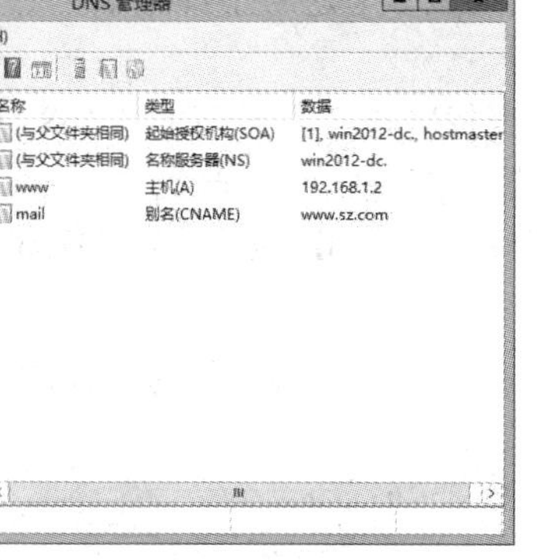

图 4-32　完成效果

图 4-33　测试域名

10 打开“DNS 管理器”窗口，右击本地 DNS 服务器 WIN2012-DC，如图 4-34 所示，在弹出的快捷菜单中选择“属性”选项。

11 在 WIN 2012-DC“属性”对话框中，选择“转发器”选项卡，单击“编辑”按钮，在弹出的“添加转发器”对话框中输入转发器的地址（如 8.8.8.8），添加“转发器”后的“属性”对话框如图 4-35 所示。

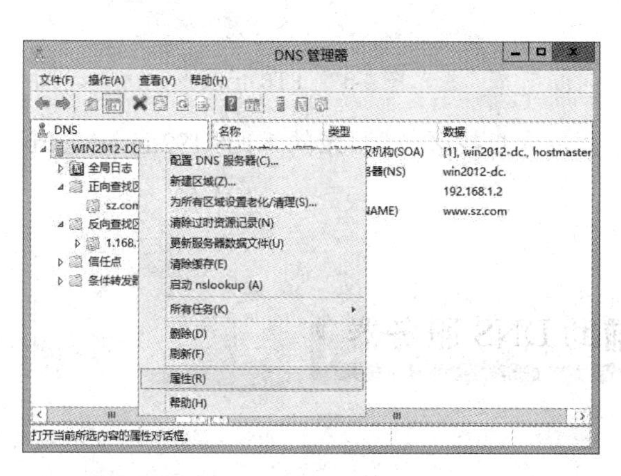

图 4-34　DNS 管理器

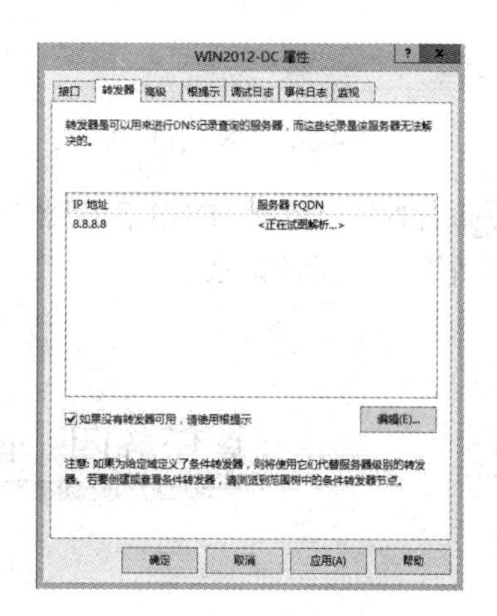

图 4-35　转发器

小贴士

对转发器可以这样理解：DNS 服务器可以解析自己区域文件内的域名，而 DNS 服务器上没有的域名，就直接将请求发给其他可以联系上的 DNS 服务器，该 DNS 服务器就是转发器。

如果服务器 8.8.8.8 上有域名 www.gd.cn，而本地 DNS 服务器上没有该记录，则本地 DNS

服务器就可以通过转发器解析到域名 www.gd.cn，该记录会被缓存到本地的 DNS 服务器中，下次就可以直接通过本地的 DNS 服务器来解析 www.gd.cn 而无须查找转发器。

拓展提高

在建立正向查找区域的主机记录时，一般应同时创建“相关的指针记录（PTR）”，但当无法创建或是忘记创建时则可以通过“反向查找区域”来建立指针记录，下面简单介绍反向查找区域中建立指针记录的步骤。

01 打开“DNS 管理器”窗口，在“反向查找区域”目录下的 1.168.192.in-addr.arp 上右击，如图 4-36 所示，在弹出的快捷菜单中选择“新建指针”选项。

02 在弹出的“新建资源记录”对话框中输入“主机 IP 地址”为 192.168.1.2，“主机名”可通过单击“浏览”按钮获得，如图 4-37 所示。

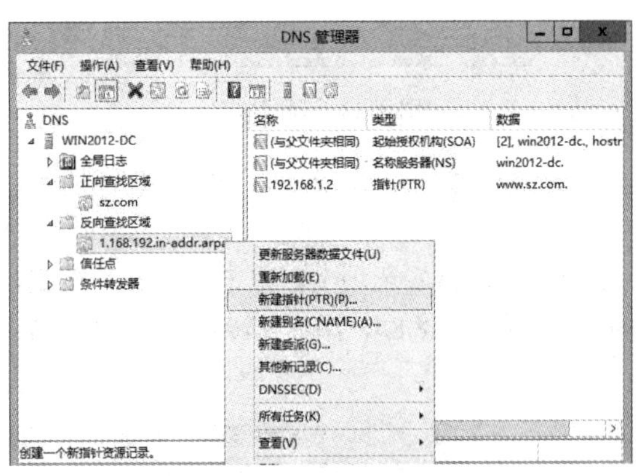

图 4-36 DNS 管理器

图 4-37 PTR 记录

03 此时，可以在“DNS 管理器”窗口中的“反向查找区域”目录的 1.168.192.in-addr.arp 下看到新添加的指针记录。

任务四 配置辅助 DNS 服务器

任务描述

◆ 在辅助 DNS 服务器（IP 地址为 192.168.1.3）上配置辅助区域。

◆ 在主 DNS 服务器（IP 地址为 192.168.1.2）上配置区域传送。

观看“配置辅助 DNS 服务器”教学视频请扫右侧二维码。

配置辅助 DNS 服务器

相关知识

为保证服务的高可用性，DNS 要求使用多台名称服务器冗余支持每个区域。某个区域的资源记录通过手动或自动方式更新到单个主名称服务器（称为主 DNS 服务器）上，主 DNS 服务器可以是一个或几个区域的权威名称服务器。其他冗余名称服务器（称为辅助 DNS 服务器）用作同一区域中主服务器的备份服务器，以防主服务器无法访问或宕机。辅助 DNS 服务器定期与主 DNS 服务器通信，确保其区域信息保持最新。如果不是最新信息，辅助 DNS 服务器就会从主服务器获取最新区域数据文件的副本。

实现步骤

01 在辅助 DNS 服务器上安装 DNS 服务，方法参照任务一“安装 DNS 服务”。

02 打开 DNS 服务器的管理控制界面，右击“正向查找区域”选项，在弹出的快捷菜单中选择“新建区域”选项，在弹出的“新建区域向导”对话框的“区域类型”界面中选中“辅助区域”单选按钮，单击“下一步”按钮，如图 4-38 所示。

03 在“区域名称”界面中输入域名为 sz.com（和主 DNS 服务器中的正向查找区域 sz.com 同名），如图 4-39 所示，单击“下一步”按钮。

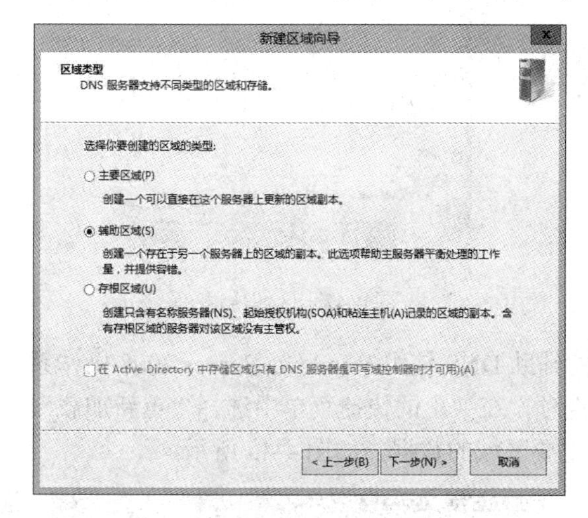

图 4-38　区域类型

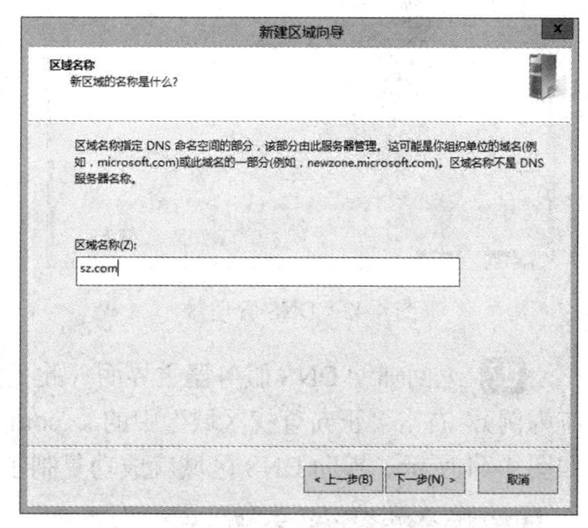

图 4-39　区域名称

04 在“主 DNS 服务器”界面中的“IP 地址”文本框中输入主 DNS 服务器的 IP 地址 192.168.1.2，如图 4-40 所示。单击“下一步”按钮，弹出如图 4-41 所示对话框，单击“完成”按钮，完成辅助 DNS 区域的创建。

05 打开 WIN2012-DC 服务器，在“DNS 管理器”界面，右击“正向查找区域”中的 sz.com 选项，在弹出的快捷菜单中选择“属性”选项，如图 4-42 所示。

06 打开主 DNS 服务器中 DNS 服务的管理控制界面，在打开的“属性”对话框中，选择“区域传送”选项卡，选中“允许区域传送”复选框，再选中“到所有服务器”单选按钮，如图 4-43 所示，单击“确定”按钮。

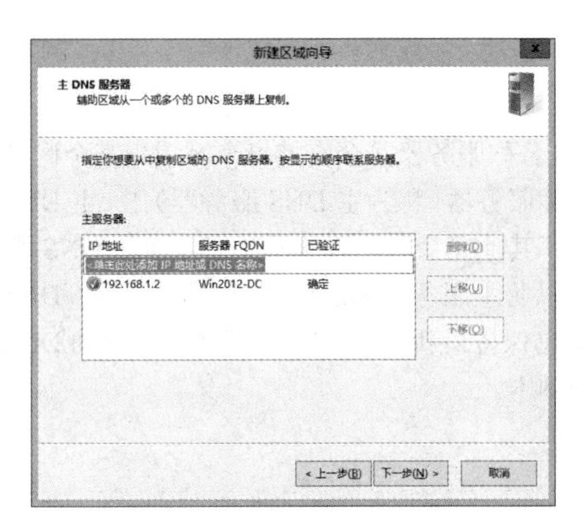

图 4-40　设置主 DNS 服务器

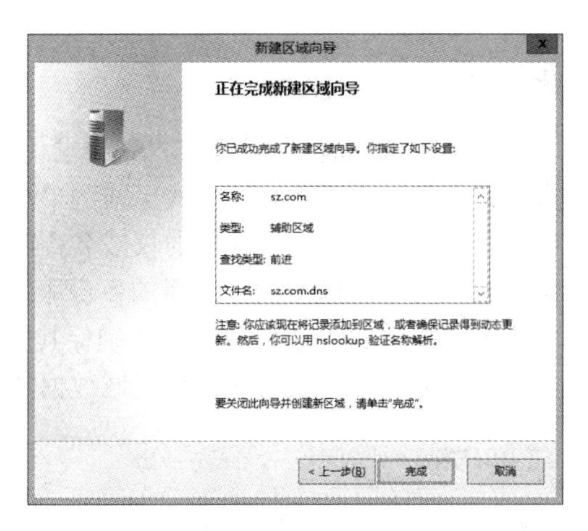

图 4-41　信息摘要

图 4-42　DNS 管理器

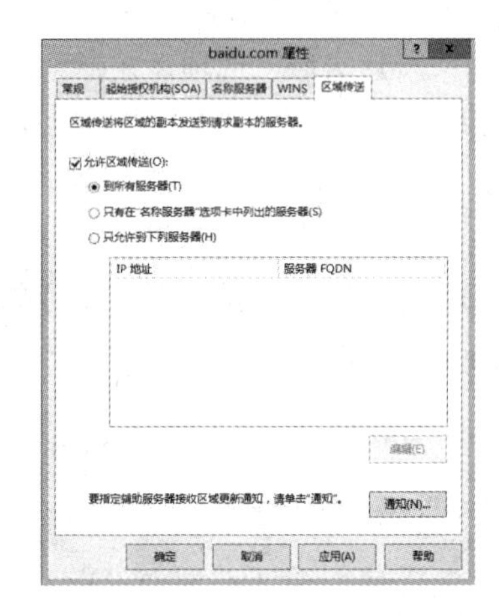

图 4-43　区域传送

07 返回辅助 DNS 服务器主界面（此处的辅助 DNS 使用 Windows Server 2008 操作系统为例），右击“正向查找区域”中的 sz.com 选项，在弹出的快捷菜单中选择“重新加载”，如图 4-44 所示，辅助 DNS 区域就成功复制了主要区域的数据，如图 4-45 所示。

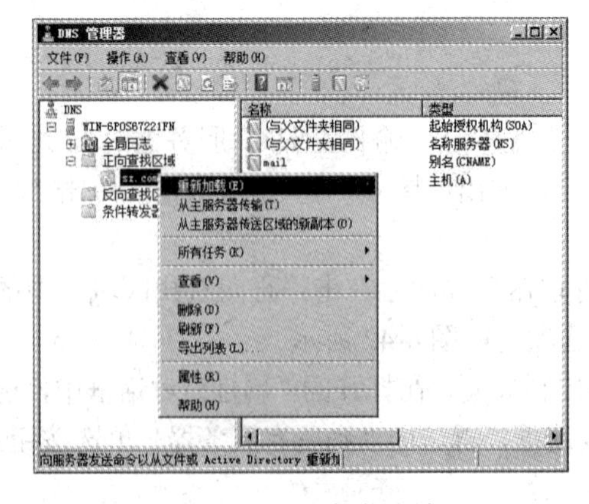

图 4-44　重新加载区域

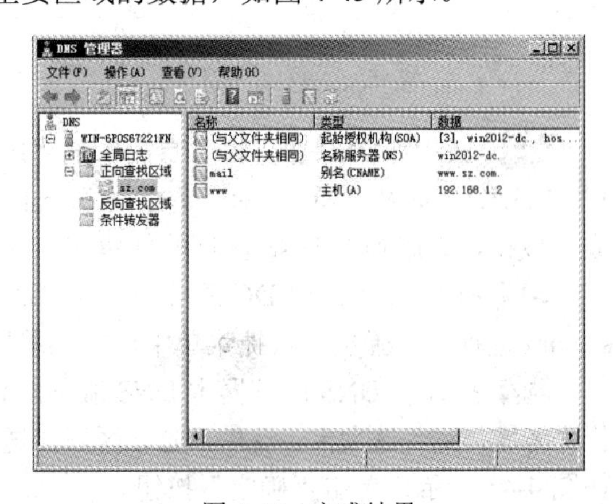

图 4-45　完成结果

拓展提高

DNS劫持又称为域名劫持，是指在劫持的网络范围内拦截域名解析的请求，分析请求的域名，把审查范围以外的请求放行，否则返回假的IP地址或者什么都不做使请求失去响应，其效果就是对特定的网络不能反应或访问的是假网址。

DNS劫持是互联网攻击的一种方式，通过攻击域名解析服务器（DNS），或伪造域名解析服务器（DNS）的方法，把目标网站域名解析到错误的地址从而实现用户无法访问目标网站的目的，是黑客常用的攻击工具之一。

> **小贴士**
>
> 配置以上实验时必须保证主DNS服务器和辅助DNS服务器能够互相通信，并且辅助DNS服务器的首选DNS地址为主DNS服务器的IP地址。

DNS被劫持后的表现有很多，例如：

1）打开一个正常的网站，电脑右下角会莫名地弹窗一些小广告。

2）打开一个下载链接，下载的并不是所需要的东西。

3）浏览器输入一个网址，按Enter键确定后网页跳转到其他网址的页面。

DNS劫持应对方法：

1）手动修改本机DNS地址。

2）修改路由器的DNS地址及密码。

3）使用一些DNS工具助手进行修复。

任务五　配置DNS客户端

任务描述

- 设置客户机静态DNS服务器地址。
- 设置动态获得DNS服务器地址。

观看“配置DNS客户端”教学视频请扫右侧二维码。

配置DNS客户端

相关知识

配置DNS客户机是指为客户机指定DNS服务器的IP地址，从而使它们可以请求DNS服务。客户机可以配置静态DNS服务器地址或者是动态获得DNS服务器地址。

动态获得DNS服务器地址需要同时在DHCP服务器中进行设置才能使用，具体设置见DHCP服务器的配置。

实现步骤

01 客户机静态 DNS 服务器地址的设置。打开“网络与共享中心”窗口，单击“更改适配器设置”按钮，在弹出的对话框中右击“以太网”，在弹出的快捷菜单中选择单击“属性”选项，进入“本地连接属性”对话框，双击“Internet 协议版本 4（TCP/IPv4）”选项，进入“Internet 协议版本 4 属性”对话框，如图 4-46 所示，设置该对话框中的“IP 地址”、“子网掩码”、“默认网关”、“首选 DNS 服务器”和“备用 DNS 服务器”，单击“确定”按钮。

02 动态获得 DNS 服务器地址的设置。在客户机上的“Internet 协议版本 4（TCP/IPv4）属性”对话框中，选中“自动获取 IP 地址”和“自动获得 DNS 服务器地址”单选按钮，如图 4-47 所示，然后单击“确定”按钮。

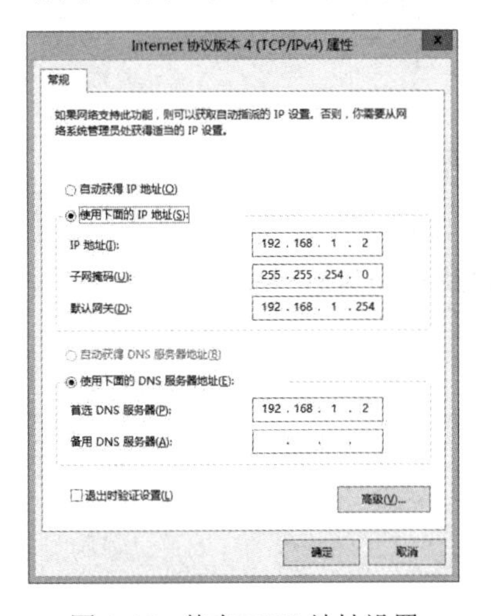

图 4-46　静态 DNS 地址设置

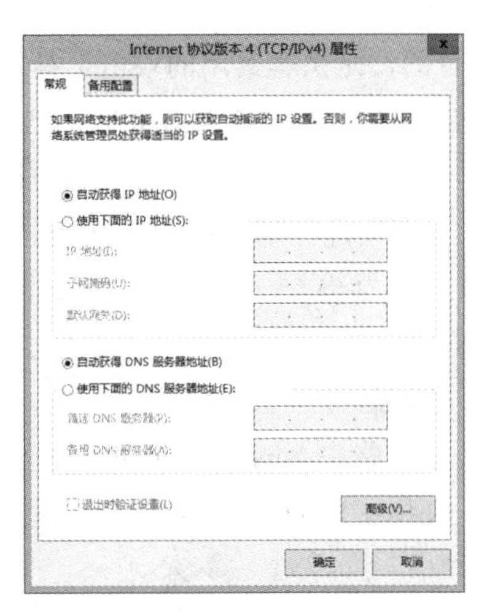

图 4-47　自动获取 DNS 地址设置

项 目 小 结

DNS 服务器就是域名服务器，在服务器上保存有该网络中所有主机的域名和对应的 IP 地址，并具有将域名转换为 IP 地址的功能。为了方便记忆每个 IP 地址都可以有一个主机名，主机名由一个或多个字符串组成，字符串之间用小数点隔开。

在本项目中，主要完成了安装与配置管理 DNS 服务器，通过五个任务，完成了 DNS 服务器的安装、DNS 区域的创建、DNS 区域记录及相关属性的设置、辅助 DNS 服务器的配置及 DNS 客户端的配置等。任务一主要介绍了 Windows server 2012 系统中 DNS 服务器的安装方法。任务二主要介绍了正向查找区域与反向查找区域的创建。任务三重点介绍了区域中区域记录的创建方法，主要介绍了主机记录、指针记录、别名记录等的创建，通过区域记录的创建实现域名的解析。任务四重点介绍了辅助 DNS 服务器的配置过程，通过辅助 DNS 服务器可以实现对主 DNS 服务器的备份冗余，增加服务器系统的安全性和可靠性；同时也了解了DNS劫持的一些基本知识以及一些应对措施。任务五介绍了DNS客户端的配置方法以及自动获取DNS地址的配置。每个任务通过详细的操作步骤进行了阐述，对各个疑难点进行了说明，通过本项目的学习，可以掌握DNS服务器的基本配置，达到对网络管理的基本要求。

项目实训

BD公司的局域网内没有DNS服务器，所有计算机都使用ISP的DNS服务器（200.66.56.123）。BD公司计划搭建一台DNS服务器（IP地址为172.16.1.1/24），为公司内部创建一个bd.com区域，并为公司的服务器建立主机记录，使用户能使用域名访问公司的网站（IP地址为172.16.1.100/24）及FTP站点（IP地址为172.16.1.101/24），同时该DNS服务器能为内网用户解析公网域名。为防止数据的丢失，另外再计划添加一台辅助DNS服务器（IP地址为172.16.1.2/24）作为主DNS服务器的备份。请按上述要求做出相应的配置。

项目五

安装与配置 Web 服务器

SZ 公司为了满足业务发展需求，引入多套管理系统，涉及公司门户、业务管理等，随着公司信息中心的建设，网络管理员决定在一台 Windows Server 2012 服务器（IP：192.168.1.2/23）上安装 IIS 网站管理平台，可实现 ASP、ASP.NET、JSP 等目前流行网站的发布与管理。公司网络拓扑如图 5-1 所示。

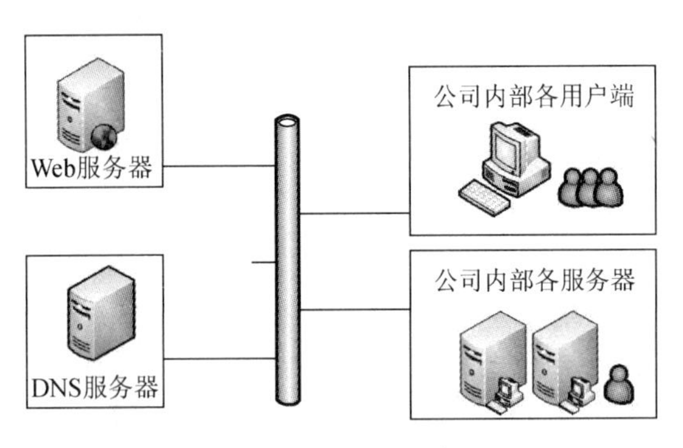

图 5-1　公司网络拓扑图

在本项目中，我们将通过完成以下六个任务来学习安装与配置 Web 服务器。

任务一　安装与测试 Web 服务器

任务二　Web 基本配置

任务三　配置虚拟目录

任务四　配置基于不同端口、不同 IP、不同主机头虚拟主机

任务五　配置 Web 网站身份验证

任务六　安装配置 ASP、ASP.NET 网站

知识目标

- ◆ 了解 IIS 的功能与 Web 服务器的作用。
- ◆ 了解静态与动态网页的后缀。

技能目标

- ◆ 掌握 Web 服务器的安装。
- ◆ 掌握 Web 服务器基本配置及基于不同 IP 与端口多站点的配置。
- ◆ 掌握 Web 服务器虚拟目录的配置。
- ◆ 掌握 Web 服务器静态与动态网页的发布。

任务一　安装与测试 Web 服务器

任务描述

安装 IIS 8.0，创建网络中第一台 Web 服务器。观看“安装测试 IIS”教学视频请扫右侧二维码。

安装测试 IIS

相关知识

1. IIS 简介

IIS 是 Internet Information Services 英文全称的缩写，是一个 World Wide Web server 服务。IIS 是一种 Web（网页）服务组件，其中包括 Web 服务器、FTP 服务器、NNTP 服务器和 SMTP 服务器，分别用于网页浏览、文件传输、新闻服务和邮件发送等方面。

2. WEB 服务器

Web 服务器一般指网站服务器，是指驻留于因特网上某种类型计算机的程序，可以向浏览器等 Web 客户端提供文档，也可以放置网站文件，让全世界浏览；可以放置数据文件，让全世界下载。目前使用最多的 Web 服务器软件有两个：微软的信息服务器 IIS 和 Apache。

实现步骤

01 安装 IIS 8.0 前，为服务器配置静态 IP 地址。如图 5-2 所示，依照图中提示设置“IP 地址”、“子网掩码”、“默认网关”与“首选 DNS 服务器”。（如何打开 IP 属性对话框请参考项目二任务一配置网络相关内容。）

02 单击任务栏左边的“服务器管理器”按钮，弹出如图 5-3 所示界面，单击“添加角色和功能”按钮。

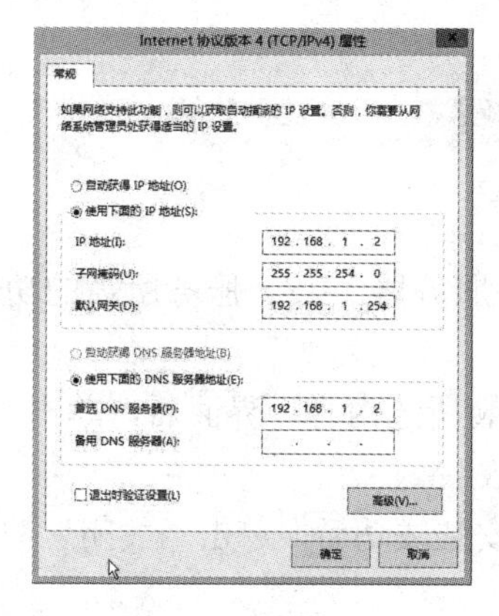

图 5-2　IP 地址设置

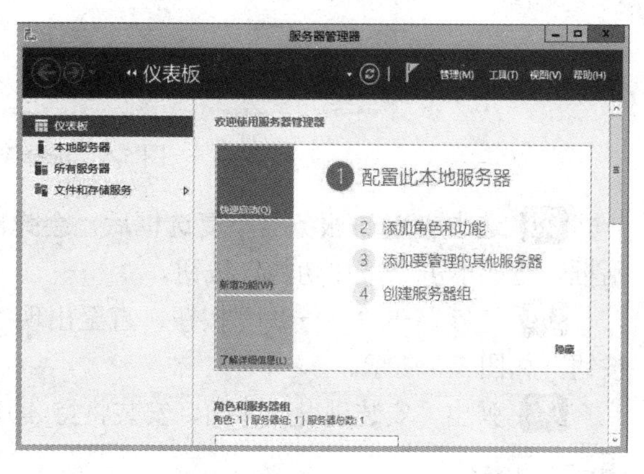

图 5-3　添加角色和功能

03 弹出“添加角色和功能向导”界面，在“安装类型”窗口选择默认的“基于角色或功能的安装”选项后单击“下一步”按钮，进入到“选择目标服务器”窗口，如图 5-4 所示。

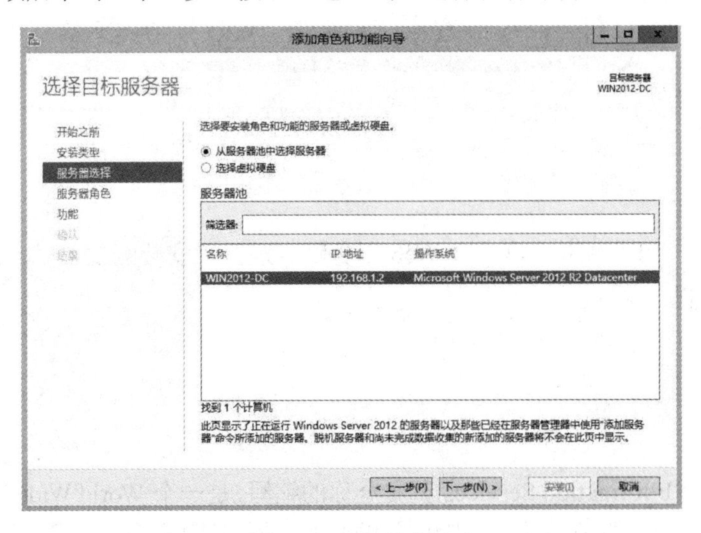

图 5-4　服务器选择

04 单击“下一步”按钮，进入到“角色”选择窗口，在“服务器角色”选项组中，选中“Web 服务器”复选框，如图 5-5 所示。

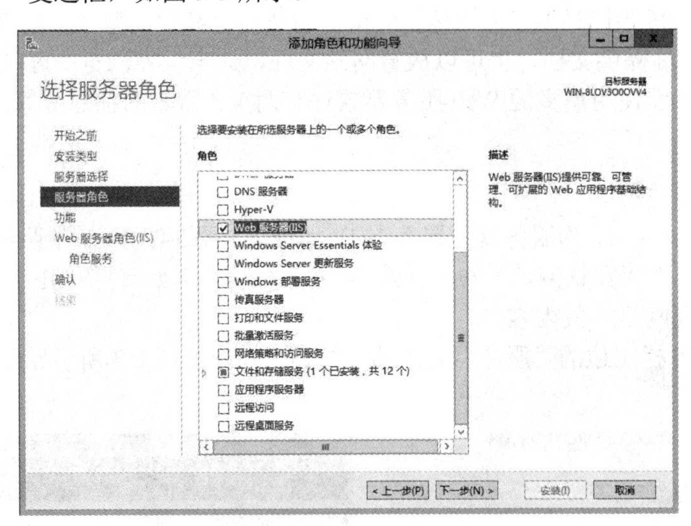

图 5-5　选择 Web 服务器

05 选中“Web 服务器”复选框后，会弹出“Web 服务器（IIS）服务所需的功能”对话框，直接单击“添加功能”按钮。

06 连续单击“下一步”按钮，直至出现“确认安装所选内容”界面后，单击“安装”按钮，如图 5-6 所示。

07 弹出“安装进度”界面，安装将持续几分钟，安装成功后，单击“关闭”按钮，如图 5-7 所示。

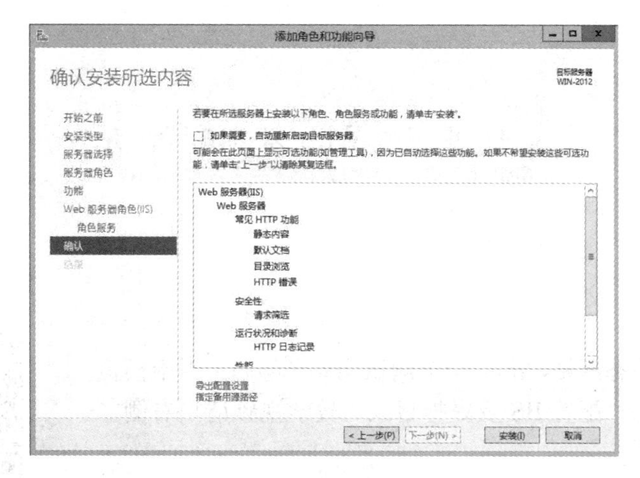

图 5-6　确认安装

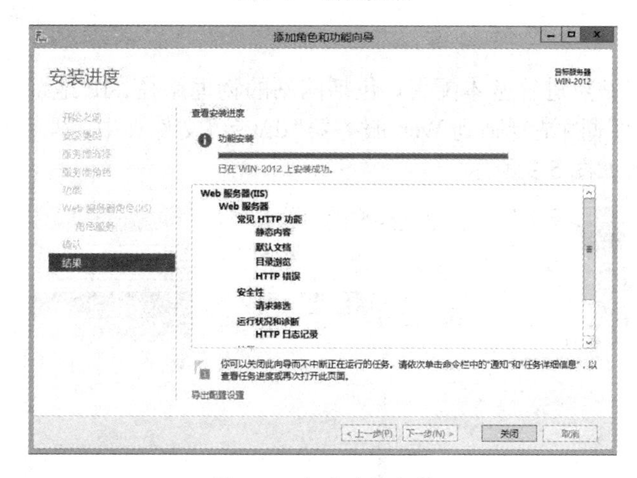

图 5-7　完成功能安装

08 在安装完 Web 服务器角色与功能后，IIS 会默认加载一个 Default Web Site 站点，该站点用于测试 Web 服务器是否正常工作。可以打开 IE 浏览器访问 http://localhost，如果正常工作，会打开如图 5-8 所示的网页。

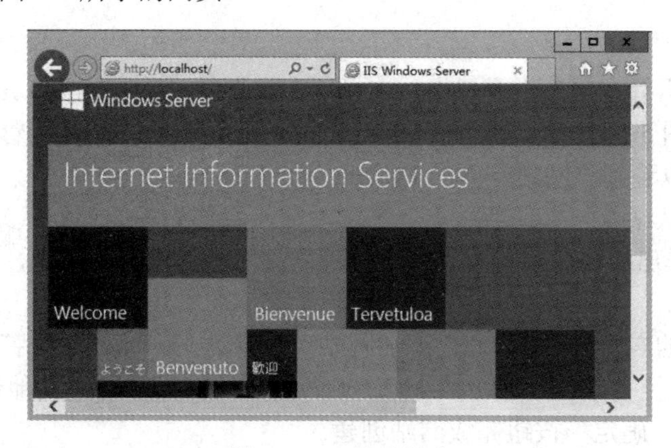

图 5-8　IIS 默认站点

任务二　Web 基本配置

任务描述

通过 IIS 发布静态网站，准备一个测试网站（静态）用于模拟在服务器发布。观看“配置 IIS 及虚拟目录”教学视频请扫右侧二维码。

配置 IIS 及虚拟目录

相关知识

发布网站必须对站点进行基本配置，包括网站的物理路径、IP 地址、端口号和首页（文档）等相关内容。将测试网站复制到 Web 服务器“d:\test”文件夹中，网站首页为“index.htm”，网站目录和首页内容如图 5-9 所示。

图 5-9　网站目录及首页内容

实现步骤

01 在“服务器管理器”主窗口中，选择“工具”→“Internet Information Services(IIS)管理器”命令，如图 5-10 所示，打开“Internet Information Services(IIS)管理器”窗口，在主窗口左窗格中，可以看到“网站”下的 Default Web Site 默认站点。

02 由于该默认站点与本任务站点会产生冲突，我们先关闭该默认站点。右击 Default Web Site 站点，在弹出的快捷菜单中选择“管理网站”→“停止”命令，暂时关闭该默认站点，如图 5-11 所示。

03 在主窗口的右窗格中，单击“添加网站”选项，打开“添加网站”对话框，输入“网站名称“、”物理路径“、”IP 地址“（192.168.1.2)、“端口”（80）其他选择默认设置，如图 5-12 所示，单击“确定”按钮完成网站创建。

04 测试网站是否正常发布，打开 IE 浏览器，在地址栏输入 http://192.168.1.2，如

图 5-13 所示，Web 站点已正常发布。

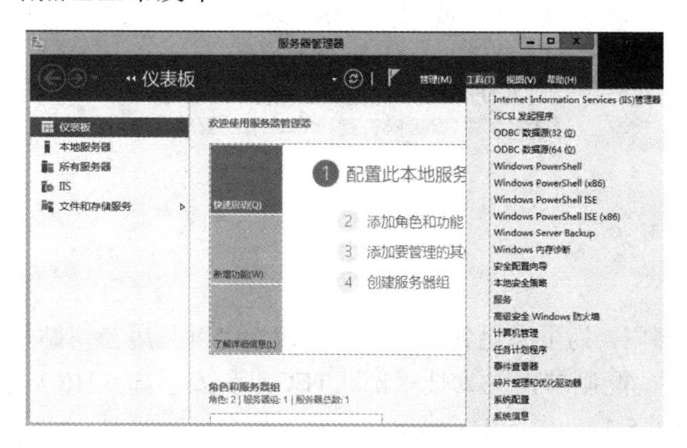

图 5-10　打开 IIS 主窗口命令

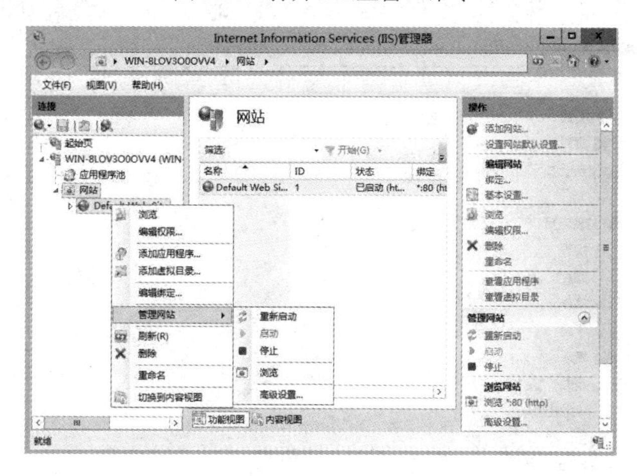

图 5-11　停止默认站点

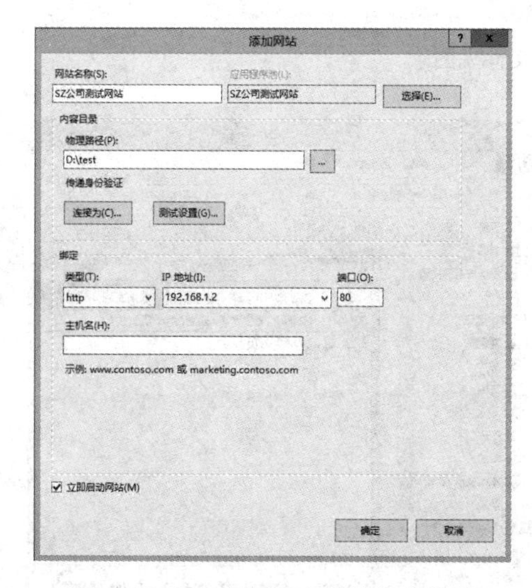

图 5-12　添加新网站和网站基本设置

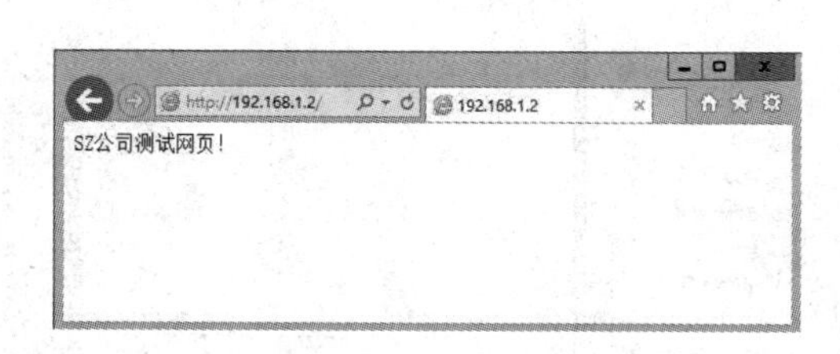

图 5-13　正常访问网站

任务三 配置虚拟目录

任务描述

SZ 公司有多个部门，为了满足各部门工作需求，可以利用公司站点下的虚拟目录方法，为各个部门发布网站。配制前，先为技术部（TEC）和人事部（HR）创建文件夹和网页文件（index.htm），如图 5-14～图 5-16 所示。

图 5-14 各部门文件夹图

图 5-15 技术部门网页内容

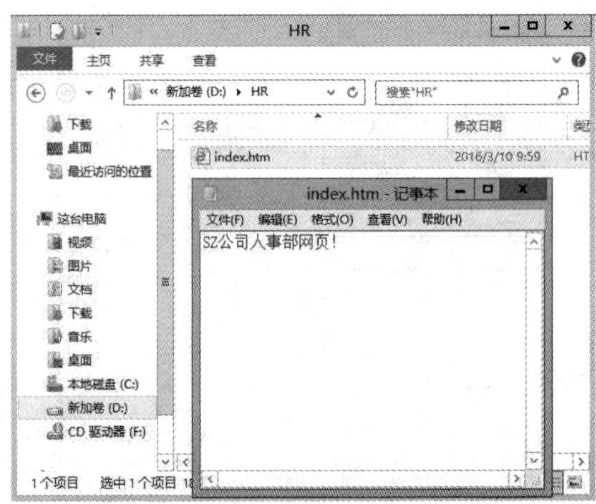

图 5-16 人事部门网页内容

相关知识

虚拟目录中的别名可根据需求命名。

实现步骤

01 打开“Internet Information Servies(IIS)管理器”窗口，如图 5-17 所示，右击“SZ 公司测试网站”站点，在弹出的快捷菜单中选择“添加虚拟目录”选项。

图 5-17　添加虚拟目录命令

02 在“添加虚拟目录”对话框中，输入虚拟目录的“别名”和对应的“物理路径”，如图 5-18 所示，单击“确定”按钮。

03 如图 5-19 所示，创建完虚拟目录后会以节点形式显示在站点下面。

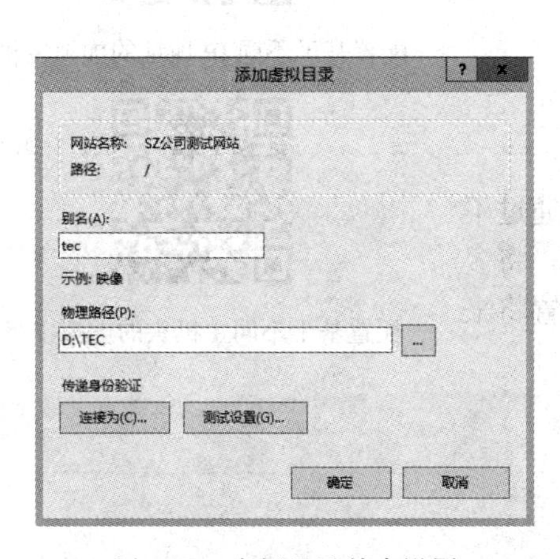

图 5-18　虚拟目录基本设置

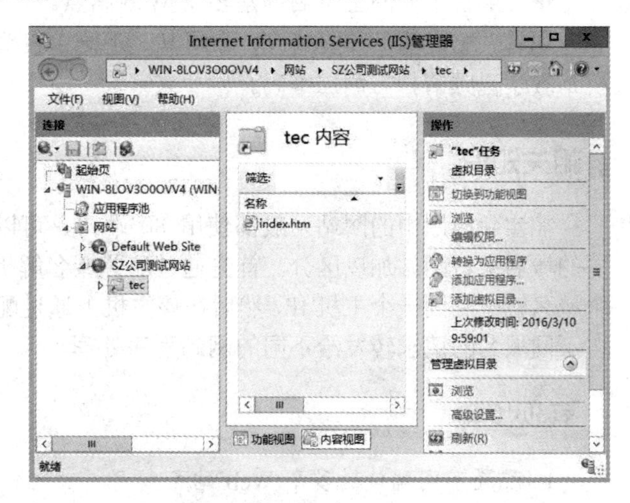

图 5-19　站点下的虚拟目录

04 为技术部创建虚拟目录后，打开 IE 浏览器，在地址栏输入：http://192.168.1.2/tec，如图 5-20 所示，表示虚拟目录创建成功。其他部门可用同样方法创建虚拟目录。

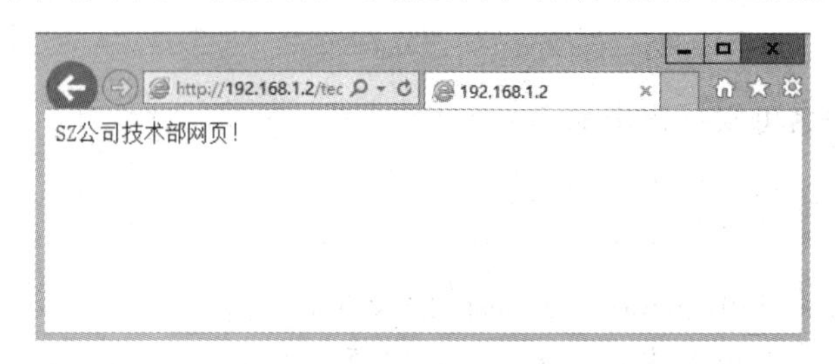

图 5-20　技术部网页正常访问

任务四　配置基于不同端口、不同 IP、不同主机头虚拟主机

任务描述

一台虚拟主机通常会架设多个站点，以充分利用服务器资源。要访问一个站点必须知道该站点资源的域名、IP 地址和端口号，通过改变这三个参数，就可以为一台虚拟机架设不同的 Web 站点。通过配置虚拟主机的不同端口、IP 地址、主机头来访问 Web 站点。本任务完成以下内容：

◆ 配置不同的端口创建多个 Web 站点。

◆ 配置不同的 IP 创建多个 Web 站点。

◆ 配置不同的主机名创建多个 Web 站点。

观看“配置基于不同端口、不同 IP、不同主机头虚拟主机”教学视频请扫右侧二维码。

配置基于不同端口的虚拟主机

配置基于不同 IP 地址的虚拟主机

配置基于不同主机头的虚拟主机

相关知识

在实际应用中的网站一般都使用 80 端口，可以通过不同的域名来对网站加以区分。首先通过配置域名解析，将多个域名解析到同一个主机 IP，然后在该主机上通过配置将来自不同域名的请求转发给不同的网站程序处理。

实现步骤

1. 配置不同端口的多个 Web 站点

如果服务器只有一个 IP 地址，若在该服务器上架设多个 Web 站点，可以通过为不同的站点配置不同的访问端口，以达到架设多个 Web 站点的目的。在访问站点时，浏览器默认使用 80 端口访问，如果站点需要其他端口时，需要手动在访问地址后加端口号进行访问，访问格式为“http://IP 或域名:端口”。

01 为站点准备一个网页文件。在 D 盘新建一个文件夹，命名为 web01，打开记事本，输入“这里是站点 1”，把文件另存为 index.html，保存在 web01 文件夹内。用同样的方法，建立 web02 文件夹，打开记事本，输入“这里是站点 2”，把文件另存为 index.html，保存在 web02 文件夹内，如图 5-21 和图 5-22 所示。

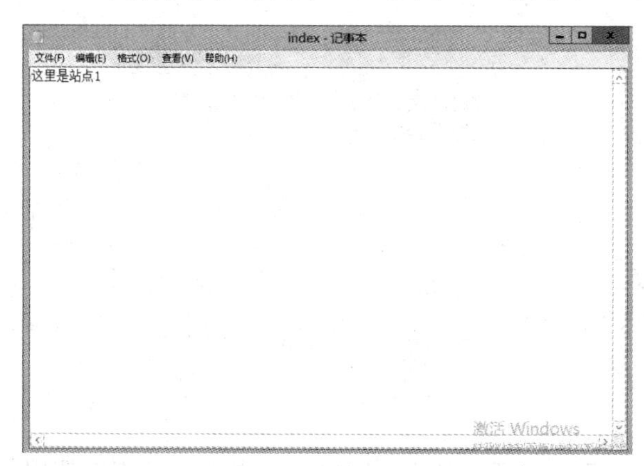

图 5-21　网页文件内容

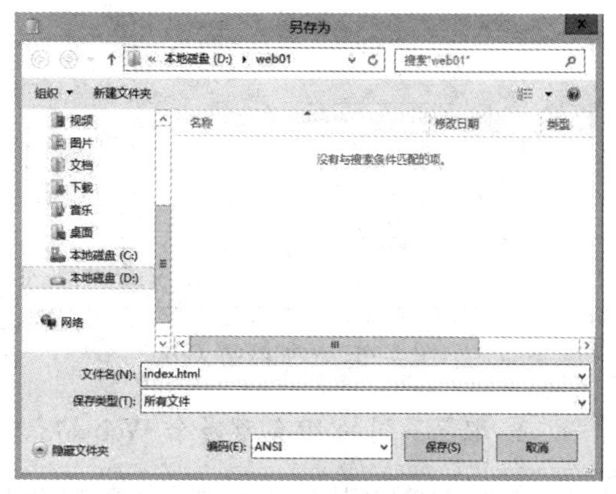

图 5-22　保存网页文件对话框

02 打开“Internet Information Service（IIS）管理器”，右击“网站”，在弹出的快捷菜单中选择“添加网站”命令，在弹出的“添加网站”对话框中设置“网站名称”为 web01，“物理路径”为 D:\web01，“IP 地址”使用本机的 IP，“端口”使用 80 端口，单击“确定”按钮，如图 5-23 所示。

03 打开浏览器，在地址栏中输入本机 IP，浏览该网站，如图 5-24 所示。这里需要注意的是本站点使用的是默认的 80 端口，访问该站点时可以不输入端口号。

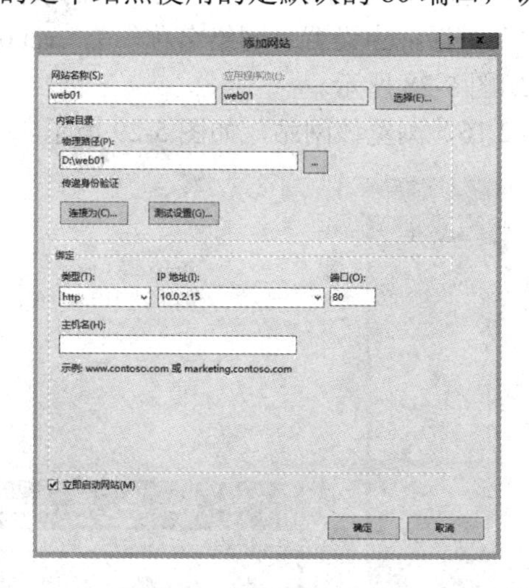

图 5-23　添加网站 web01

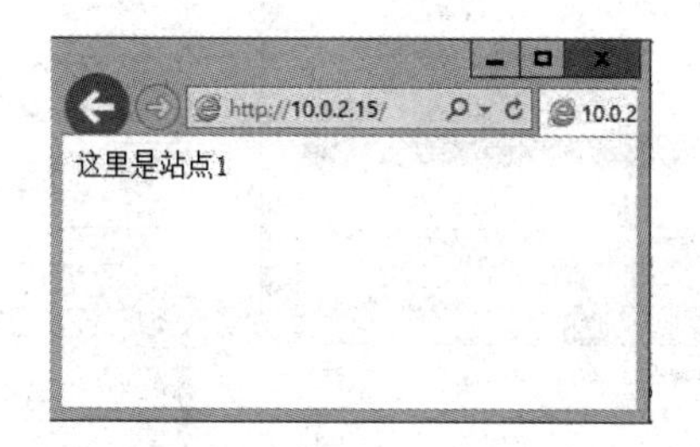

图 5-24　站点 1 测试页面（一）

04 用同样的方法，添加网站 web02，“IP 地址”使用本机 IP，“端口”使用 8080 端口，如图 5-25 所示。

05 打开浏览器，在地址栏中输入本机 IP 和端口号，浏览该网站，如图 5-26 所示。

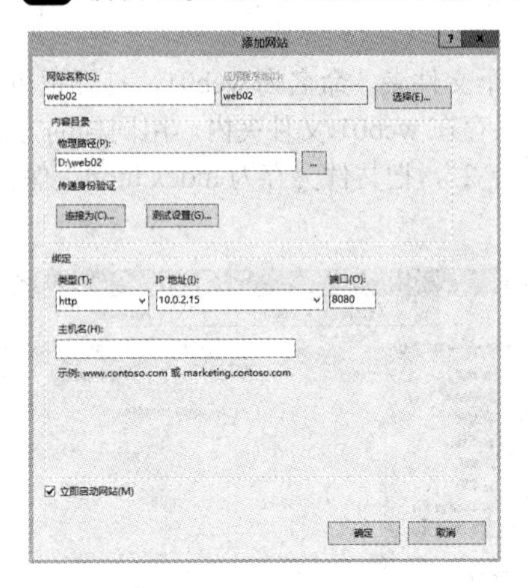

图 5-25 添加网站 web02

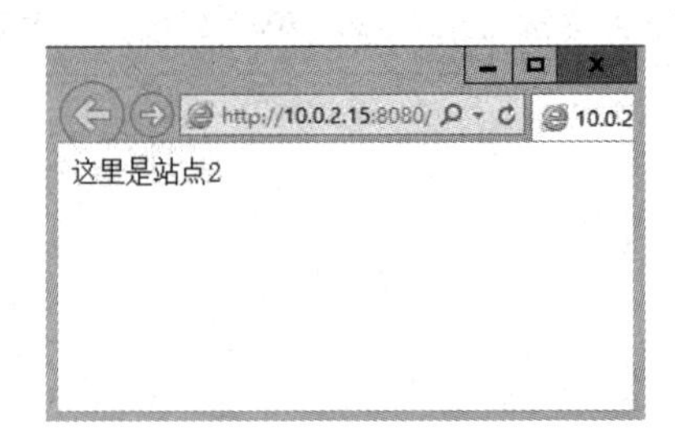

图 5-26 站点 2 测试页面（一）

2. 配置不同的 IP 创建多个 Web 站点

根据 TCP/IP 协议的规定，一个 IP 地址对应一个 80 端口，如果想实现多个站点都使用 80 端口，可以通过为各站点配置不同 IP 的方法来实现。在前面任务中站点 web01 使用了 10.0.2.15 的 IP 和 80 端口，下面我们为服务器添加一个新 IP（10.0.2.16），删除前面任务中创建的名为 web02 的站点，把新 IP 和 80 端口绑定到下面任务将要创建的站点 web02 上，以实现多个 IP 访问不同的站点。

01 打开服务器的本地连接，设置“TCP/IPv4”属性，单击“高级”按钮，为服务器添加另一个 IP 地址（10.0.2.16），如图 5-27 所示。

02 打开“Internet Information Service（IIS）管理器”，右击“网站”，在弹出的快捷菜单中选择“添加网站”命令，在弹出的“添加网站”对话框中设置“网络名称”为 web02，“IP 地址”设置为 10.0.2.16，单击“确定”按钮。如图 5-28 所示。

03 打开浏览器，在地址栏中输入 https://10.0.2.16，浏览该网站，如图 5-29 所示。

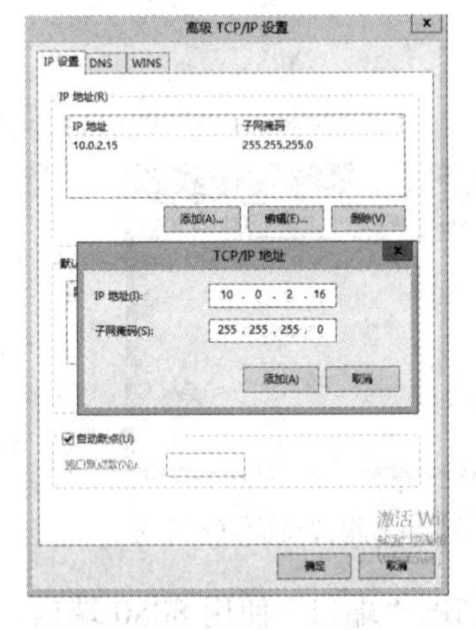

图 5-27 添加 IP 地址

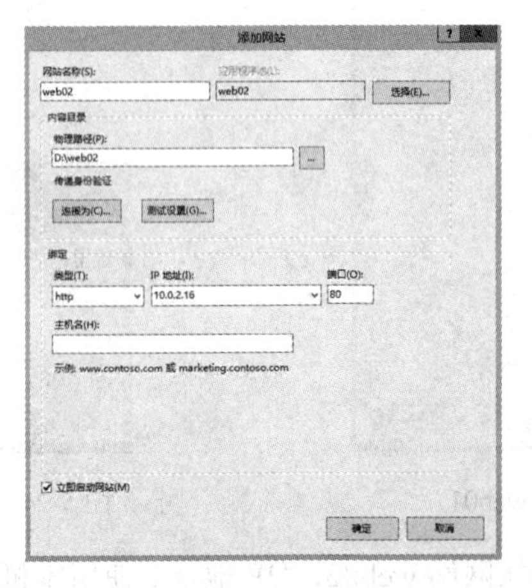

图 5-28 为 web02 设置新 IP

图 5-29 站点 2 测试页面（二）

3. 配置不同的主机名创建多个 Web 站点

在上面的任务中，完成了为不同的站点配置不同的端口或者指定不同的 IP 访问不同站点，但是对于非 80 端口的访问，必须记住该站点的端口号才能访问，对用户来说非常不方便。在 IPv4 的地址资源稀缺的情况下可以通过给站点配置不同的主机名，实现对不同站点的访问。

01 在 DNS 服务器上新建主机记录，名称为 www.test.com，域名指向本机 IP（10.0.2.15），如图 5-30 所示。

02 再次新建的主机记录，名称为 abc.test.com，域名指向本机 IP（10.0.2.15），如图 5-31 所示。

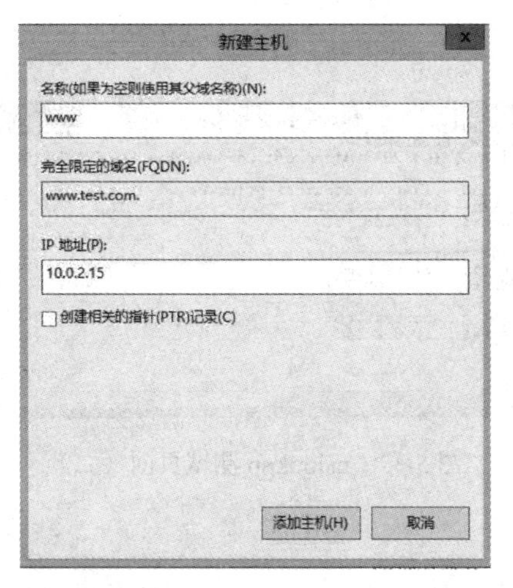

图 5-30　新建主机头页面

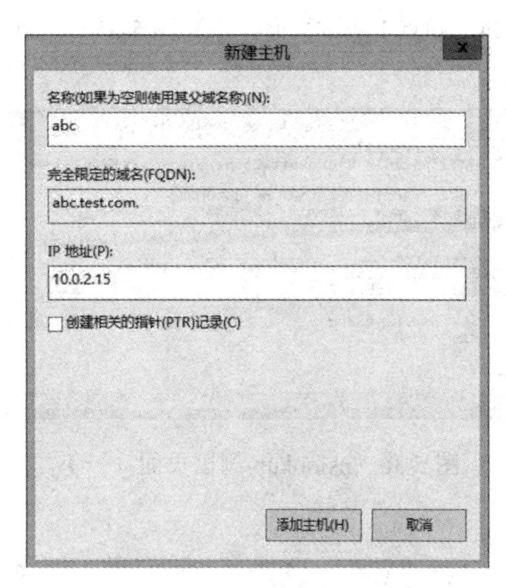

图 5-31　新建主机头页面

03 新建立两个站点，右击“网站”，在弹出的快捷菜单中选择“添加网站”命令，在弹出的“添加网站”对话框中设置“网站名称”为 web01，设置“IP 地址”为 10.0.2.15“端口”为 80 端口“主机名”为 www.test.com，单击“确定”按钮完成站点的创建，如图 5-32 所示。

04 用同样的方法，建立站点 web02，设置“IP 地址”为 10.0.2.15“端口”为 80 端口，“主机名”为 abc.test.com，如图 5-33 所示。

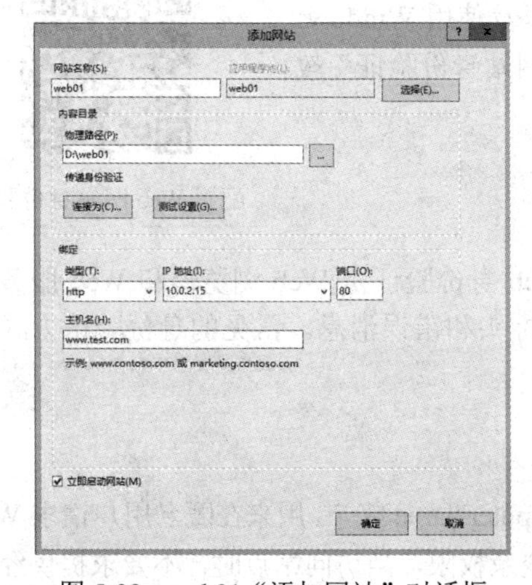

图 5-32　web01“添加网站”对话框

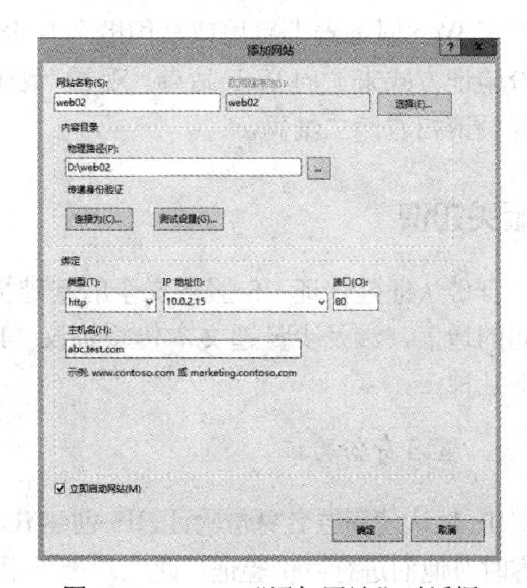

图 5-33　web02“添加网站”对话框

05 打开浏览器，在地址栏中输入 www.test.com 和 abc.test.com，分别浏览这两个站点，如图 5-34 和图 5-35 所示。

图 5-34 站点 1 测试页面（二）

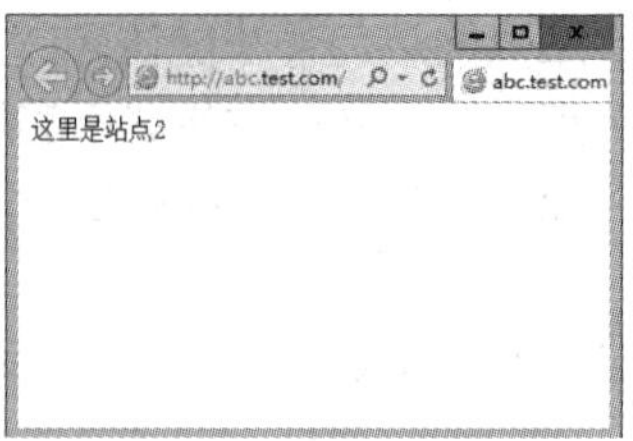

图 5-35 站点 2 测试页面（三）

> **小贴士**
>
> 本任务中由于需要服务器 DNS 的辅助才能实现，在建立 DNS 解析记录后，可使用 nslookup 命令查看新建的域名是否能够正常解析。如图 5-36 和图 5-37 所示。

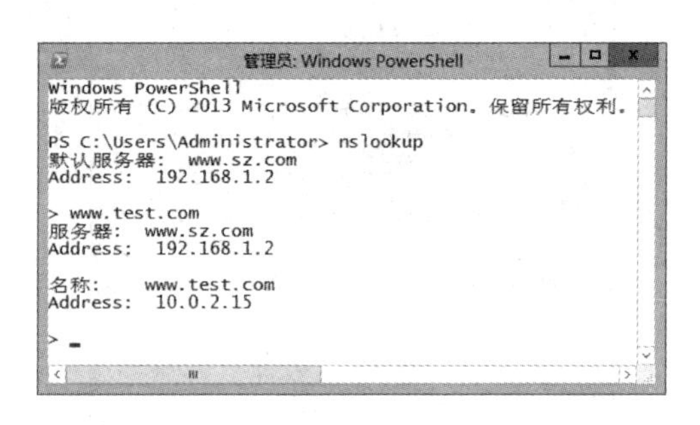

图 5-36 nslookup 测试页面（一）

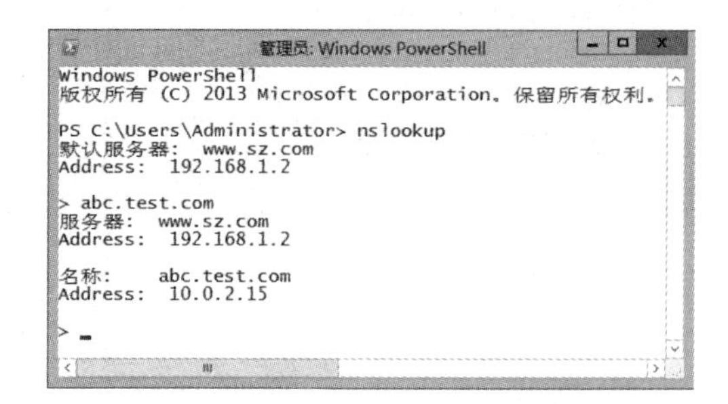

图 5-37 nslookup 测试页面（二）

任务五 配置 Web 网站身份验证

任务描述

在 Web 服务器上启用或禁用匿名身份验证，以及使用 Windows 身份验证方式来访问 Web 站点。观看“配置 Web 网站身份验证”教学视频请扫右侧二维码。

配置 Web 网站身份验证

相关知识

身份认证是保证 IIS 服务安全的基础机制。Web 身份验证是 Web 浏览器和 Web 服务器之间的通信，涉及少量超文本传输协议（HTTP）标头和错误消息。常见的身份验证方式有以下几种。

1. 匿名身份验证

IIS 默认使用匿名身份验证，IIS 创建 IUSR_ComputerName 帐户，用来在匿名用户请求 Web 内容时对他们进行身份验证。此帐户授予用户本地登录权限，当访问站点时，不要求提供经过身份认证的用户凭据。当需要让大家公开访问没有安全要求的 Web 站点时，选用此项最合适。

2. 基本身份验证

IIS 实现基本身份验证，基本身份验证是 HTTP 1.0 规范的一部分，它使用 Windows 用户帐户。当使用基本身份验证时，浏览器提示用户输入用户名和密码。然后此信息通过 HTTP 传递，在 HTTP 上使用 Base64 编码方式将其编码。尽管大多数 Web 服务器、代理服务器和 Web 浏览器支持基本身份验证，但基本身份验证还是有固有的不安全性。由于解码 Base64 编码数据很容易，因此基本身份验证实质上就是将密码作为纯文本发送，所以基本身份认证被认为是一种不安全的身份认证方式。

3. Windows 身份验证

Windows 身份验证比基本身份验证安全，而且在用户具有 Windows 域帐户的内部网环境中能很好地发挥作用。在 Windows 身份验证中，浏览器尝试使用当前用户在域登录过程中使用的凭据，如果此尝试失败，就会提示该用户输入用户名和密码。如果使用 Windows 身份验证，则用户的密码将不传送到服务器。如果用户作为域用户登录到本地计算机，则此用户在访问该域中的网络计算机时不必再次进行身份验证。Windows 身份验证是因特网环境中最好的身份验证方案。

> **注意**
>
> 不能通过代理服务器使用 Windows 身份验证。

4. 摘要式身份验证

摘要式身份验证克服了基本身份验证的许多缺点。在使用摘要式身份验证时，密码不是以明文形式发送的。摘要式身份验证使用一种质询/响应机制（集成 Windows 身份验证使用的机制），其中的密码是以加密形式发送的，可以通过代理服务器使用摘要式身份验证。

5. ASP.NET 模拟

如果要在非默认安全上下文中运行 ASP.NET 应用程序，可以使用 ASP.NET 模拟身份验证。如果对某个 ASP.NET 应用程序启用了模拟，那么该应用程序可以在以下两种不同上下文的任一上下文中运行。例如，如果使用的是匿名身份验证，并选择作为已通过身份验证的用户身份运行 ASP.NET 应用程序，那么该应用程序将在为匿名用户设置的帐户（通常为 IUSR）下运行；同样，如果选择在任意帐户下运行应用程序，它将在为该帐户设置的任意安全上下文中运行。

实现步骤

1. 禁用匿名访问

01 打开“Internet Information Service（IIS）管理器”窗口，选中对应的站点，在功能视图中双击“身份验证”，在打开的窗口中选择“匿名身份验证”，在右侧的窗格“操作”窗格中单击“禁用”即可禁用匿名登录，如图 5-38 所示。

02 匿名身份访问验证禁用后，访问该站点会提示验证失败，如图 5-39 所示。

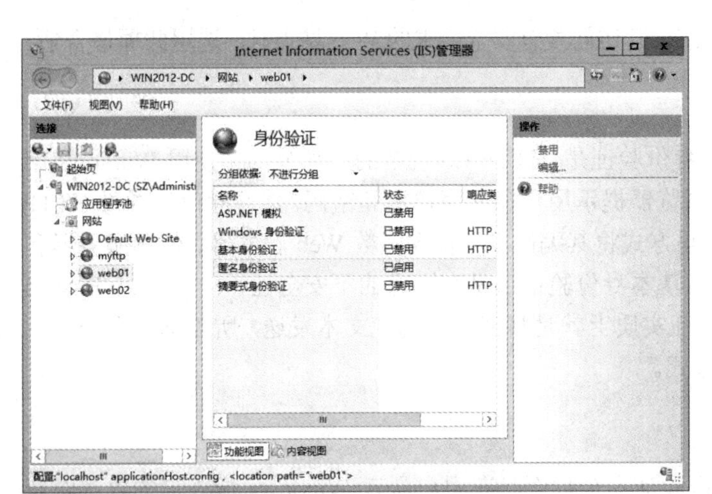

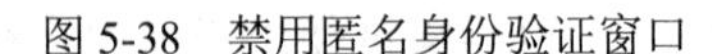

图 5-38　禁用匿名身份验证窗口

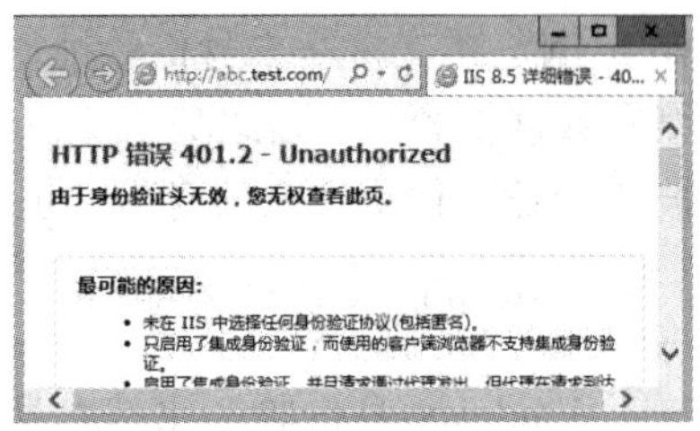

图 5-39　禁用匿名身份认证后网页测试结果

小贴士

每个站点须启用至少一种身份验证方式，否则所有用户都不能访问该站点，这样就失去了架设站点的意义了。默认情况下，匿名身份验证在 IIS 8.5 中处于启用状态。

2. Windows 身份验证

01 安装相关验证方式。打开“添加角色和功能向导”界面，在“服务器角色”窗口中，展开“Web 服务器(IIS)”选项，在其“安全性”选项组中，选中“Windows 身份验证”、“摘要式身份验证”等复选框，如图 5-40 所示。

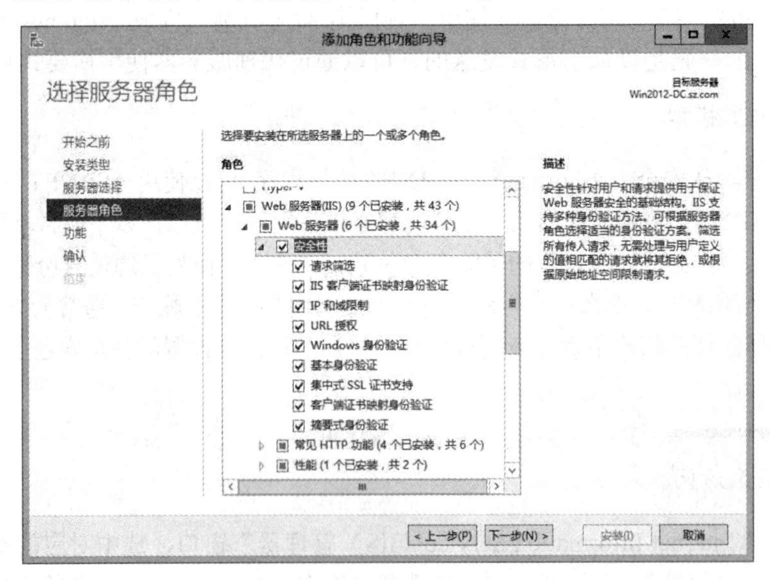

图 5-40　添加角色功能

02 单击“下一步”按钮，弹出“确认安装内容”窗口，如图 5-41 所示。单击“安装”按钮，完成 Windows 身份验证的安装。

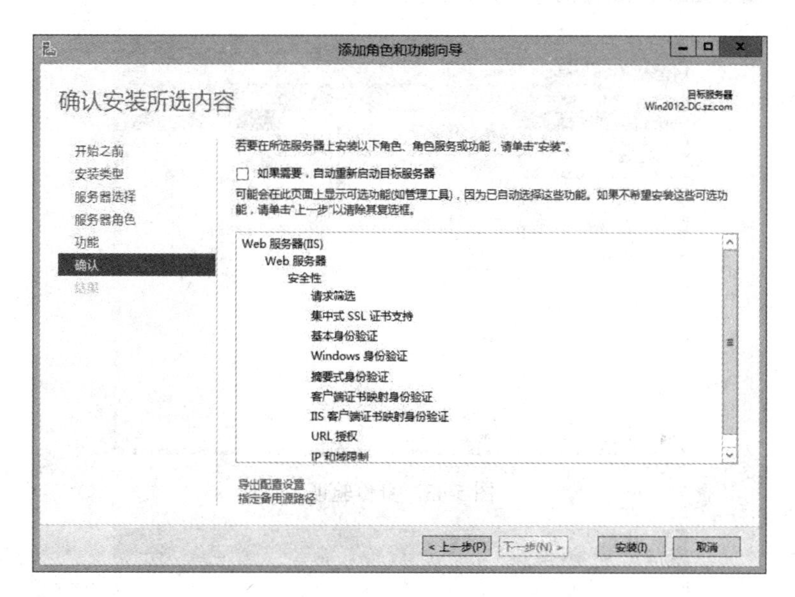

图 5-41　确认安装内容

03 打开"Internet Information Service（IIS）管理器"窗口，单击左侧窗格中的站点 web01，如图 5-42 所示。

图 5-42　IIS 界面

04 双击"身份验证"图标，打开身份验证窗格，选择"Windows 身份验证"选项，在右侧"操作"窗格中单击"启用"即可启用"Windows 身份验证"，如图 5-43 所示。

05 测试验证，打开浏览器，在地址栏中输入本机 IP 地址，按 Enter 键，弹出"Windows 安全"对话框，如图 5-44 所示，输入正确的本地用户名和密码，单击"确定"按钮，即可正常可访问网站。

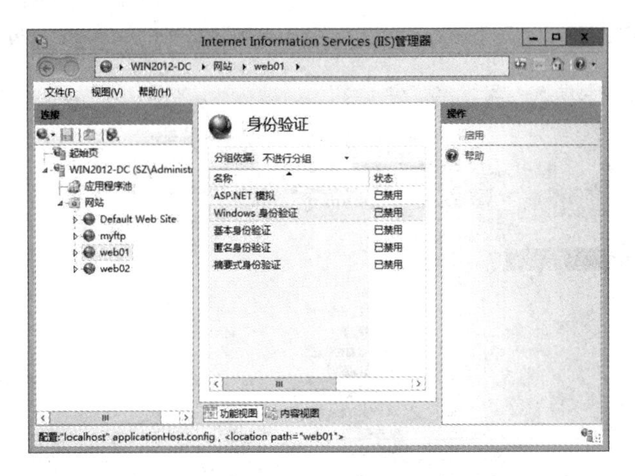

图 5-43 身份验证

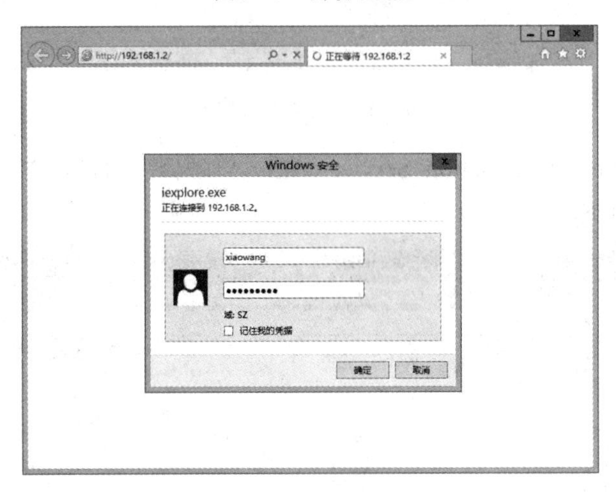

图 5-44 Windows 安全验证

任务六 安装配置 ASP、ASP.NET 网站

任务描述

通过配置 Web 服务器，使服务器支持 ASP/ASP.NET 动态网页。

◆ 安装 Web 服务器，配置相关的角色和功能。

◆ 通过 IIS 发布网站。

观看“安装配置 ASP、ASP.NET 网站”教学视频请扫右侧二维码。

安装配置 ASP、ASP.NET 网站

相关知识

现在常用的动态语言有 ASP、ASP.NET、JSP 和 PHP。

实现步骤

01 安装 Web 服务器，配置相关的角色和功能。打开服务器管理器界面，单击“添加角色和功能”，单击“下一步”按钮，在“服务器角色”窗口中，选中 ASP 和 ASP.NET4.5 两个复选框，这时系统会自动选中它们所对应的 ISAPI 扩展和 ISAPI 筛选器，如图 5-45 所示，单击“下一步”按钮，完成角色的添加。

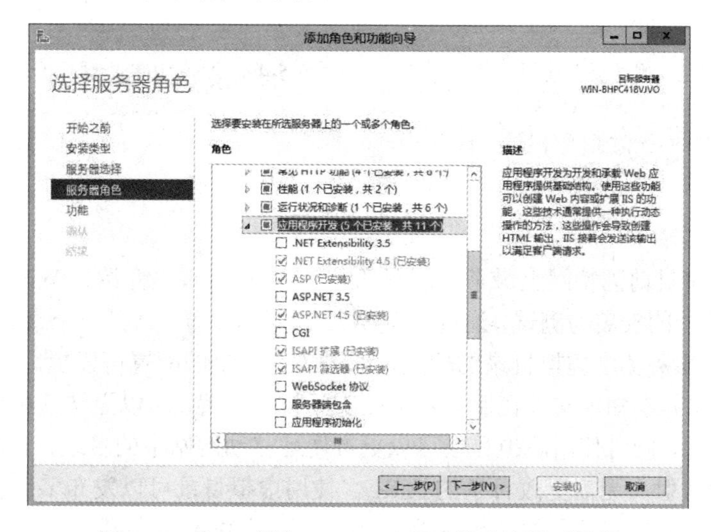

图 5-45　为 IIS 添加 ASP/ASP.NET 脚本支持对话框

02 编写测试 ASP 脚本，在名为 web01 的站点目录下，新建一个名为 default.asp 的页面，页面代码如图 5-46 所示。

03 打开浏览器，在地址栏中输入网页地址 http://www.test.com/default.asp，按 Enter 键确认访问，结果如图 5-47 所示。

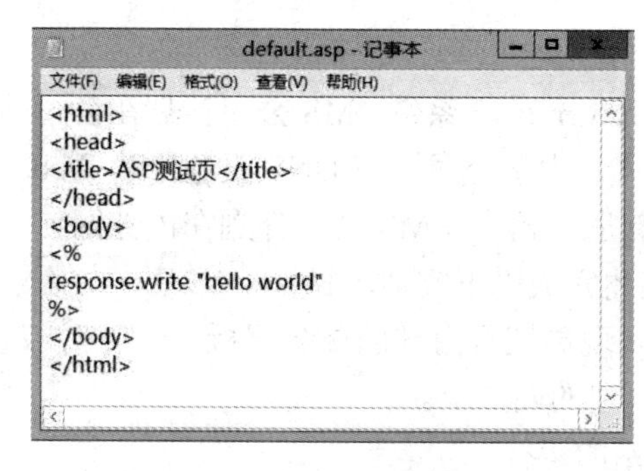

图 5-46　ASP 测试页面代码

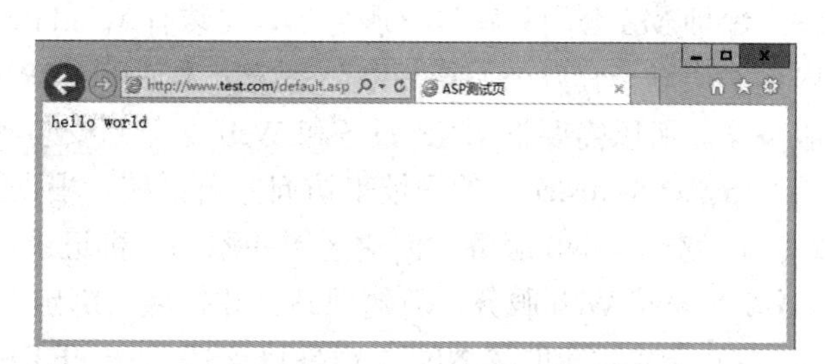

图 5-47　ASP 测试页面运行效果

04 测试 asp.net 脚本是否正常，在名为 web01 的站点目录下，新建一个名为 default.aspx 的页面，页面代码如图 5-48 所示。

05 打开浏览器，在地址栏中输入网页地址 http://www.test.com/default.asp，按 Enter 键确认访问，结果如图 5-49 所示。

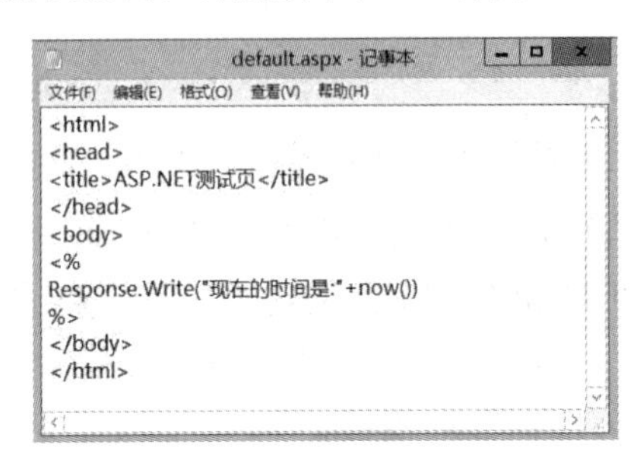

图 5-48　ASP.NET 测试页面代码

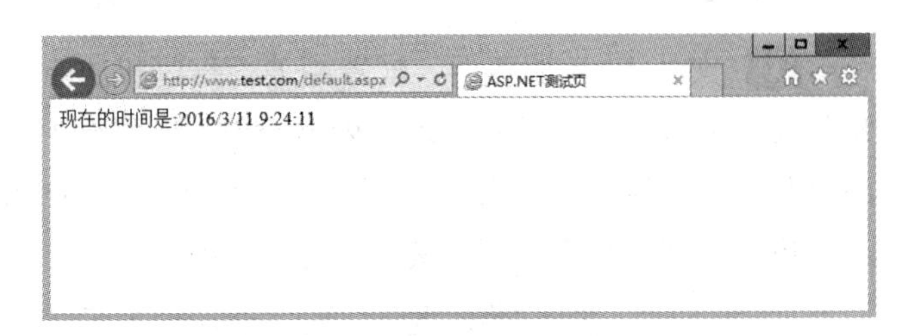

图 5-49　ASP.NET 测试页面运行效果

项 目 小 结

Web 服务器是目前因特网上最常用的服务之一，本项目首先介绍了 Windows Server 2012 系统中 Web 服务器的安装与测试，通过配置 Web 的基本设置，掌握一个最简单的网站发布。然后介绍了 Web 服务器中虚拟目录的配置，通过虚拟目录的配置可以提高 Web 服务器的安全性，因为客户端并不知道文件在服务器上的实际物理位置，所以无法使用该信息来修改服务器中的目标文件。同时使用虚拟目录可以更方便地移动网站中的目录，只需更改虚拟目录物理位置之间的映射，无需更改目录的 URL。使用虚拟目录可以发布多个目录下的内容，并可以单独控制每个虚拟目录的访问权限。再次介绍了 Web 服务器基于不同端口、不同 IP 地址、不同主机头虚拟主机的配置方法，灵活掌握各种不同方式的虚拟主机的配置。最后介绍了 Web 的服务器的身份验证及 ASP.net 网站的发布，通过 Web 验证，可以使 Web 服务器更加安全可靠，验证通过，根据验证过的身份给予对应访问权限。

项 目 实 训

深圳 MS 公司新购进一服务器，安装有 Windows Server 2012 系统，MS 公司计划在公司内部网架设一套办公系统，办公系统脚本使用 ASP.NET。由于公司没有 DNS 服务器和 Web 服务器，所以需要把 DNS 服务和 Web 服务都安装到新服务器上。MS 公司计划在内部网使用 http://www.ms.com 的网址来访问办公系统。根据描述完成以下实训项目：

1）安装 DNS 服务，创建区域并添加主机记录，实现局域网内部的域名解析。

2）安装 Web 服务，新建网站，并把域名绑定到新建的站点上。

3）安装对应的“.NET”组件以支持 ASP.NET 网站的运行。

安装与配置 FTP 服务器

SZ 公司随着网络规模的不断扩大，需要一台 FTP 服务器为公司内部用户提供文件传输服务，同时需要 DNS 服务器进行域名解析，能够为域中的用户提供基本的文件下载和上传服务功能，FTP 服务器的域名采用 ftp.sz.com。网络拓扑如图 6-1 所示。

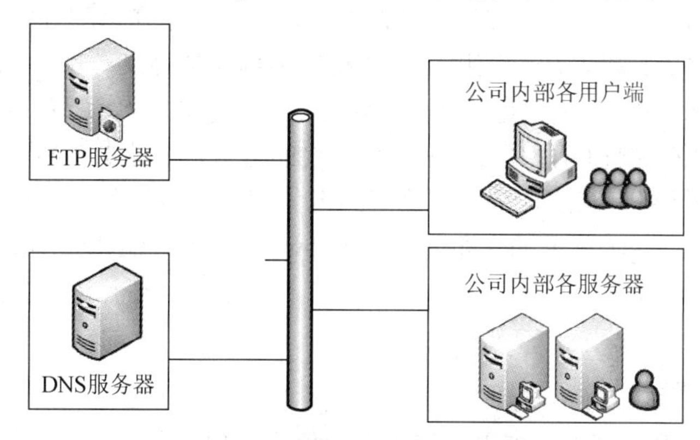

图 6-1　FTP 服务器网络拓扑图

在本项目中，我们将通过完成以下五个任务来学习安装与配置 FTP 服务器。

任务一　安装 FTP 服务器
任务二　设置 FTP 基本属性
任务三　配置虚拟目录
任务四　配置隔离用户的 FTP 站点
任务五　FTP 站点安全管理

知识目标

◆ 了解 FTP 服务器的功能。
◆ 了解 FTP 不同的隔离方式的区别。

技能目标

◆ 掌握 FTP 服务器的安装。
◆ 掌握 FTP 服务器的基本配置、虚拟目录的配置及隔离用户模式的配置。
◆ 掌握 FTP 服务器的身份验证配置。

任务一　安装 FTP 服务器

任务描述

安装 FTP 服务器，创建局域网中第一台 FTP 服务器。观看“安装 FTP 服务器”教学视频请扫右侧二维码。

安装 FTP 服务器

相关知识

FTP（File Transfer Protocol，文件传送协议）定义了一个在远程计算机系统和本地计算机系统之间传输文件的标准，运行应用层，并利用传输控制协议（TCP）在不同的主机之间提供可靠的数据传输。由于 TCP 是一种面向连接的、可靠的传输协议，因此 FTP 可提供可靠的文件传输。FTP 在文件传输中还具有一个重要的特点，就是支持断点续传功能，可以大幅度地减小 CPU 和网络带宽的开销。在因特网诞生初期，FTP 就已经被应用在文件传输服务上，而且一直是文件传输服务的主角，在 Windows、Linux、UNIX 等各种常用的网络操作系统中都提供 FTP 服务。

实现步骤

01 单击“服务器管理器”主窗口的“添加角色和功能”选项，如图 6-2 所示，在“添加角色和功能向导”界面中单击“下一步”按钮，在“安装类型”窗口中选择“基于角色或基于功能的安装”，单击“下一步”按钮，进入到“服务器选择”窗口。

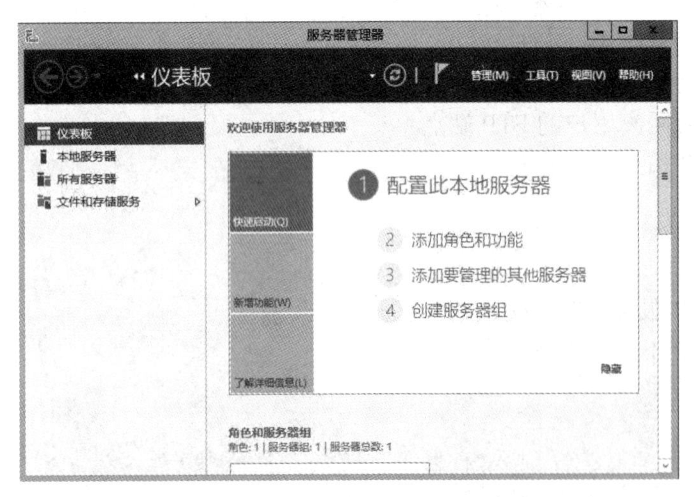

图 6-2　添加角色和功能

02 在“服务器选择”窗口中选择服务器本身，单击“下一步”按钮。

03 在“服务器角色”窗口中选中“Web 服务器”复选框，如图 6-3 所示，完成后单击“下一步”按钮。

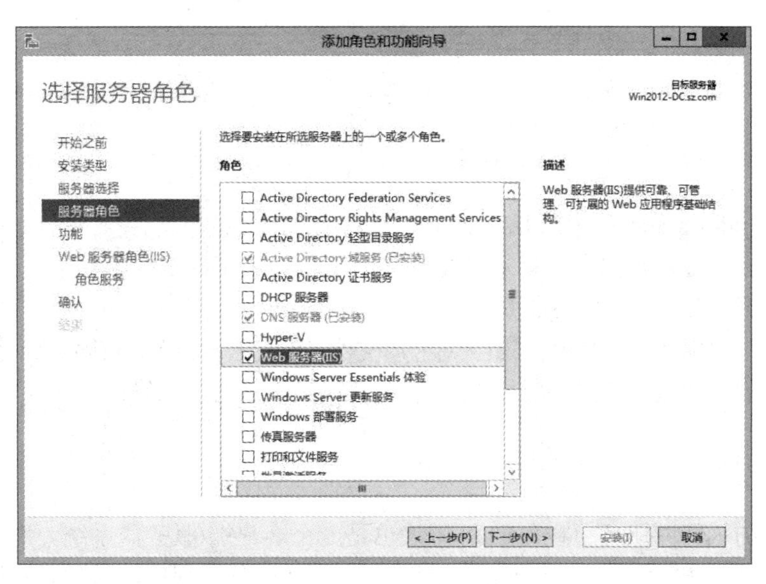

图 6-3　角色选择

04 在“功能”窗口中，直接单击“下一步”按钮。

05 在“Web 服务器角色”窗口中，直接单击“下一步”按钮。

06 在“角色服务”窗口中，选中“FTP 服务”和“FTP 扩展”两个复选框，如图 6-4 所示，单击“下一步”按钮。

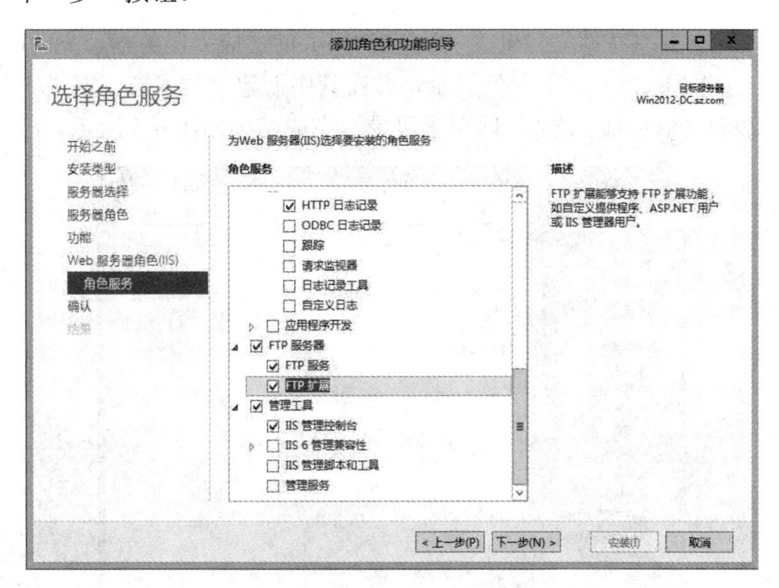

图 6-4　角色服务

07 在“确认”窗口中单击“安装”按钮，安装完成后单击“关闭”按钮，完成安装。

任务二 配置 FTP 基本属性

任务描述

◆ 在 Windows Server 2012 服务器上创建目录“FTP 共享文件”，并在该目录上创建四个子目录“技术部 TEC”、“人事部 HR”、“销售部 SALE”和“财务部 FINA”。

◆ 配置 FTP 服务器，允许公司员工对专属文件夹具有上传和下载权限。

观看“配置 FTP 基本属性和虚拟目录”教学视频请扫右侧二维码。

配置 FTP 基本属性和虚拟目录

相关知识

与大多数的因特网服务一样，FTP 协议也是一个客户端/服务器系统。用户通过一个支持 FTP 协议的客户机程序，连接到远程主机上的 FTP 服务器程序，通过客户端程序向服务器程序发出命令，服务器程序执行用户所发出的命令，并将执行结果返回给客户机。

Windows Server 2012 可以通过配置 FTP 站点的发布目录为“FTP 共享文档”目录，完成 FTP 站点的发布。

实现步骤

01 建立“FTP 共享文件”目录。安装 FTP 服务前，应为服务器建立“FTP 共享文档”目录。在 D 盘创建“FTP 共享文件”目录，并在其中创建“技术部 TEC”、“人事部 HR”、“销售部 SALE”和“财务部 FINA”四个子目录，完成结果如图 6-5 所示。

图 6-5 创建目录

02 在“服务器管理器”主窗口中，选择“工具”→“Internet Information Server（IIS）管理器”命令，打开“Internet Information Server（IIS）管理器”主窗口。展开主窗口左边的“网站”组，在右侧“操作”中选择“添加 FTP 站点”选项，如图 6-6 所示。

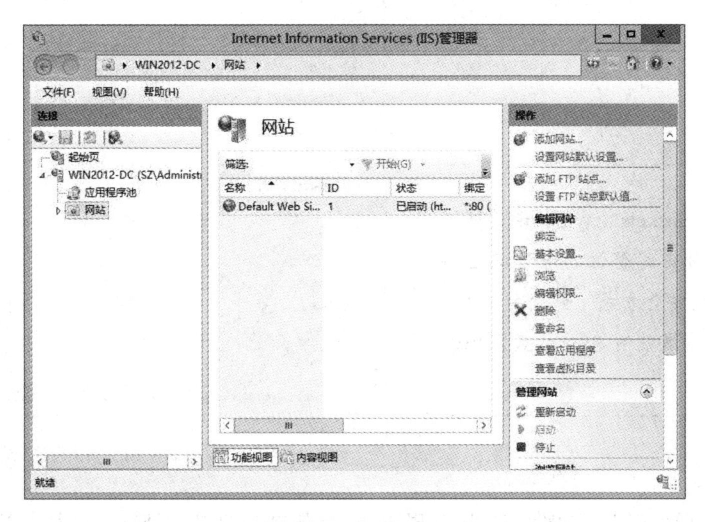

图 6-6　IIS 管理器

03 在“添加 FTP 站点”对话框中的“站点信息”界面下的“FTP 站点名称”文本框中输入“FTP 共享文件”，如图 6-7 所示，单击“下一步”按钮。

图 6-7　站点信息

04 在“绑定和 SSL 设置”界面中，选中“无 SSL”单选按钮，如图 6-8 所示，单击“下一步”按钮。

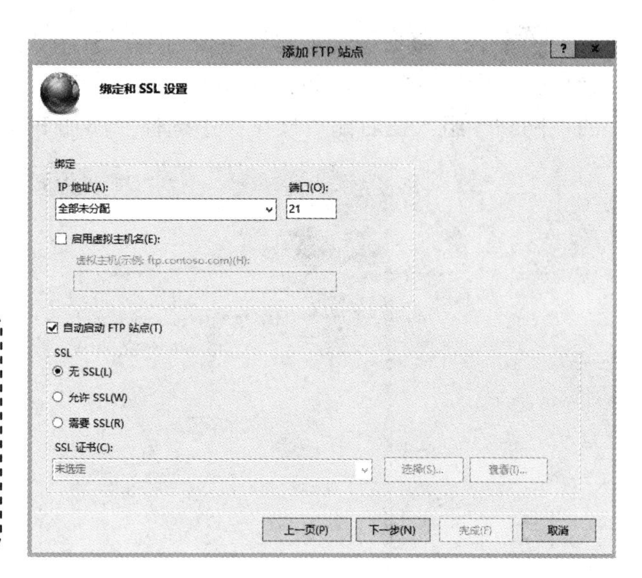

图 6-8　绑定和 SSL 设置

小贴士

SSL（Secure Sockets Layer）是为网络通信提供安全及数据完整性的一种安全协议，允许用户通过安全方式（如数字证书）访问 FTP 站点。如果采用 SSL 方式，则需要预先准备安全证书。

05 打开“身份验证和授权信息”界面在“身份验证”项目中选中“匿名”和“基本”复选框，在“授权”项目“允许访问”下拉列表中选择“所有用户”，在“权限”项目中选中“读取”和“写入”复选框，如图 6-9 所示。最后单击“完成”按钮，完成 FTP 站点的添加。

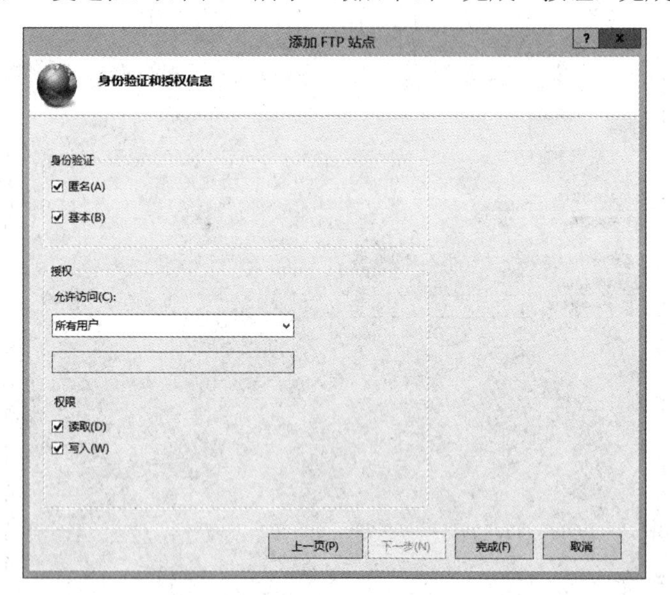

图 6-9　身份验证和授权信息

06 设置完成后可进行任务验证：在公司内部任何一台客户机上打开资源管理器，在地址栏中输入 ftp://192.168.1.2 打开 FTP 站点，可以访问站点内的四个子目录，如图 6-10 所示

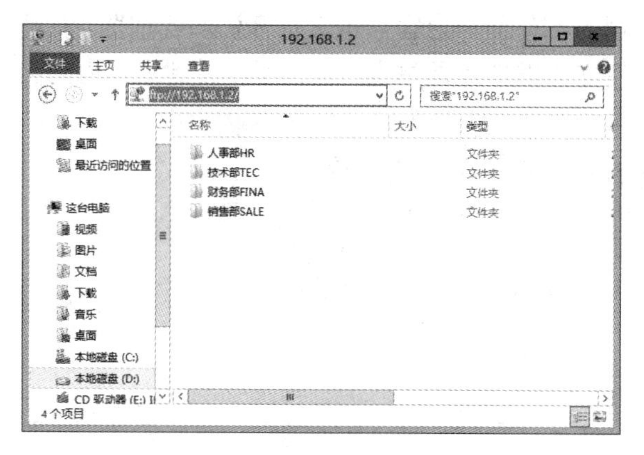

图 6-10　在客户端访问 FTP 站点

小贴士

1. “身份验证”项目用于设置站点访问时是否需要输入用户名和密码“匿名”指无须输入用户名和密码；“基本”指用户访问时需要输入帐户和密码，仅身份验证通过才允许访问。

2. “授权”项目中的“允许访问”下拉列表用于设置允许访问该站点的用户或用户组，并针对所选择的用户在下一个“权限”项目中配置权限。

3. 用户对站点有两种权限：“读取”是指可以查看、下载 FTP 站点的文件；“写入”则指可以上传、删除 FTP 站点的文件，还可以创建和删除子目录。

任务三　配置虚拟目录

任务描述

本任务完成在 FTP 共享目录中添加一个虚拟目录。

相关知识

虚拟目录是服务器硬盘上不在主目录下的物理目录或另一台计算机上的主目录的名称或别名。通常别名比物理目录的路径名短，便于用户输入。使用别名可以更方便地移动站点中的目录，无需更改目录的 URL，只需更改别名与目录物理位置之间的映射。使用别名可以发布多个目录下的内容以供所有用户访问，单独控制每个虚拟目录的读写权限。

如果 FTP 站点包含的文件位于主目录以外的某个目录或在其他计算机上，必须创建虚拟目录将这些文件包含到 FTP 站点中。要使用其他计算机上的目录，必须指定该目录的通用命名约定（UNC）名称并提供验证用户权限的用户名和密码用户权限。

若要从未包含在主目录中的任何目录进行发布，则必须创建虚拟目录。

实现步骤

01 打开“Internet Information Server（IIS）管理器”主窗口，如图 6-11 所示，找到“网站”，单击“FTP 共享文件”，再单击“操作”中的“查看虚拟目录”。

02 单击“添加虚拟目录”，在“添加虚拟目录”对话框的“别名”文本框中输入 Sale_www，如图 6-12 所示，单击“确定”按钮。

03 完成设置后可进行任务验证：在公司内部任何一台客户机上打开资源管理器，在地址栏中输入 ftp://192.168.1.1/Sale_www 打开建立的虚拟目录站点，并且可以看到站点内的网站文件，如图 6-13 所示。

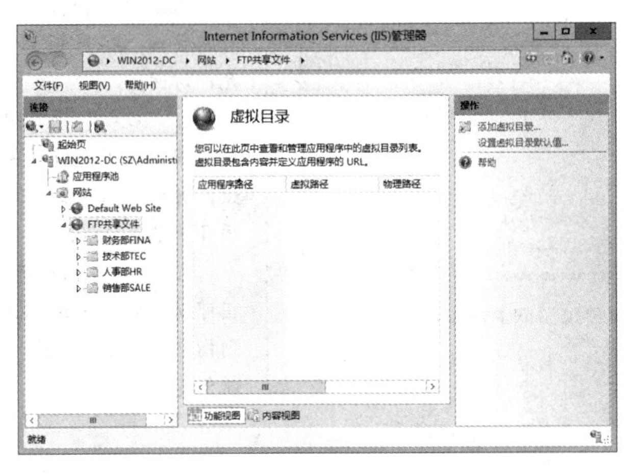

图 6-11　查看虚拟目录

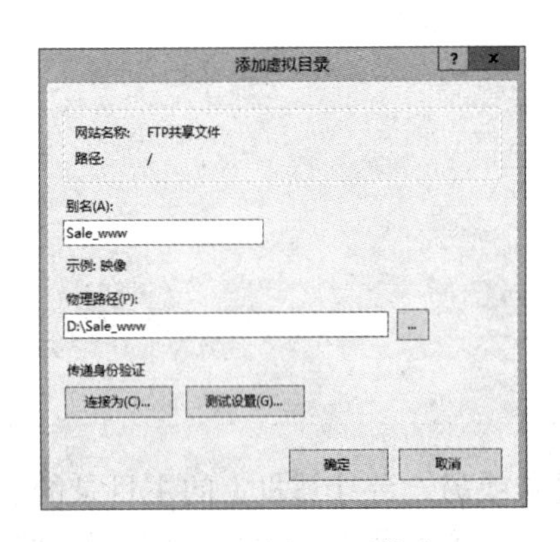

图 6-12　虚拟目录信息

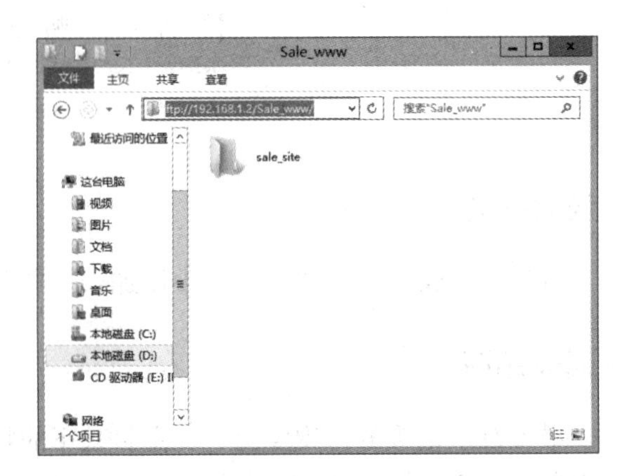

图 6-13　在客户端访问 FTP 虚拟站点

任务四　配置隔离用户的 FTP 站点

任务描述

本任务完成创建隔离用户的 FTP 站点，使不同的用户能访问独立的主目录。观看“配置隔离用户的 FTP 站点”教学视频请扫右侧二维码。

配置隔离用户的 FTP 站点

相关知识

1. 不隔离用户

该模式只提供共享内容下载功能的站点或不需要在用户间进行数据访问保护的站点。当用户连接此类型的 FTP 站点时，它们都将被直接导向到同一个文件夹，也就是被导向到整个 FTP 站点的主目录。

2. 隔离用户

该模式根据本机或域帐户验证用户，每个用户的主目录都在单独 FTP 主目录下，每个用户均被安放和限制在自己的主目录中。匿名用户除了可以访问公共目录以外的文件夹外，仅能访问自己的主目录。如果用户需要访问特定的共享文件夹，可以再建立一个虚拟目录。该模式不使用 Active Directory 目录服务进行验证。但是，当使用该模式创建了上百个主目录时，服务器性能会下降。

在隔离用户方式下，网络管理员必须在 FTP 站点的主目录下为每一个用户分别创建一个专用的子文件夹（即该子文件夹就是该用户的主目录），而且该子文件夹的名称必须与用户的登录帐户名称相同。当用户登录该 FTP 站点时，将直接访问该用户的主目录。

3. 用 Active Directory 隔离用户

在用 Active Directory（活动目录）隔离用户方式下，用户必须使用域用户帐户连接指定的 FTP 站点，同时必须在 Active Directory 的用户帐户内指定其专用的主目录。与“隔离用户”方式不同，“用 Active Directory 隔离用户”的用户主目录不需要创建在 FTP 站点的主目录下，而可以创建在本地的其他分区或文件夹下，也可以创建在网络中的其他计算机上。当用户登录该 FTP 站点时，将根据登录的用户直接访问用户的主目录，而且无法进入其他用户的主目录。

实现步骤

01 打开“服务器管理器”界面，在“工具”菜单栏中选择“计算机管理”选项，如图 6-14 所示。

02 打开“计算机管理”窗口，打开“本地用户和组”选项，如图 6-15 所示。

03 右击“用户”选项，在弹出的快捷菜单中选择“新用户”，如图 6-16 所示。

04 在弹出的“新用户”对话框中，输入“用户名”，如 xiaowang，再输入用户的“密码”，取消选中“用户下次登录时须更改密码”复选框，同时选中“用户不能更改密码”和“密码永不过期”复选框，如图 6-17 所示。同样的方式创建新用户 xiaoli。

05 在 D 盘新建一个文件夹 ftp，作为 FTP 站点的主目录。在主目录中新建文件夹 localuser，如图 6-18 所示。

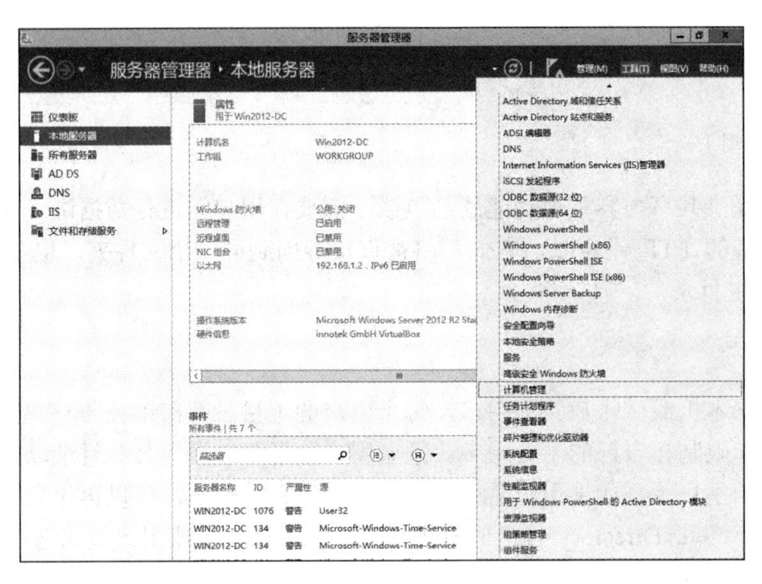

图 6-14　服务器管理界面

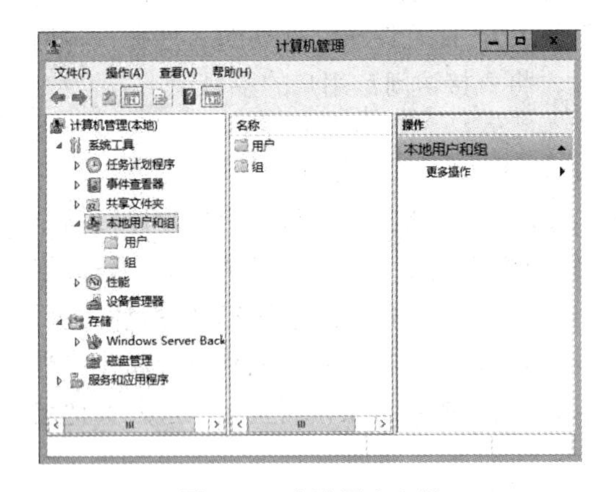

图 6-15　本地用户和组

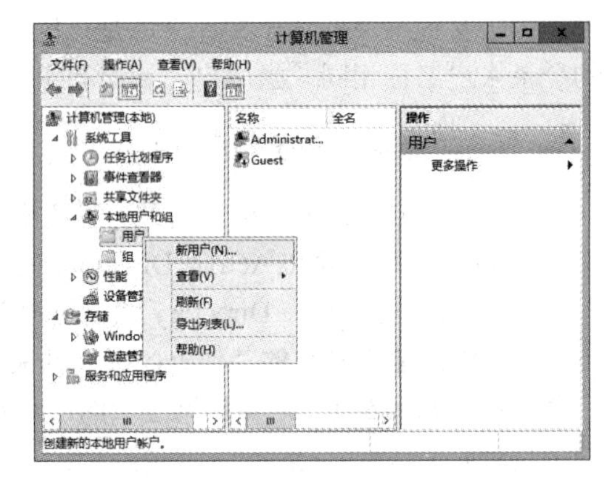

图 6-16　新用户

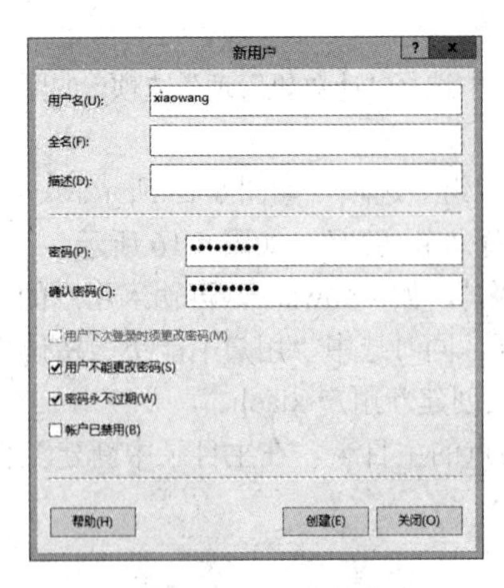

图 6-17　新用户信息

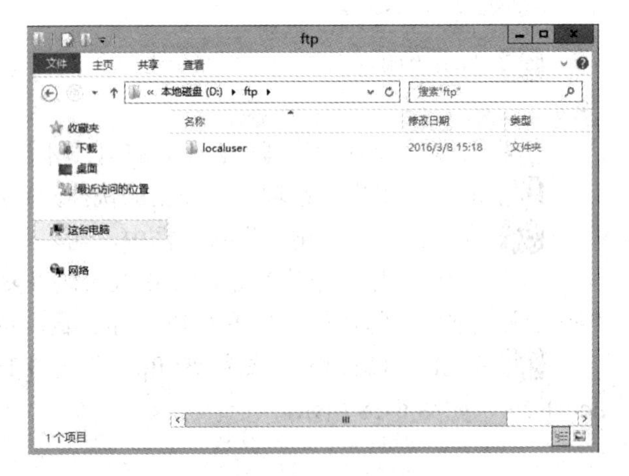

图 6-18　ftp 文件夹

06 在 localuser 文件夹中新建以用户名命名的文件夹，如 xiaowang、xiaoli，并分别复制一些文件，如图 6-19 所示。

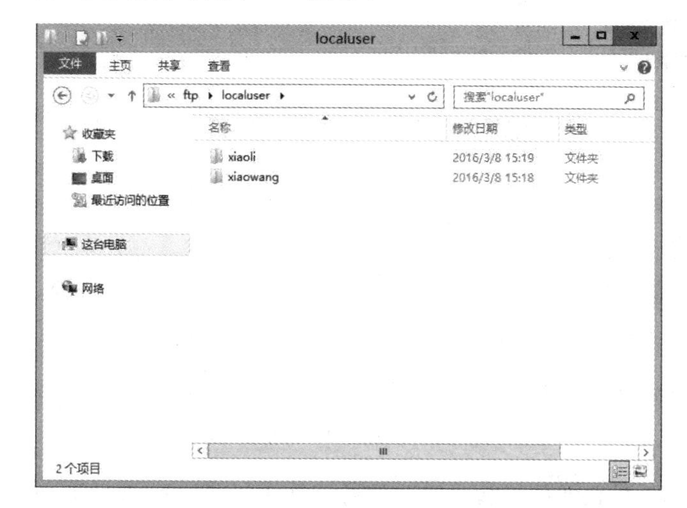

图 6-19　localuser 文件夹

小贴士

如果是在域控制器中配置 FTP 隔离用户，在主目录中新建的文件夹应为域名，如域控制器为 sz.com，则新建的文件夹为 sz。

07 打开“服务器管理器”界面，在“工具”菜单栏中选择“Internet Information Services(IIS)管理器”选项，如图 6-20 所示。

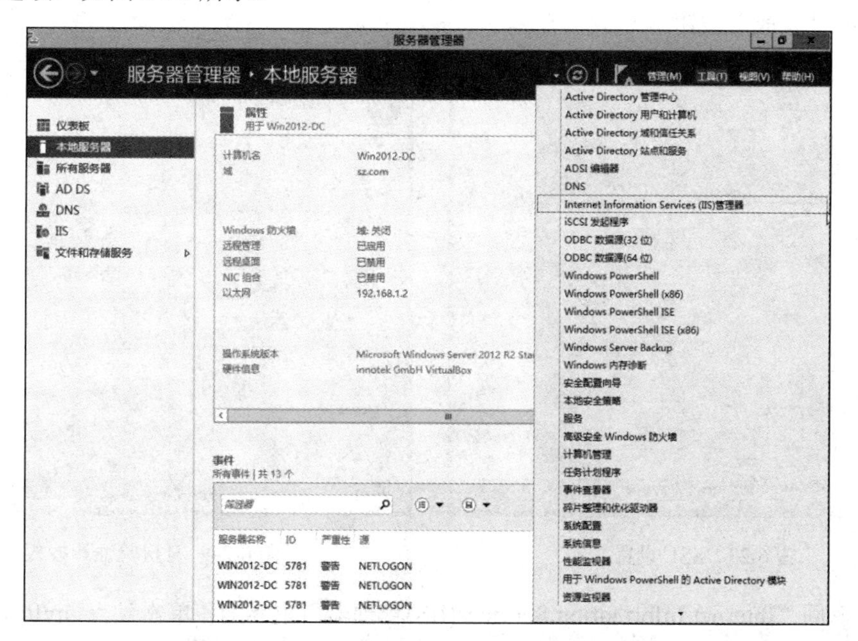

图 6-20　服务器管理器界面

08 打开“Internet Information Services(IIS)管理器”窗口，展开左侧列表，右击“网站”，在弹出的快捷菜单中选择“添加 FTP 站点”选项，如图 6-21 所示。

09 弹出“添加 FTP 站点”对话框，在对话框中输入“FTP 站点名称”并设置“物理路径”，如图 6-22 所示，单击“下一步”按钮。

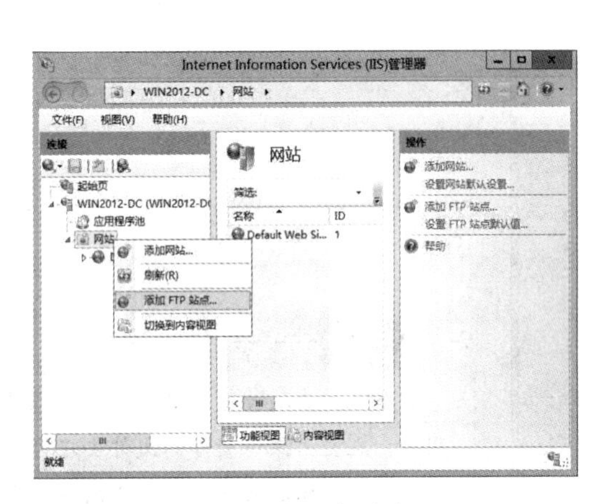

图 6-21　添加站点

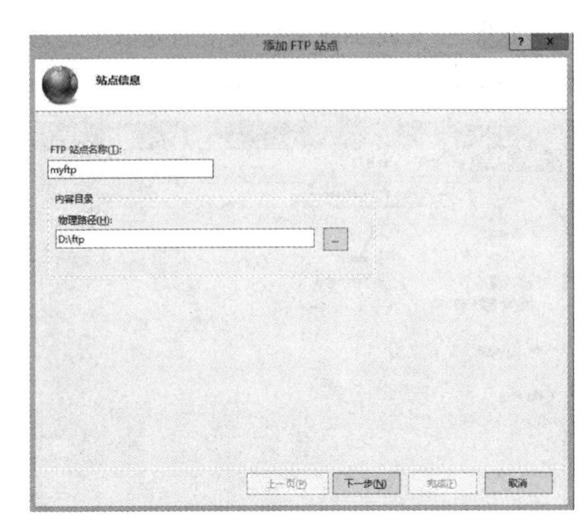

图 6-22　站点属性

10 在弹出的对话框中输入绑定的“IP 地址”和“端口”号，选中“自动启动 FTP 站点”复选框，同时选中“无 SSL”单选按钮，如图 6-23 所示，单击“下一步”按钮。

11 在弹出的对话框中设置“身份验证”和“授权”信息，选中“匿名”和“基本”复选框，“授权”设置为允许“所有用户”访问，“权限”设置选中“读取”复选框，如图 6-24 所示，单击“完成”按钮。

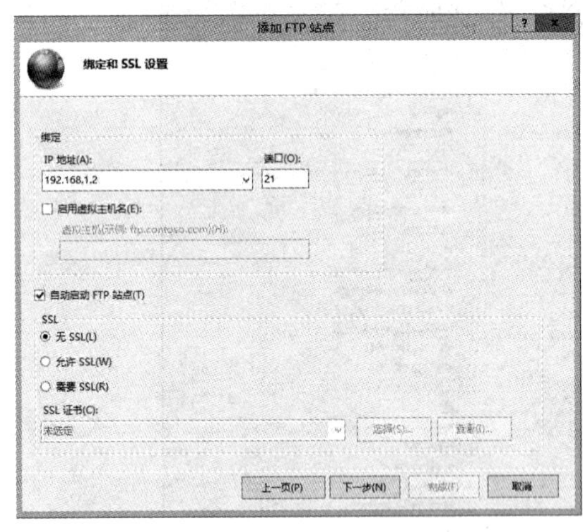

图 6-23　SSL 设置

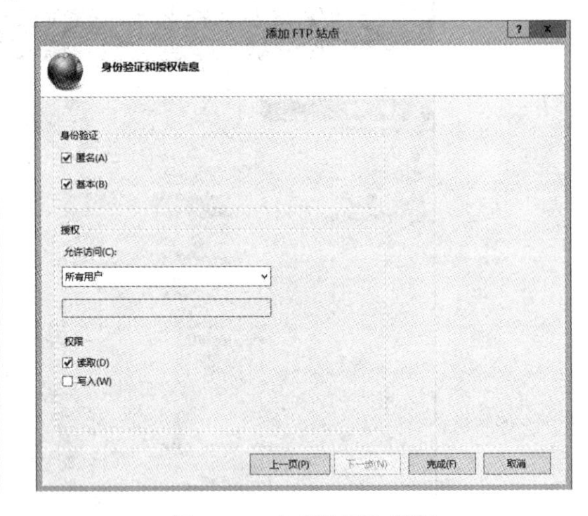

图 6-24　身份验证和授权

12 返回“Internet Information Services(IIS)管理器”主界面，单击站点 myftp，在 myftp 主页设置中选择“FTP 用户隔离”，如图 6-25 所示，双击“FTP 用户隔离”图标按钮打开。

13 在“FTP 用户隔离”页面中选中“用户名物理目录（启用全局虚拟目录）”单选按钮，如图 6-26 所示，完成后单击右侧“应用”按钮，完成操作。

14 设置完成后在地址栏输入 FTP：//192.168.1.2 进行测试，如图 6-27 所示。

15 打开站点后，在弹出的“登录身份”验证对话框中输入用户名和密码，如图 6-28 所示。

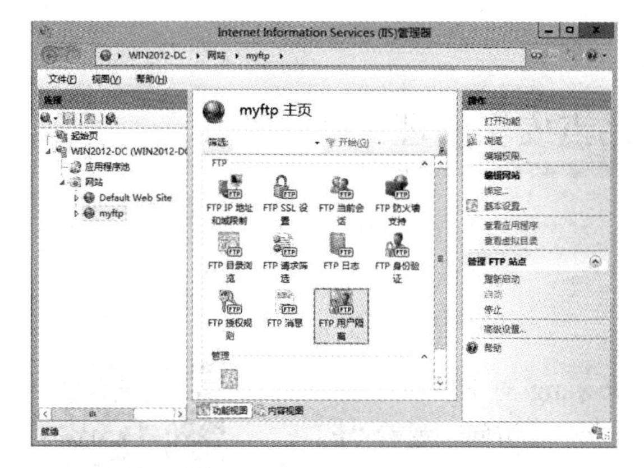

图 6-25　FTP 隔离用户

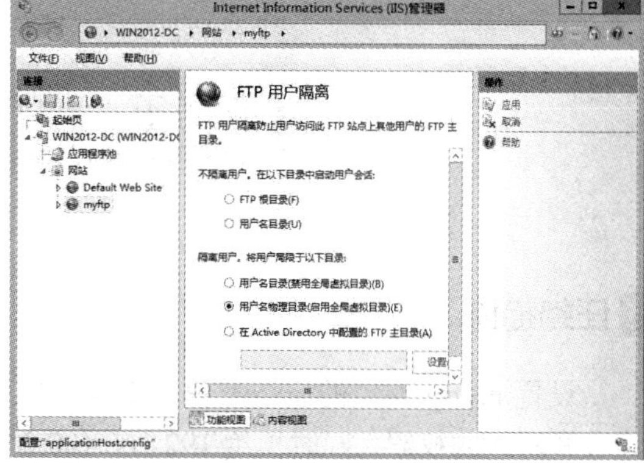

图 6-26　隔离用户设置

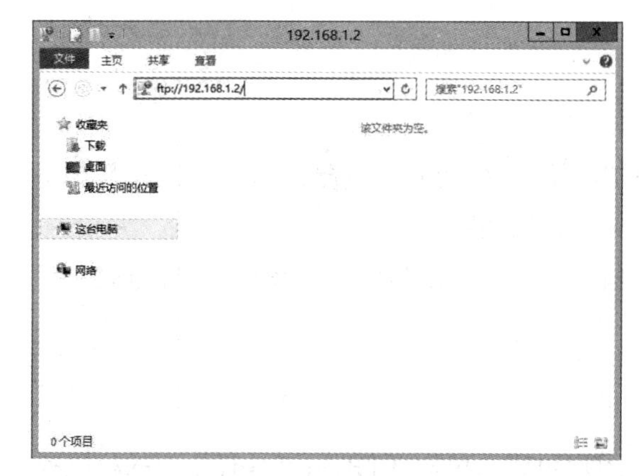

图 6-27　测试 FTP

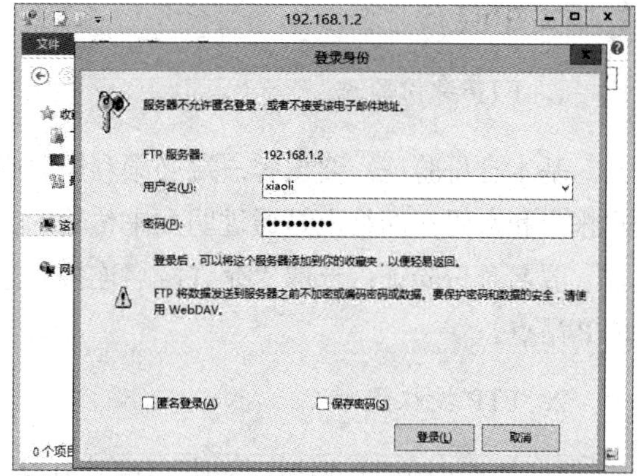

图 6-28　输入用户名密码

16 单击“登录”按钮，即可进入到用户主目录，如图 6-29 所示。

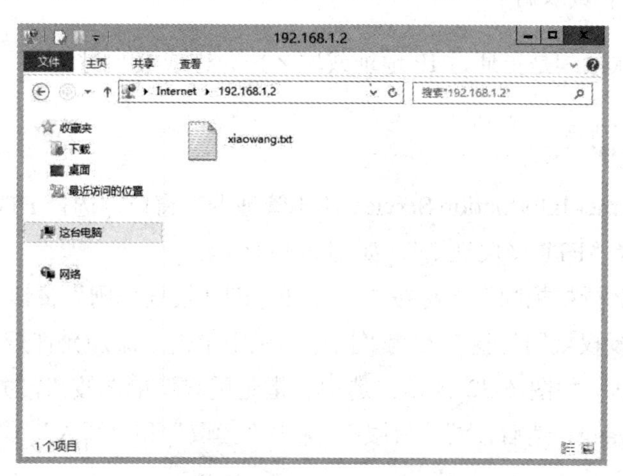

图 6-29　测试结果

任务五　FTP站点安全管理

任务描述

设置 myftp 站点的安全管理，指定用户 xiaowang 对 FTP 站点具有读取和写入的权限，同时拒绝 192.168.100.0/24 的网段访问。观看“FTP 站点安全管理”教学视频请扫右侧二维码。

FTP 站点安全管理

相关知识

1. FTP 身份验证

基本身份验证：要求客户端必须利用已设置的用户帐户和密码登录 FTP 站点，且该用户帐户和密码在网络上是通过明文来传输的，并不会被加密。

匿名身份验证：选取“允许匿名连接”选项表示用户可以利用匿名 FTP 验证方式访问 FTP 站点。

2. FTP 授权规则

FTP 授权规则是指允许或限制指定用户、用户组或角色对 FTP 站点具有相应的权限操作，如读取、写入操作。

3. FTP IP 地址和域限制

FTP IP 地址和域限制是指通过 IP 地址或域名来允许或限制对 FTP 站点的访问设置。

实现步骤

01 打开“Internet Information Services(IIS)管理器”窗口，选择 FTP 站点“myftp”，在“myftp”主页中选择“FTP 授权规则”，如图 6-30 所示。

02 双击“FTP 授权规则”图标按钮，打开“FTP 授权规则”窗口，如图 6-31 所示。

03 在“FTP 授权规则”窗口右侧“操作”栏中单击“添加允许规则”，打开“添加允许授权规则”对话框，如图 6-32 所示。选中“指定用户”单选按钮，并在其对应的文本框中输入用户名 xiaowang，然后设置“权限”，选中“读取”和“写入”复选框，单击“确定”按钮完成设置。

04 在 myftp 主页选择“FTP IP 地址和域限制”，如图 6-33 所示。

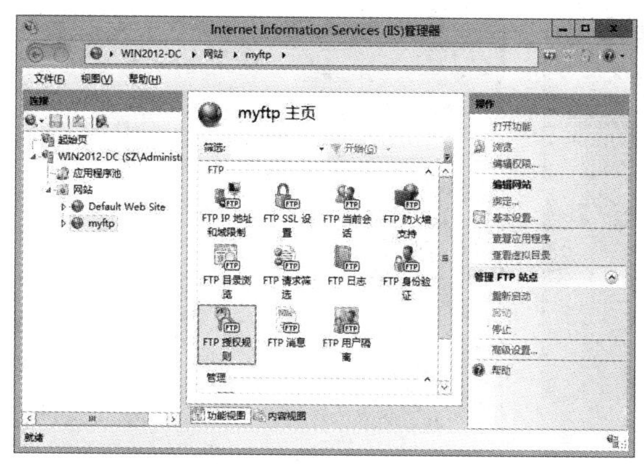

图 6-30　FTP 授权规则

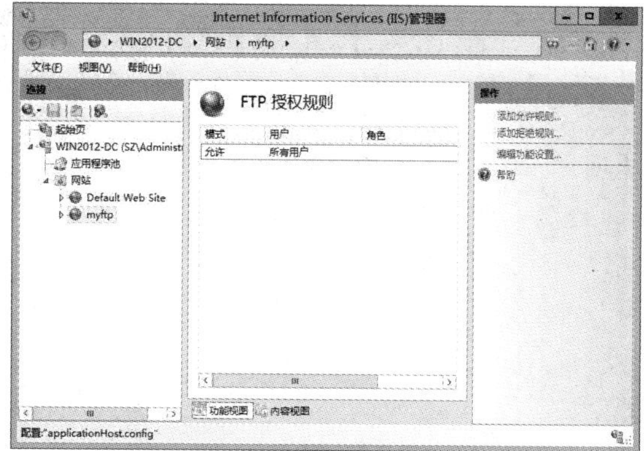

图 6-31　FTP 授权规则设置

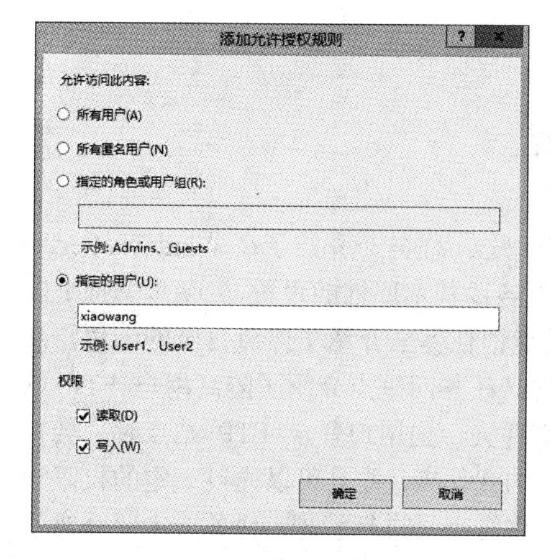

图 6-32　授权设置

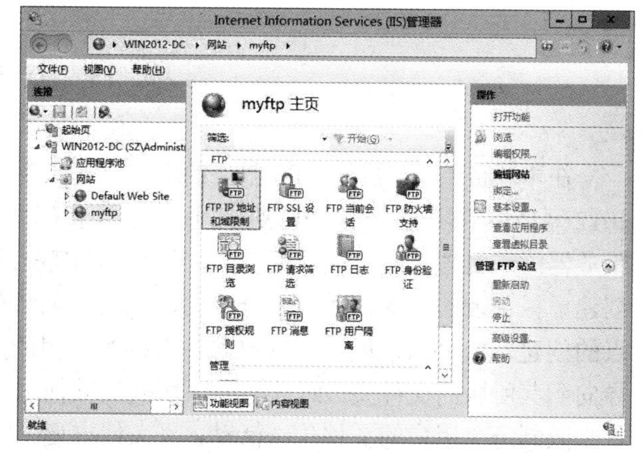

图 6-33　IP 地址限制

05 双击“FTP IP 地址和域限制”图标按钮，打开“FTP IP 地址和域限制”窗口，如图 6-34 所示。

06 在“FTP IP 地址和域限制”窗口右侧的“操作”栏中单击“添加拒绝条目”，打开“添加拒绝限制规则”对话框，如图 6-35 所示。选中“IP 地址范围”单选按钮，并在其对应的文本框中输入网络地址 192.168.100.0 及掩码 255.255.255.0，单击“确定”按钮完成设置。

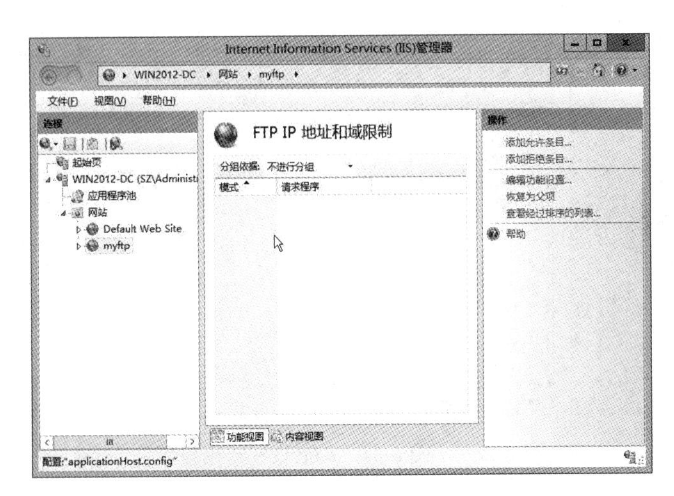

图 6-34　IP 和域限制

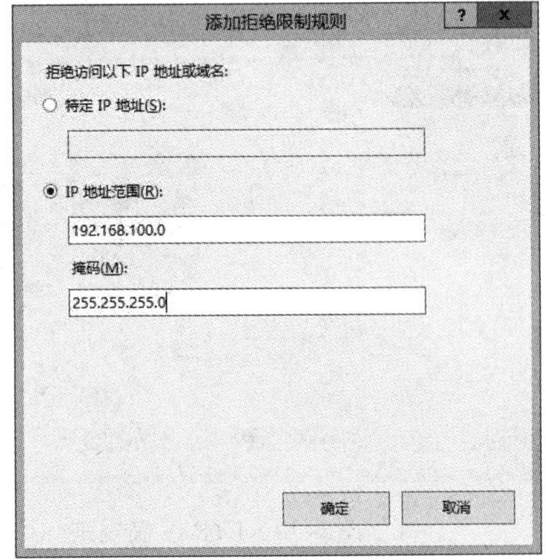

图 6-35　IP 范围

项 目 小 结

在本项目中，完成了 FTP 服务的安装与基本配置管理。任务一介绍了在 Windows Server 2012 系统中 FTP 服务器的安装；任务二介绍了 FTP 服务器基本属性的设置，先初步掌握 FTP 服务器的作用与功能，能够配置一个简单的 FTP 站点；任务三介绍了虚拟目录的创建，从创建虚拟目录的好处入手，重点说明虚拟目录的访问；任务四重点介绍了隔离用户 FTP 站点的创建，它可以让每一个用户都各自拥有专用的文件夹，当用户登录 FTP 站点时，会被导向到其所属的文件夹，而且不可以切换到其他用户的文件夹，并且可以通过一定的权限设置来限制每个用户的文件传送活动，极大地方便了网络管理员进行管理；任务五主要介绍了 FTP 站点的安全管理，通过身份验证、授权规则以及 IP 限制、域限制等对 FTP 站点进行安全管理，以提高 FTP 站点的安全性和可靠性。

项 目 实 训

为 SZ 公司创建一个 FTP 站点，包含一个允许客户上传与下载资料的目录和一个只允许下载的目录。

1）FTP 用户之间不隔离。

2）连接限制用户为 50 000，连接超时为 100 秒，并同时启用日志记录。

3）设置为只允许匿名访问登录。

4）为 FTP 站点设置“标题”、“欢迎”和“退出”等消息信息。

项目七

安装与配置 DHCP 服务器

SZ 公司已经部署了基于域名为 sz.com 的活动目录来管理网络资源。公司现有四个部门：技术部、人事部、销售部、财务部，统一规划 IP 网段为 192.168.1.0/23，可以容纳 510 台主机的大网段。

随着网络用户的逐步增加，网络规模跟着不断扩大，网络复杂度也在相应提高。IP 地址的维护与管理，逐渐成为网络管理的一大问题。便携设备和无线网络的广泛使用，使得计算机和移动终端的位置也经常发生变化，相应的 IP 地址也经常更新，从而导致网络配置越来越复杂。

在网络运行和使用过程中经常会出现一些问题。例如，网络中不断充斥着广播流量，占用大量的网络带宽；经常有用户反映 IP 地址设置冲突、IP 地址欺骗；网关以及 DNS 参数设置错误；等等。

随着需求的变化和问题的频现，必然给用户信息化办公带来挑战与困扰，同时也给网络管理员提出了新的难题。实际上，DHCP（Dynamic Host Configuration Protocol）就是为满足这些需求和问题而发展起来的。部署 DHCP 服务器，可以为局域网中的每台计算机自动分配 TCP/IP 信息，包括 IP 地址、子网掩码、网关以及 DNS 服务器等。其优点在于终端无需配置、网络维护方便。

网络管理员决定根据部门以及部门用户数量来调整网络配置，根据统计，目前技术部有 100 个信息点、人事部有 30 个信息点、销售部有 120 个信息点、财务部有 30 个信息点、服务器区域大概规划有 30 个信息点。SZ 公司的网络拓扑结构如图 7-1 所示。

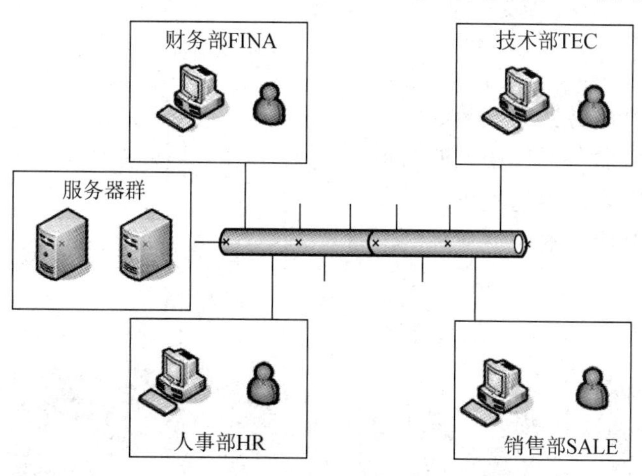

图 7-1　SZ 公司网络拓扑图

管理员决定采用 VLSM 技术对 192.168.1.0/23 网段进行子网划分，通过配合在网络设备上的 VLAN 技术实现部门间网络的隔离。同时，管理员打算部署一台 Windows Server 2012（IP 地址为 192.168.1.3）作为 DHCP 服务器为网络用户提供 IP 地址自动分配服务，为方便管理，服务器区域仍然使用静态地址设置。假定，网络管理员已经根据指定的网段和各个部门之间的信息点数进行子网划分，见表 7-1。

表 7-1　SZ 公司 IP 地址规划表

部门	节点数	网络地址与掩码	可用地址范围	网关	DNS	DHCP
服务器群	30	192.168.1.0/26	192.168.1.1-192.168.1.61	192.168.1.62	192.168.1.2	192.168.1.3
技术部	100	192.168.0.0/25	192.168.0.1-192.168.0.125	192.168.0.126	192.168.1.2	192.168.1.3
销售部	120	192.168.0.128/25	192.168.0.129-192.168.0.253	192.168.0.254	192.168.1.2	192.168.1.3
财务部	30	192.168.1.64/26	192.168.1.65-192.168.1.125	192.168.1.126	192.168.1.2	192.168.1.3
人事部	30	192.168.1.128/26	192.168.1.129-192.168.1.189	192.168.1.190	192.168.1.2	192.168.1.3

在本项目中，我们将通过完成以下四个任务来学习安装与配置 DHCP 服务器。

任务一　安装 DHCP 服务器

任务二　新建 DHCP 作用域

任务三　DHCP 客户端测试

任务四　配置 DHCP 中继代理

知识目标

◆ 了解安装 DHCP 服务器的必要条件及 DHCP 服务器功能。

◆ 了解 DHCP 服务器的作用域属性。

◆ 了解 DHCP 服务器中继代理的工作过程。

技能目标

◆ 掌握 DHCP 服务器的安装。

◆ 掌握 DHCP 服务器作用域的配置。

◆ 掌握 DHCP 客户端的配置。

◆ 掌握 DHCP 服务器中继代理的配置。

任务一　安装 DHCP 服务器

任务描述

DHCP 服务运行模式为客户端/服务器模式，服务器复制集中管理 IP 配置信息（IP 地址、子网掩码、网关以及 DNS 服务器等）。客户端主动向服务器提出请求，服务器根据预先配置的 DHCP 策略返回相应的 IP 配置信息；客户端使用从服务器获得的 IP 配置信息与外部主机进行通信。

将 DHCP 服务器加入到 sz.com 域，使其成为该域中的成员服务器，同时以域管理员用户登录到该服务器，进行 DHCP 服务的安装与配置。观看“安装 DHCP 服务器”教学视频请扫右侧二维码。

安装 DHCP 服务器

相关知识

在域中部署 DHCP 服务的必要条件有以下几点：

- 将 DHCP 服务器加入到 sz.com 域，使其成为该域中的成员服务器，以域管理员用户登录到该服务器。
- 配置一个静态 IP 地址，如 192.168.1.3。
- 在 sz.com 域中对 DHCP 服务进行授权。
- 在 DHCP 服务器中基于部门创建了多个 DHCP 作用域，需要局域网的三层设备做 DHCP 中继，才能实现各个部门正常地获取到相应的 IP 地址。

实现步骤

01 安装 DHCP 服务前，应为 DHCP 服务器配置静态 IP 地址。如图 7-2 所示，依照图中提示设置“IP 地址”、“子网掩码”、“默认网关”及“首选 DNS 服务器”。（如何打开 IP 属性对话框请参考项目二任务一配置网络相关内容。）

02 将 DHCP 服务器加入到 sz.com 域，并以域管理员用户（administrator）登录，如图 7-3 所示。

图 7-2　配置静态 IP 地址界面

图 7-3　域管理员用户登录

03 单击任务栏左边的"服务器管理器"按钮，弹出如图 7-4 所示的"服务器管理器"界面，单击"添加角色和功能"按钮。

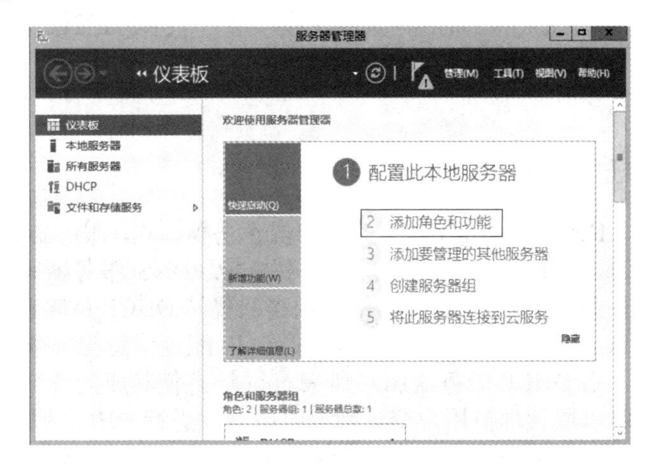

图 7-4 服务器管理器界面

小贴士

也可以选择"开始"→"服务器管理器"命令，弹出"服务器管理器"配置界面。

04 单击"添加角色和功能"，弹出"添加角色和功能向导"界面，如图 7-5 所示。

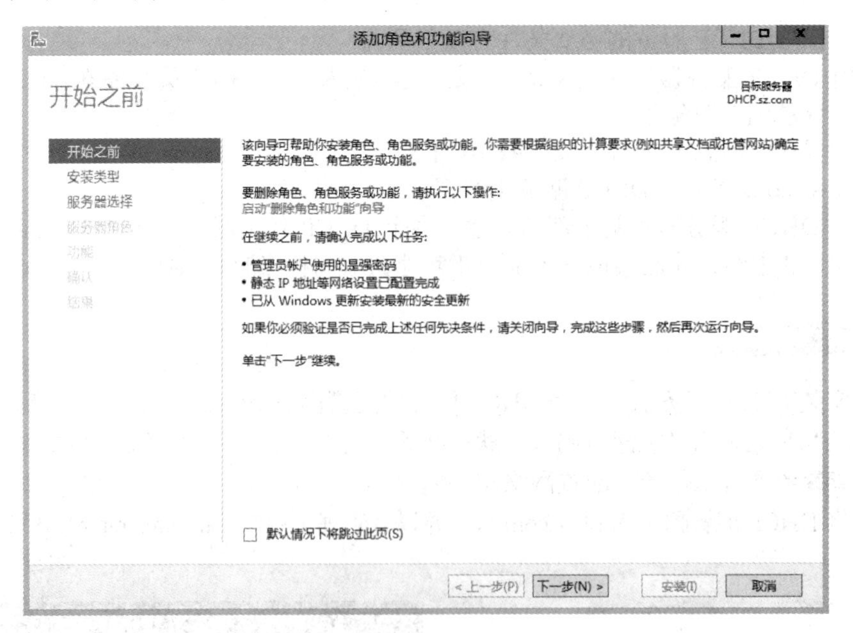

图 7-5 添加角色和功能向导

05 单击"下一步"按钮，选中"基于角色或基于功能的安装"单选按钮，如图 7-6 所示。

06 单击"下一步"按钮，选中"从服务器池中选择服务器"复选框，选择 DHCP.sz.com，IP 地址为第 1 步静态配置的 IP 地址（192.168.1.3），单击"下一步"按钮，如图 7-7 所示。

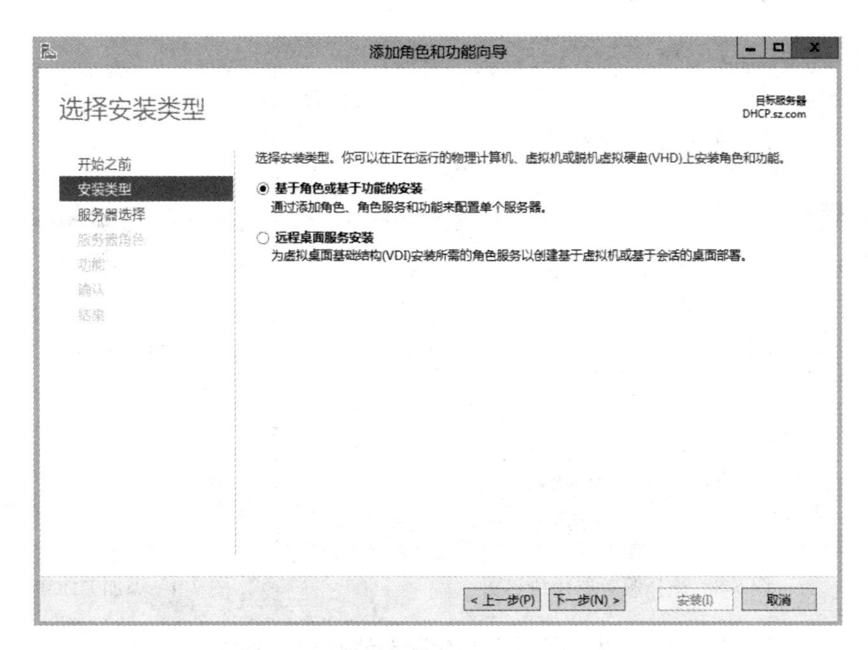

图 7-6　基于角色或基于功能的安装

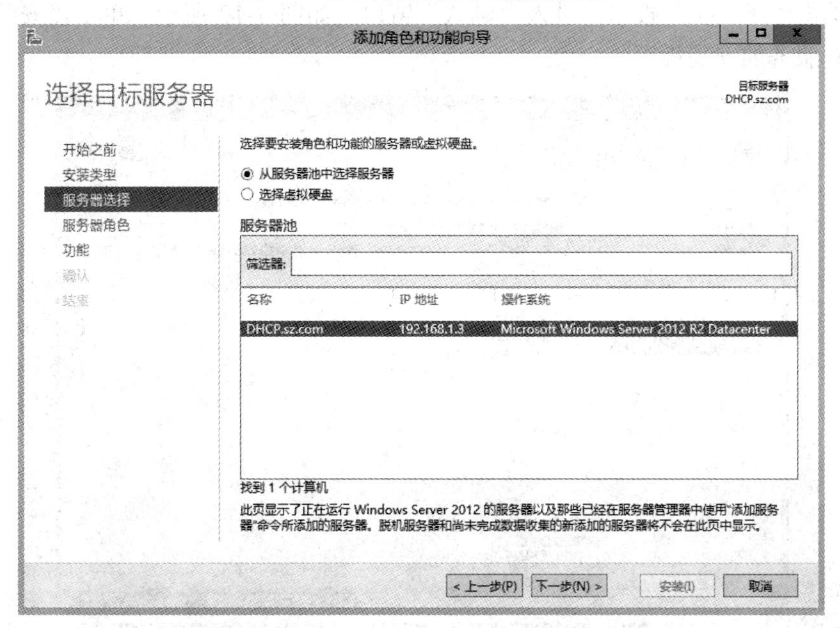

图 7-7　选择服务器界面

07 弹出“选择服务器角色”界面，选中“DHCP 服务器”复选框，如图 7-8 所示。

08 单击“下一步”按钮，弹出“添加 DHCP 服务器所需的功能”界面，选中“包括管理工具（如果适用）”复选框，如图 7-9 所示。

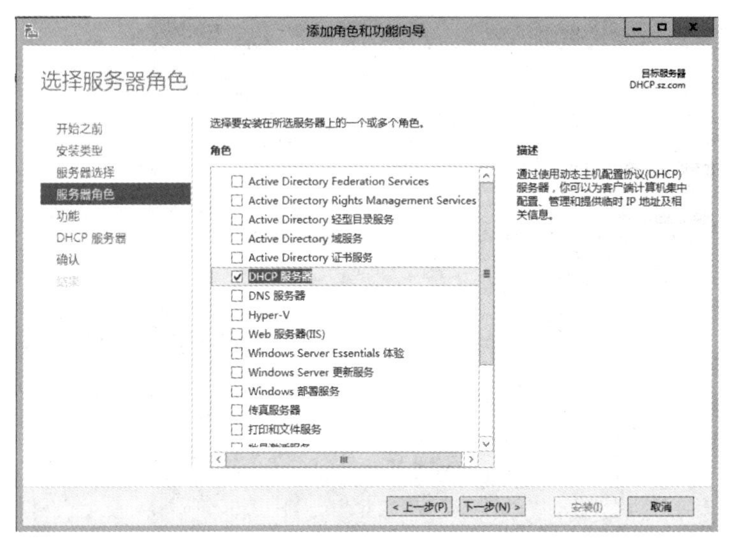

图 7-8　选择服务器角色界面

图 7-9　添加 DHCP 服务器功能

09 单击“添加功能”按钮，回到“选择服务器角色”界面。

10 单击“下一步”按钮，进入“确认”窗口，如图 7-10 所示，单击“安装”按钮，启动 DHCP 服务的安装程序。

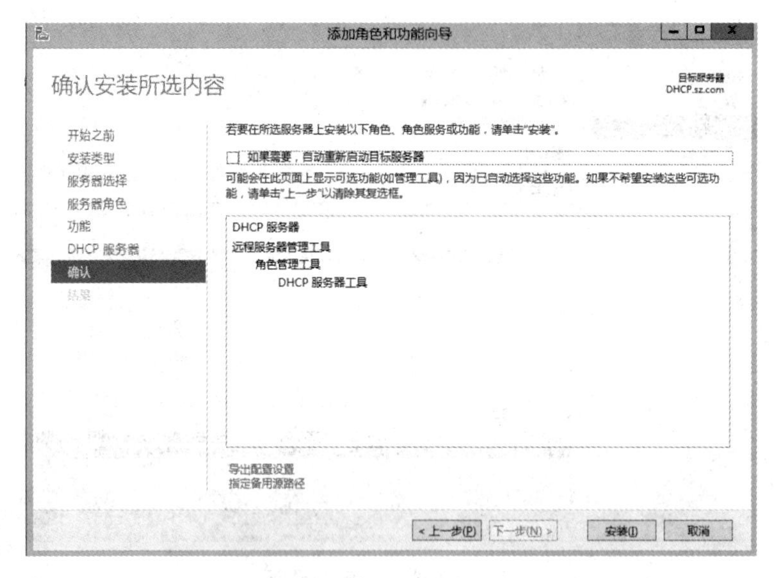

图 7-10　确认安装所选内容

11 DHCP 服务的安装过程大概需要两分钟左右，如图 7-11 所示，可以观察安装进度。

12 安装好 Windows Server 2012 的 DHCP 角色之后，再次通过“服务器管理器”的工具栏进行操作，选择“工具”→“DHCP”命令，如图 7-12 所示，弹出 DHCP 管理界面。

13 在 DHCP 管理界面，右击 DHCP.sz.com，在弹出的快捷菜单中选择“授权”选项，对 DHCP 服务在活动目录中授权，授权之后的 DHCP 服务就可以正常运行并使用了。如图 7-13 所示。

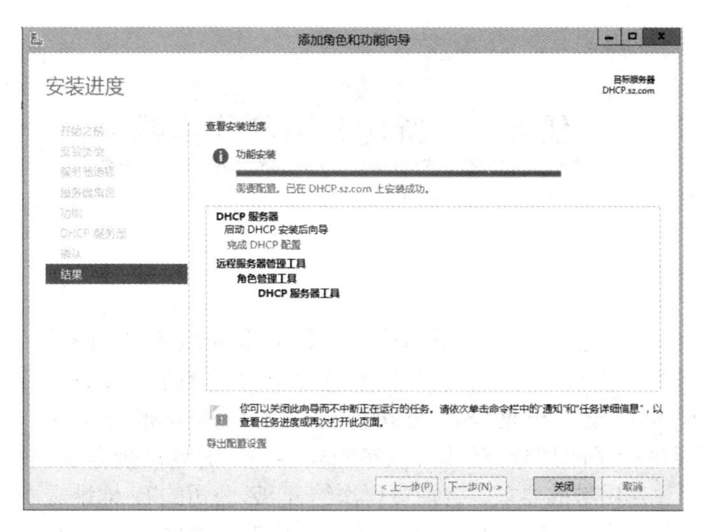

图 7-11　DHCP 服务安装进度

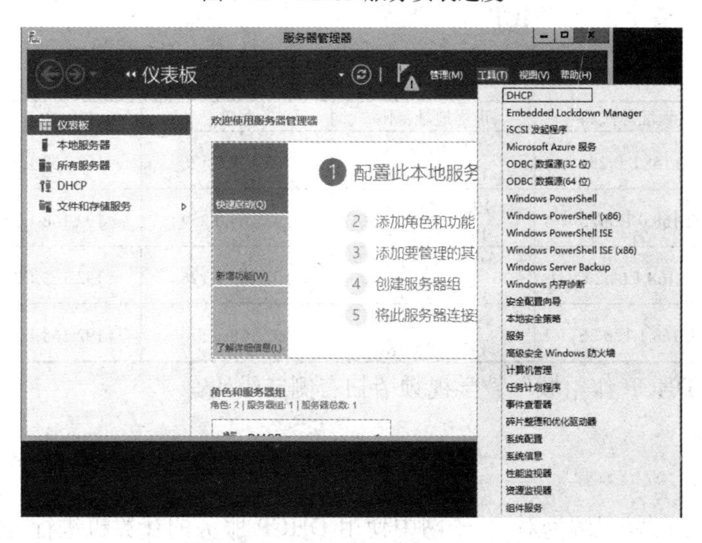

图 7-12　服务器管理器-工具界面

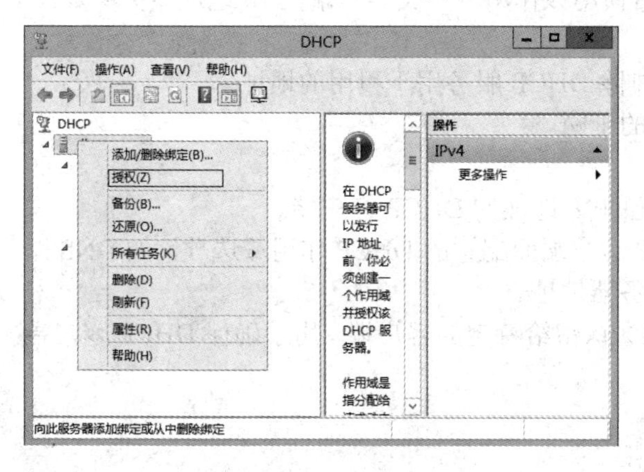

图 7-13　DHCP 授权界面

小贴士

安装好 Windows Server 2012 的 DHCP 角色之后，并非立即能为 DHCP 客户端提供服务，它必须要经过一个授权（Authorized）程序，授权是一种安全的预防措施，避免未经授权的 DHCP 服务器在网络中运行。

任务二　新建 DHCP 作用域

任务描述

通过任务一，管理员已经在 sz.com 域中安装好 DHCP 服务器，同时也对 DHCP 服务进行了授权，现在可以开始配置 DHCP 服务了。任务一中管理员采用 VLSM 技术根据 SZ 公司的部门信息点分布情况对 192.168.1.0/23 网段进行子网划分，具体可以参照表 7-1 的 IP 地址规划表。

根据 DHCP 新建作用域的要求，管理员再次结合 SZ 公司的 IP 地址规划表（见表 7-1），建立了 DHCP 作用域规划表，见表 7-2。根据表 7-2 的详细信息，就可以着手创建 DHCP 作用域了。

新建 DHCP 作用域

表 7-2　SZ 公司 DHCP 作用域规划表

部门	网络地址与掩码	可用地址范围	网关	DNS	DHCP 作用域
技术部	192.168.0.0/25	192.168.0.1-192.168.0.125	192.168.0.126	192.168.1.2	技术部
销售部	192.168.0.128/25	192.168.0.129-192.168.0.253	192.168.0.254	192.168.1.2	销售部
财务部	192.168.1.64/26	192.168.1.65-192.168.1.125	192.168.1.126	192.168.1.2	财务部
人事部	192.168.1.128/26	192.168.1.129-192.168.1.189	192.168.1.190	192.168.1.2	人事部

观看“新建 DHCP 作用域”教学视频请扫右侧二维码。

相关知识

DHCP 作用域可以理解为对 IP 子网中使用 DHCP 服务的计算机进行分组，要求管理员根据部门要求为每个子网创建作用域，然后使用该作用域定义客户端的 IP 地址相关参数。

作用域包括下列属性：

◆ IP 地址的范围：可在其中加入或排除 DHCP 服务用于租用的地址。
◆ 子网掩码：用于确定给定 IP 地址的子网。
◆ 作用域创建时指派的名称。
◆ 租约期限值：指派给动态接收分配的 IP 地址的 DHCP 客户端。
◆ 作用域选项：任何为指派给 DHCP 客户端而配置的 DHCP 作用域选项，如 DNS 服务器、路由器 IP 地址和 WINS 服务器地址。
◆ 保留（可选）：将特定的 IP 地址永久保留给特定的客户端，用于确保 DHCP 客户端总是能收到同样的 IP 地址。

实现步骤

01 在 DHCP 管理器窗口，可以看到服务器名称为 dhcp.sz.com，如图 7-14 所示。

在 dhcp.sz.com 服务器下，右击“IPv4”，在弹出的快捷菜单中选择“新建作用域”选项，如图 7-15 所示。

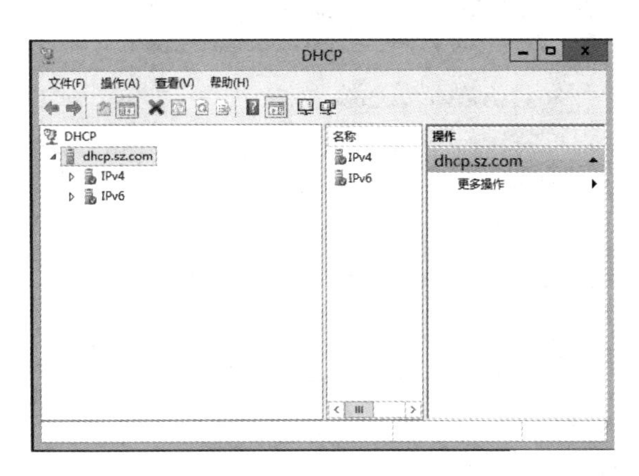

图 7-14　DHCP 管理器

图 7-15　新建作用域

02 弹出“新建作用域向导”界面，在“名称”文本框中输入“技术部”，在“描述”文本框中输入“技术部”，为技术部用户新建 IPv4 作用域，如图 7-16 所示，单击“下一步”按钮。

03 弹出“IP 地址范围”界面，利用表 7-2 中技术部对应的 IP 作用域参数，在“起始 IP 地址”文本框中输入 192.168.0.1，在“结束 IP 地址”文本框中输入 192.168.0.125；在“长度”文本框中输入 25，在“子网掩码”文本框中输入 255.255.255.128，如图 7-17 所示，单击“下一步”按钮。

04 弹出“添加排除和延迟”界面，因为在 IP 地址规划中已经将网关地址排除在外，此处留空即可，如图 7-18 所示，单击“下一步”按钮，弹出“租用期限”配置界面。

05 在“租用期限”配置界面，默认设置为 8 天，可以理解为客户端从 DHCP 服务器申请获得的 IP 地址，只能使用 8 天的时间；超过这个期限后，就必须重新向 DHCP 服务器申请 IP 地址。如图 7-19 所示，单击“下一步”按钮，弹出“配置 DHCP 选项”界面。

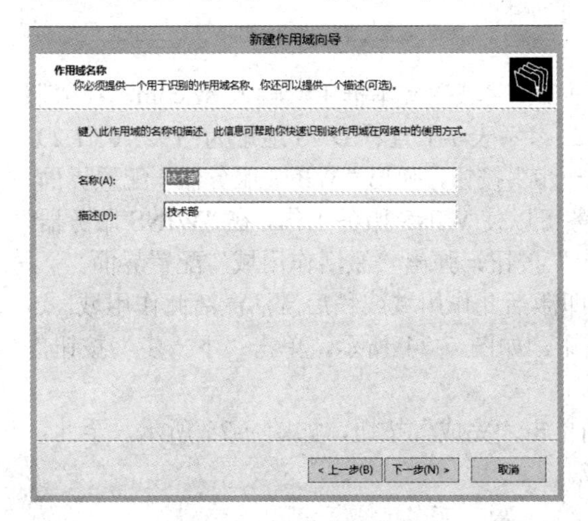

图 7-16　新建技术部作用域

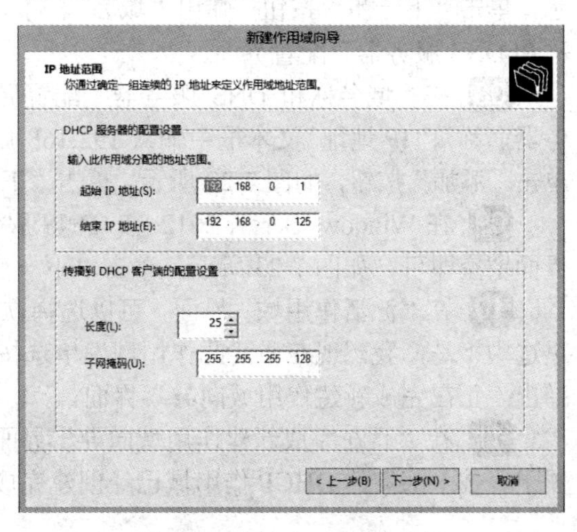

图 7-17　技术部 IP 地址范围

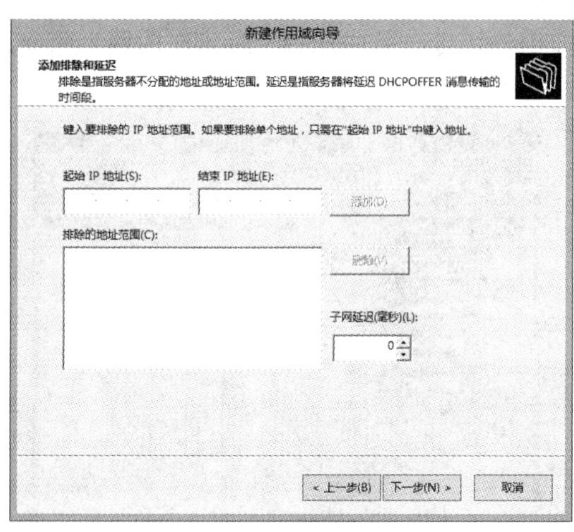

图 7-18　添加排除和延迟

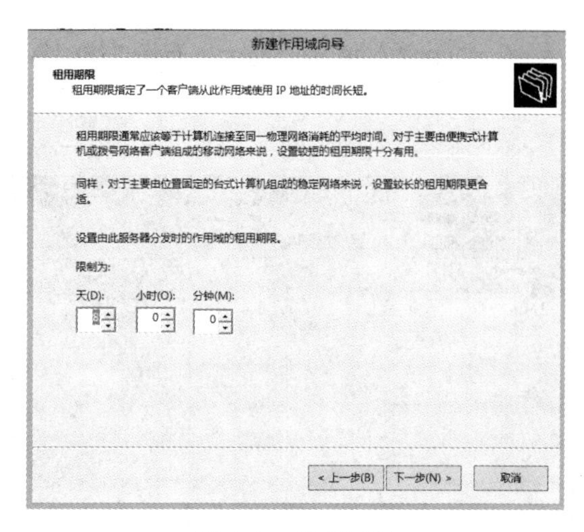

图 7-19　租用期限

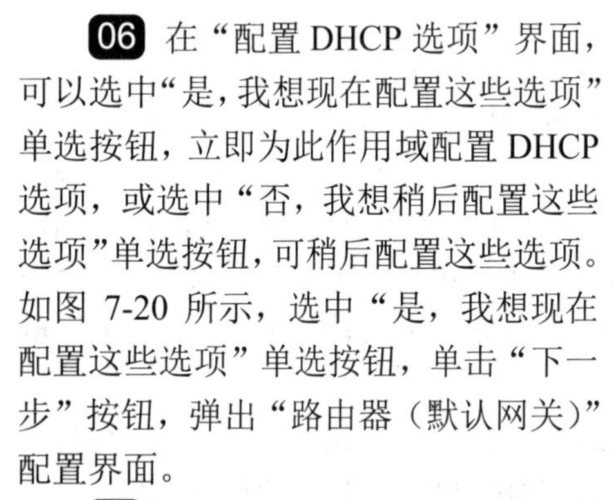

06 在“配置 DHCP 选项”界面，可以选中“是，我想现在配置这些选项”单选按钮，立即为此作用域配置 DHCP 选项，或选中“否，我想稍后配置这些选项”单选按钮，可稍后配置这些选项。如图 7-20 所示，选中“是，我想现在配置这些选项”单选按钮，单击“下一步”按钮，弹出“路由器（默认网关）”配置界面。

07 在“路由器（默认网关）”配置界面，参考表 7-2，输入“技术部”的网关为 192.168.0.126，如图 7-21 所示，单击“下一步”按钮，弹出“域名称和 DNS 服务器”配置界面。

> **小贴士**
>
> 1. 有时候客户端的 IP 地址频繁发生变化，可能会存在一些潜在的问题，例如 IP 地址冲突问题，这些问题将会影响网络正常使用；此时可以将租用期限设置长一点，使得客户端无需频繁更换 IP 地址。
>
> 2. 但是有时候“租用期限”设置得越大，那么 IP 地址资源租用的也就越多；在“租用期限”内 IP 地址一般是不会租用给其他用户的，在用户数比较大的网络环境中，可能会出现 IP 地址不够分配的问题；
>
> 3. 一般建议当内网用户不是太多，IP 地址范围也足够大时，“租用期限”可以设置得大一些；内网用户较多而 IP 地址范围也不够大时，“租用期限”设置得小一些为好。

08 在“域名称和 DNS 服务器”配置界面，“父域”文本框中，输入 sz.com。在“服务器名称”、“IP 地址”文本框中输入 192.168.1.2（参考表 7-1 查看 DNS 地址为：192.168.1.2），单击“添加”按钮，如图 7-22 所示，单击“下一步”按钮，弹出“WINS 服务器”配置界面。

09 在 Windows Server 2012 中，DNS 服务可以使 WINS 服务工作，在“WINS 服务器”界面留空即可，如图 7-23 所示，单击“下一步”按钮，弹出“激活作用域”配置界面。

10 在“激活作用域”界面，可以选择立即激活此作用域或稍后激活激活此作用域，这里选中“是，我想现在激活此作用域”单选按钮，如图 7-24 所示，单击“下一步”按钮，弹出“正在完成新建作用域向导”界面。

11 在“正在完成新建作用域向导”界面单击“完成”按钮，如图 7-25 所示，至此，关于“技术部”的 DHCP 作用域已经创建完成。

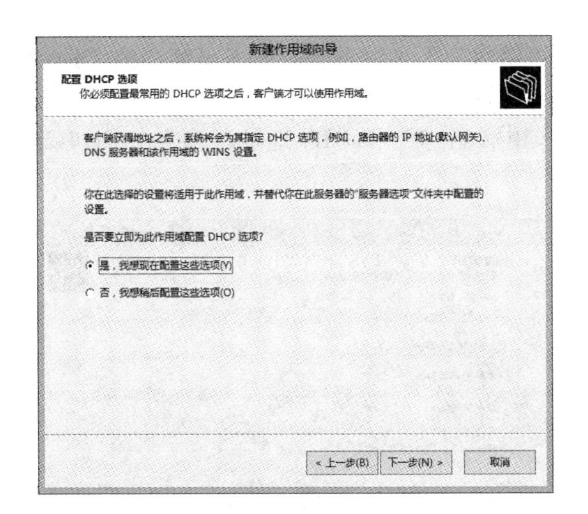

图 7-20　配置 DHCP 选项

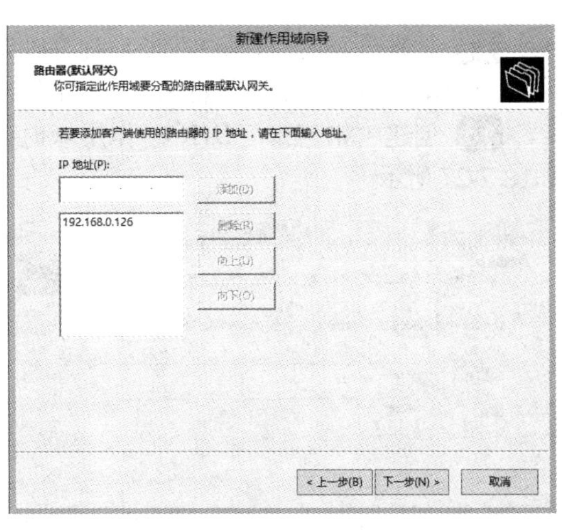

图 7-21　路由器（默认网关）

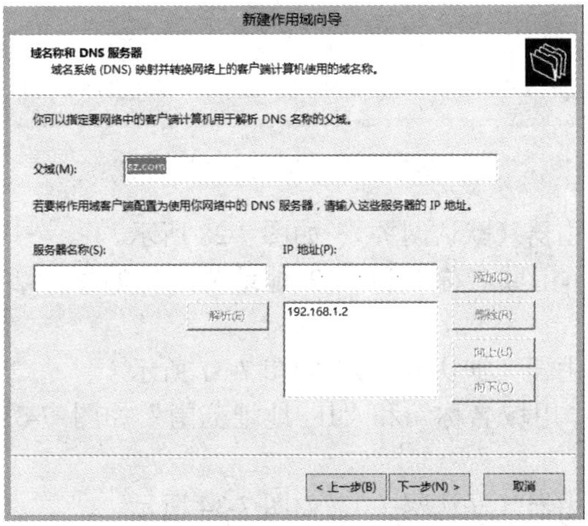

图 7-22　域名称和 DNS 服务器

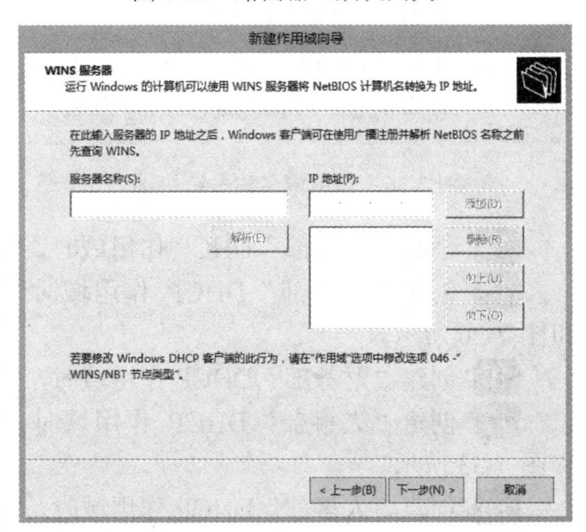

图 7-23　WINS 服务器

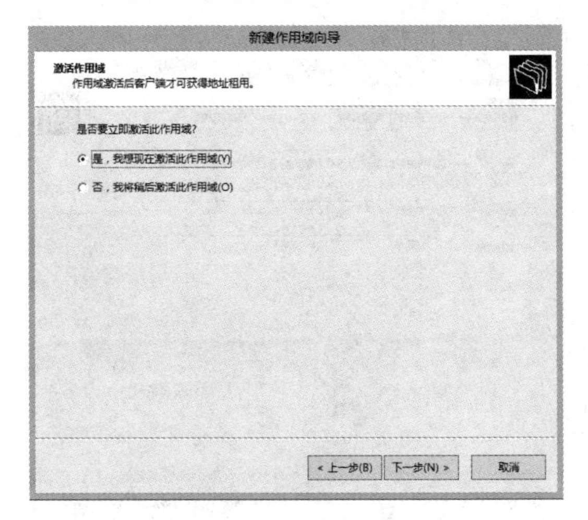

图 7-24　激活作用域

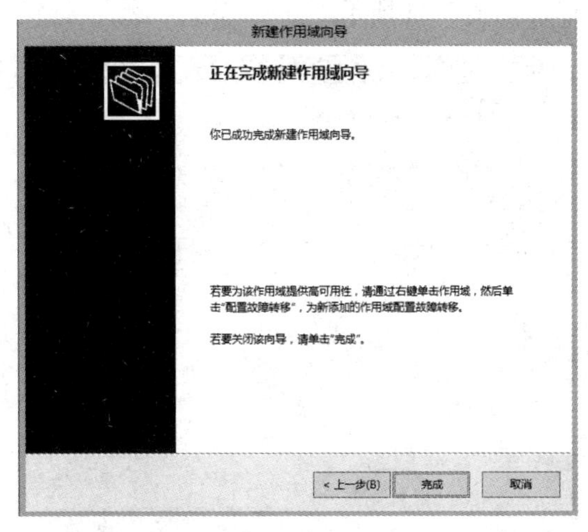

图 7-25　完成新建作用域向导

12 再次重复第“1～11”步，就可以完成“销售部”、“财务部”、“人事部”的 DHCP 作用域创建任务了，以下仅将第“1～11”步中不同的地方列出来。

13 创建“销售部”DHCP 作用域时，“作用域名称”和“IP 地址范围”如图 7-26 和图 7-27 所示。

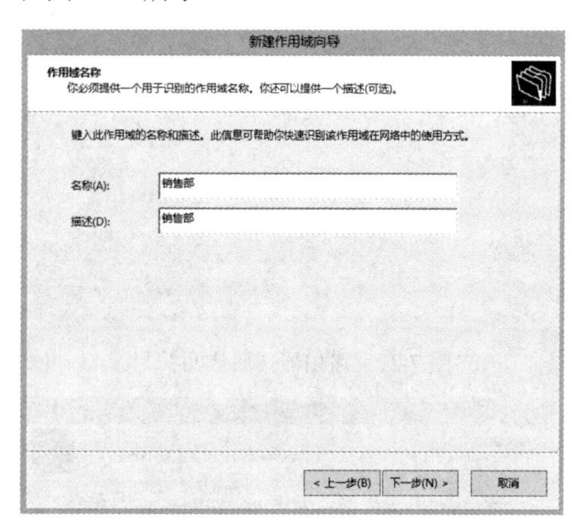

图 7-26　作用域名称—销售部

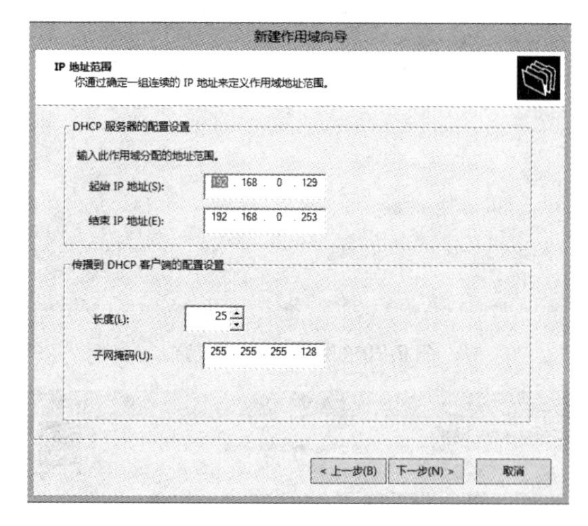

图 7-27　IP 地址范围—销售部

14 创建“销售部”DHCP 作用域时，“路由器（默认网关）”如图 7-28 所示。

15 创建“财务部”DHCP 作用域时，“作用域名称”和“IP 地址范围”如图 7-29 和图 7-30 所示。

16 创建“财务部”DHCP 作用域时，“路由器（默认网关）”如图 7-31 所示。

17 创建“人事部”DHCP 作用域时，“作用域名称”和“IP 地址范围”如图 7-32 和图 7-33 所示。

18 创建“人事部”DHCP 作用域时，“路由器（默认网关）”如图 7-34 所示。

19 至此，“技术部”、“销售部”、“财务部”、“人事部”四个 DHCP 作用域均已创建完毕，如图 7-35 所示。

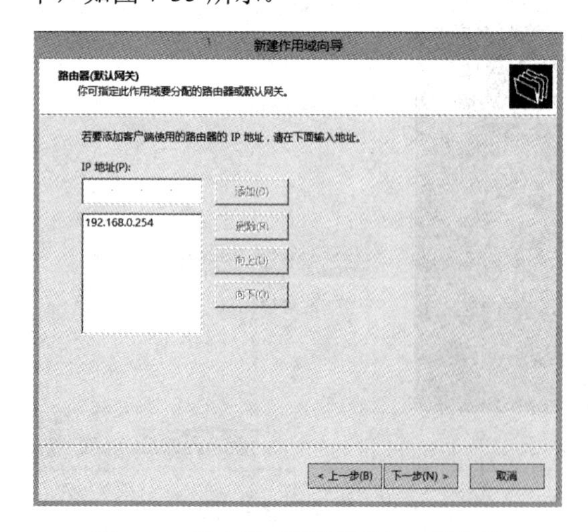

图 7-28　路由器（默认网关）—销售部

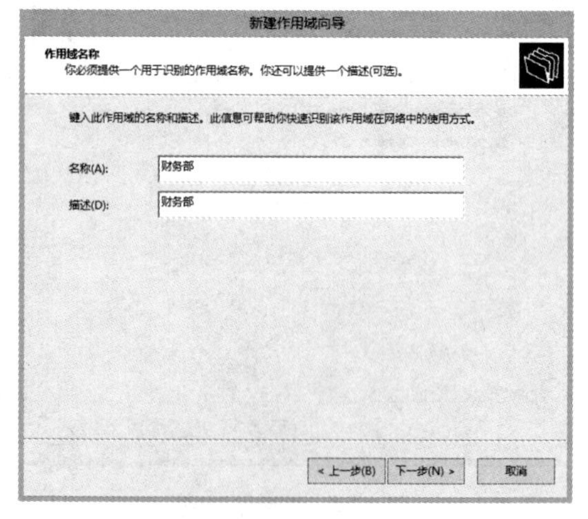

图 7-29　作用域名称—财务部

新建作用域向导

IP 地址范围

你通过确定一组连续的 IP 地址来定义作用域地址范围。

DHCP 服务器的配置设置

输入此作用域分配的地址范围。

起始 IP 地址(S): 192 . 168 . 1 . 65

结束 IP 地址(E): 192 . 168 . 1 . 125

传播到 DHCP 客户端的配置设置

长度(L): 26

子网掩码(U): 255 . 255 . 255 . 192

< 上一步(B)　下一步(N) >　取消

图 7-30　IP 地址范围—财务部

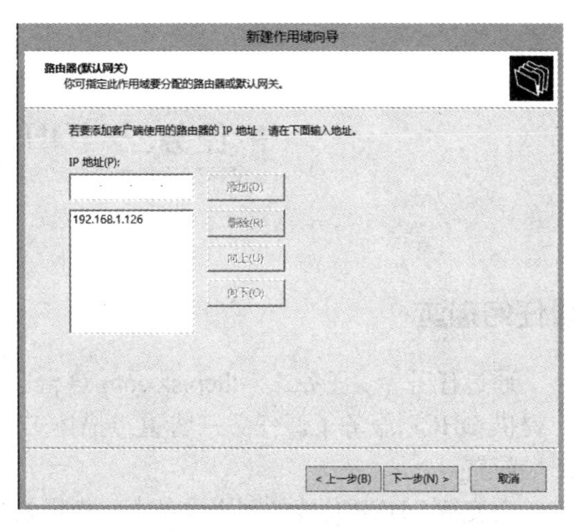

图 7-31　路由器（默认网关）—财务部

新建作用域向导

作用域名称

你必须提供一个用于识别的作用域名称。你还可以提供一个描述(可选)。

键入此作用域的名称和描述。此信息可帮助你快速识别该作用域在网络中的使用方式。

名称(A): 人事部

描述(D): 人事部

< 上一步(B)　下一步(N) >　取消

图 7-32　作用域名称—人事部

新建作用域向导

IP 地址范围

你通过确定一组连续的 IP 地址来定义作用域地址范围。

DHCP 服务器的配置设置

输入此作用域分配的地址范围。

起始 IP 地址(S): 192 . 168 . 1 . 129

结束 IP 地址(E): 192 . 168 . 1 . 189

传播到 DHCP 客户端的配置设置

长度(L): 26

子网掩码(U): 255 . 255 . 255 . 192

< 上一步(B)　下一步(N) >　取消

图 7-33　IP 地址范围—人事部

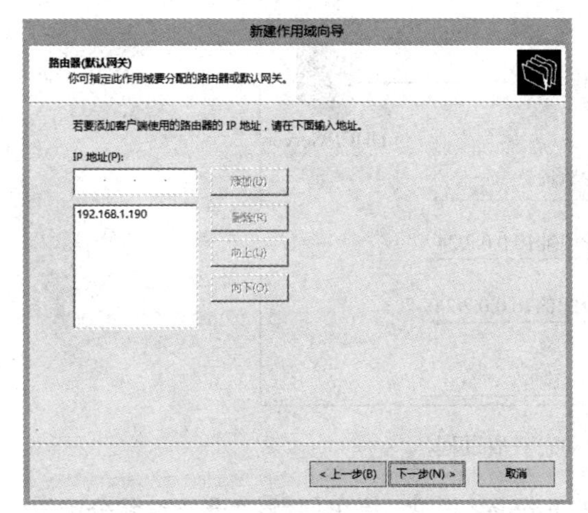

图 7-34　路由器（默认网关）—人事部

DHCP

文件(F)　操作(A)　查看(V)　帮助(H)

DHCP
dhcp.sz.com
IPv4
作用域 [192.168.1.128] 人事部
作用域 [192.168.1.64] 财务部
作用域 [192.168.0.128] 销售部
作用域 [192.168.0.0] 技术部
服务器选项
策略
筛选器
IPv6

DHCP 服务器内容	状态
作用域 [192.168.1.128] 人事部	** 活
作用域 [192.168.1.64] 财务部	** 活
作用域 [192.168.0.128] 销售部	** 活
作用域 [192.168.0.0] 技术部	** 活
服务器选项	
策略	
筛选器	

操作
IPv4
更多...

图 7-35　DHCP 作用域概要

任务三 DHCP 客户端测试

任务描述

通过任务一、任务二，dhcp.sz.com 这台服务器已经可以正常向网络用户提供 DHCP 服务了。任务三将重点描述 DHCP 基本原理以及 DHCP 客户端配置。

DHCP 客户端测试

在支持 DHCP 功能的网络设备上将指定的端口作为 DHCP 客户端，通过 DHCP 协议从 DHCP Server 动态获取 IP 地址等信息，可以实现将客户端正常连接到 SZ 公司局域网中。使用 DHCP 客户端可以为管理员带来以下好处：

- ◆ 降低了配置和部署设备时间。
- ◆ 降低了 IP 地址配置错误的可能性。
- ◆ 可以集中化管理局域网内 IP 地址的分配方案。

该任务将测试来自“技术部”、“销售部”、“财务部”、“人事部”四个部门的客户端是否可以从 DHCP 服务创建的作用域中获取到相应的 IP 地址、网关、DNS；从 dhcp.sz.com 服务器（192.168.1.3）验证分配出去的 IP 地址是否正确。在完成该任务之前，首先需要在局域网的三层设备（VLAN 的接口设备）上配置 DHCP 中继代理。

观看“DHCP 客户端测试”教学视频请扫右侧二维码。

相关知识

DHCP 协议采用 UDP 作为传输协议，主机发送请求消息到 DHCP 服务器的 67 号端口，DHCP 服务器回应应答消息给主机的 68 号端口。简易的交互过程如下，如图 7-36 所示。

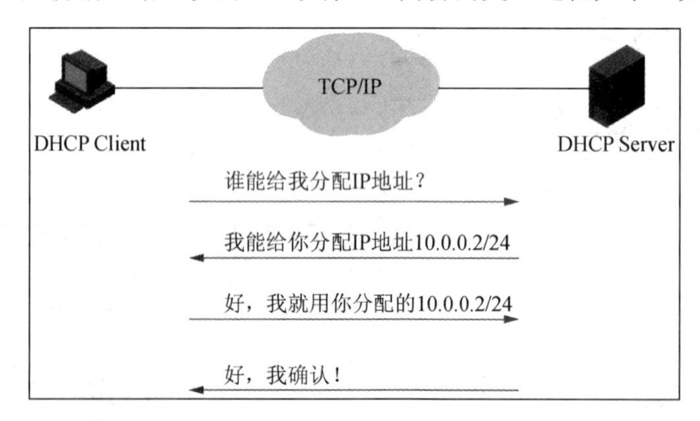

图 7-36 IP 地址动态获取过程

- ◆ DHCP Client 以广播的方式发出 DHCP Discover 报文，提出问题：“谁能给我分配 IP 地址？”

- DHCP Server 给出响应，向 DHCP Client 发送一个 DHCP Offer 报文，回答问题：“我能给你分配 IP 地址。”
- DHCP Client 处理 DHCP Offer 报文，一般的原则是 DHCP Client 处理最先收到的 DHCP Offer 报文，反馈：“好，我就用你分配的 IP 地址。”
- DHCP Server 就会向 DHCP Client 响应一个 DHCP ACK 报文，并在选项字段中增加 IP 地址的使用租期信息。回答：“好，我确认！”

实现步骤

01 在安装的 Windows 客户端上，打开“网络和共享中心”窗口，单击“更改适配器设置”，在 Local Area Connection 连接图标上右击，在弹出的快捷菜单中选择“属性”选项，弹出“Local Area Connection 状态”对话框，如图 7-37 所示，单击“属性”按钮，弹出“Local Area Connection 属性”对话框。

02 在“Local Area Connection 属性”对话框双击“Internet 协议版本 4（TCP/IPv4）”，如图 7-38 所示。

图 7-37　Local Area Connection 状态

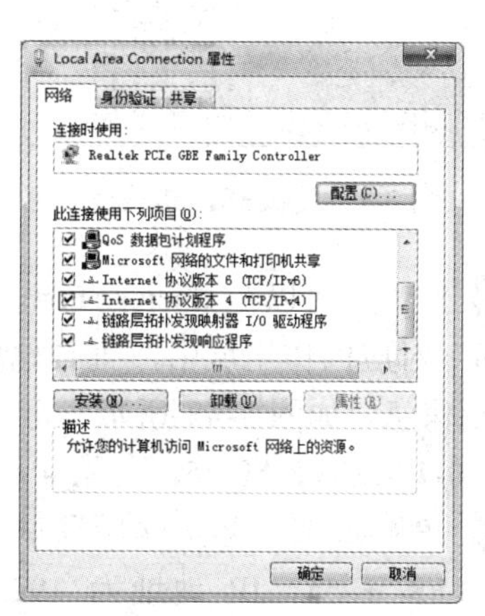

图 7-38　Local Area Connection 属性

03 在弹出的“Internet 协议版本 4（TCP/IPv4）属性”对话框，选中“自动获得 IP 地址”和“自动获得 DNS 服务器地址”两个复选框，这时就代表已经开始了该网络的 DHCP CLIENT 程序，如图 7-39 所示。

04 在配置自动获取 IP 之前，首先需要了解几个常用的命名使用方法：①ipconfig/ release：DHCP 客户端手工释放 IP 地址，如图 7-40 所示。②ipconfig/renew：DHCP 客户端手工向服务器刷新请求,如图 7-41 所示。③ipconfig/all：显示本机 TCP/IP 配置的详细信息，如图 7-42 所示，这是“技术部”客户端所获取的 IP 地址信息，其中域

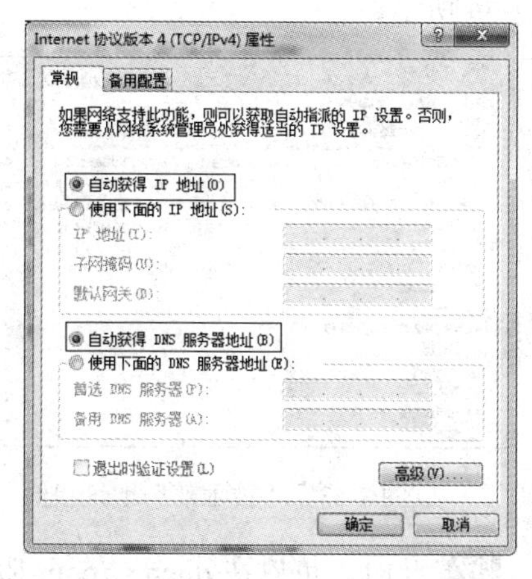

图 7-39　Internet 协议版本 4（TCP/IPv4）属性

名为 sz.com，MAC 地址为 10-78-D2-F8-5F-55，IP 地址为 192.168.0.3，子网掩码为 255.255.255.128，默认网关为 192.168.0.126，用下划线标注的为 DHCP 服务器 192.168.1.3，DNS 服务器为 192.168.1.2。

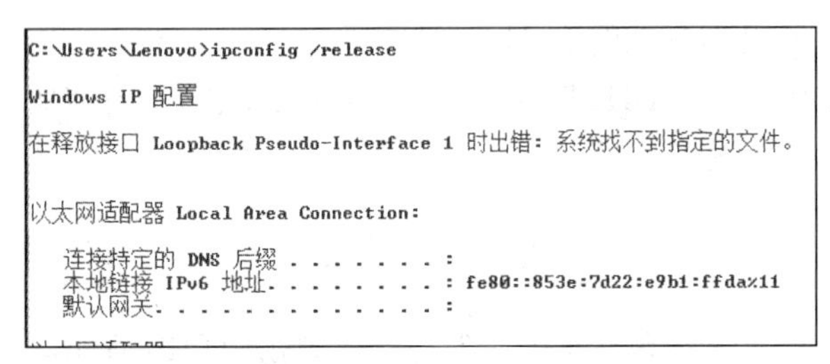

图 7-40　自动释放 IP 地址

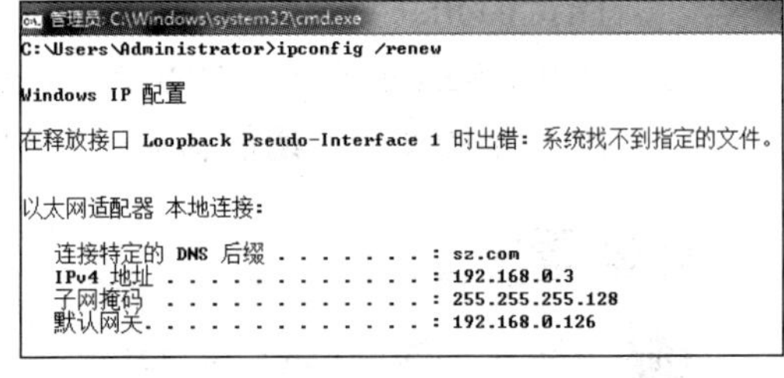

图 7-41　ipconfig /renew—技术部

```
以太网适配器 本地连接:

   连接特定的 DNS 后缀 . . . . . . . : sz.com
   描述. . . . . . . . . . . . . . . : Realtek PCIe GBE Family Controller
   物理地址. . . . . . . . . . . . . : 10-78-D2-F8-5F-55
   DHCP 已启用 . . . . . . . . . . . : 是
   自动配置已启用. . . . . . . . . . : 是
   IPv4 地址 . . . . . . . . . . . . : 192.168.0.3(首选)
   子网掩码 . . . . . . . . . . . . : 255.255.255.128
   获得租约的时间 . . . . . . . . . : 2016年2月25日 10:38:31
   租约过期的时间 . . . . . . . . . : 2016年3月4日 10:38:35
   默认网关. . . . . . . . . . . . . : 192.168.0.126
   DHCP 服务器 . . . . . . . . . . . : 192.168.1.3
   DNS 服务器 . . . . . . . . . . . : 192.168.1.2
   TCPIP 上的 NetBIOS . . . . . . . : 已启用
```

图 7-42　ipconfig /all—技术部

小贴士

1. ipconfig/release　释放全部（或指定）适配器的由 DHCP 分配的动态 IP 地址。此参数适用于 IP 地址非静态分配的网卡，通常和的 renew 参数结合使用。

2. ipconfig/renew　为全部（或指定）适配器重新分配 IP 地址。此参数同样仅适用于 IP 地址非静态分配的网卡，通常和的 release 参数结合使用。

05 此时，可以在 dhcp.sz.com 服务器上“技术部”对应的作用域中，查看地址租用列表的详细信息，如图 7-43 所示，可以看到 192.168.0.3 这个地址已经被分配出去，其 MAC 地址为 10-78-D2-F8-5F-55，与第 4 步中客户端的 MAC 地址一致。

06 “财务部”客户端所获取的 IP 地址信息，其中域名为 sz.com，MAC 地址为 10-78-D2-F8-5F-55，IP 地址为 192.168.1.65，子网掩码为 255.255.255.192，默认网关为 192.168.1.126，用下划线标注的为 DHCP 服务器 192.168.1.3 和 DNS 服务器 192.168.1.2，如图 7-44 所示。

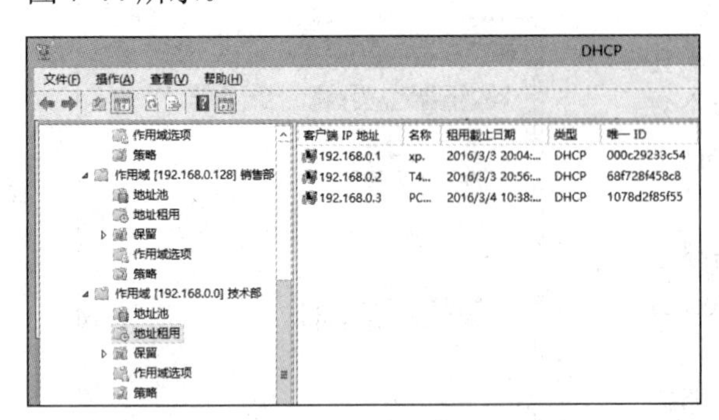

图 7-43　“技术部”地址租约

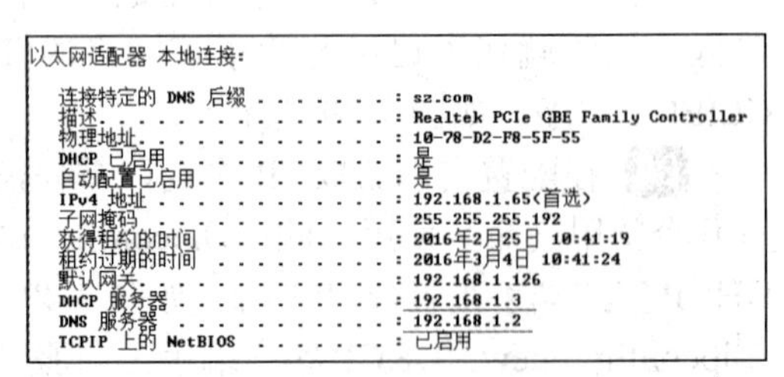

图 7-44　ipconfig /all—财务部

07 此时，可以在 dhcp.sz.com 服务器上“财务部”对应的作用域中，查看地址租用列表的详细信息，可以看到 192.168.1.65 这个地址已经被分配出去，其 MAC 地址为

10-78-D2-F8-5F-55，与步骤06中客户端的 MAC 地址一致，如图 7-45 所示。

08 “人事部”客户端所获取的 IP 地址信息，其中域名为 sz.com，MAC 地址为 10-78-D2-F8-5F-55，IP 地址为 192.168.1.129，子网掩码为 255.255.255.192，默认网关为 192.168.1.190，用下划线标注的为 DHCP 服务器 192.168.1.3 和 DNS 服务器 192.168.1.2，如图 7-46 所示。

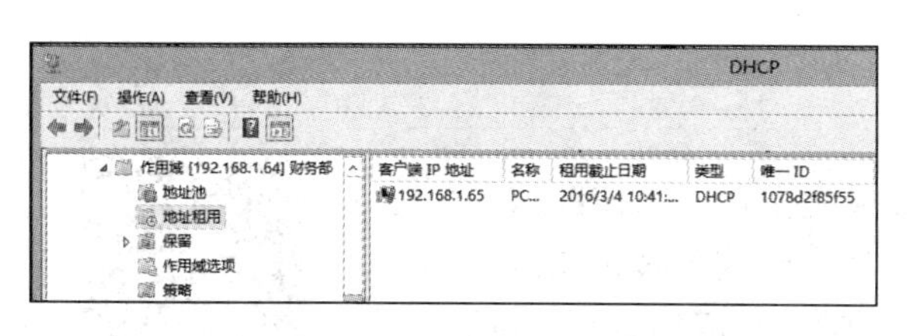

图 7-45　“财务部”地址租约

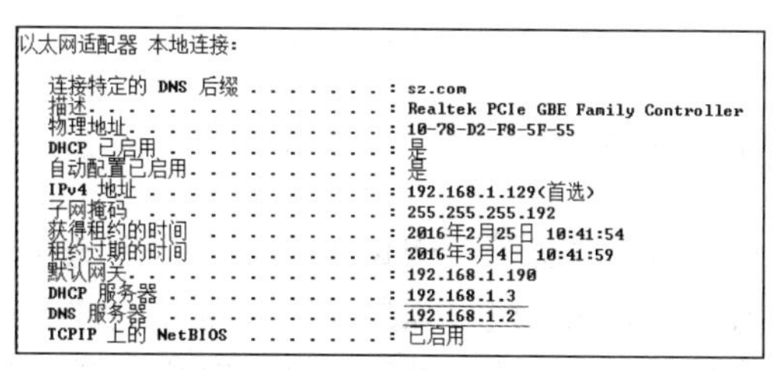

图 7-46　ipconfig /all—人事部

09 此时，可以到 dhcp.sz.com 服务器上“人事部”对应的作用域中，查看地址租用列表的详细信息，可以看到 192.168.1.129 这个地址已经被分配出去，其 MAC 地址为 10-78-D2-F8-5F-55，与第 8 步中客户端的 MAC 地址一致，如图 7-47 所示。

10 “销售部”客户端所获取的 IP 地址信息，其中域名为 sz.com，MAC 地址为 10-78-D2-F8-5F-55，IP 地址为 192.168.0.130，子网掩码为 255.255.255.128，默认网关为 192.168.0.254，用下划线标注的为 DHCP 服务器 192.168.1.3 和 DNS 服务器 192.168.1.2，如图 7-48 所示。

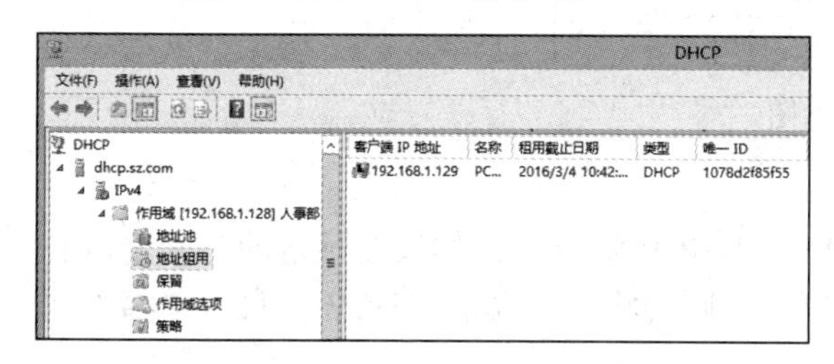

图 7-47　“人事部”地址租约

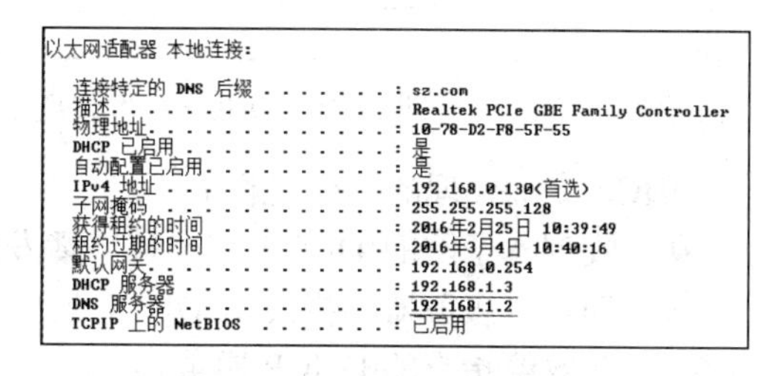

图 7-48　ipconfig /all—销售部

11 此时，可以在 dhcp.sz.com 服务器上“销售部”对应的作用域中，查看地址租用列表的详细信息，可以看到 192.168.0.130 这个地址已经被分配出去，其 MAC 地址为 10-78-D2-F8-5F-55，与第 10 步中客户端的 MAC 地址一致，如图 7-49 所示。

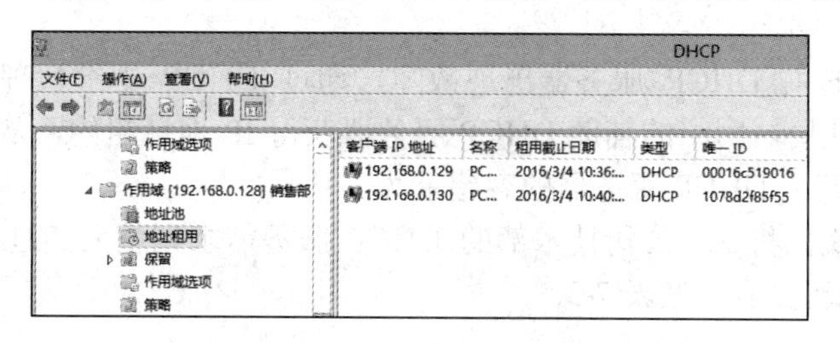

图 7-49　“销售部”地址租约

12 至此就完成了“技术部”、“销售部”、“财务部”、“人事部”四个部门的客户端通过 DHCP 服务自动获取 IP 信息的测试工作。

任务四　配置 DHCP 中继代理

任务描述

通常情况下，DHCP 采用广播方式实现报文交互，DHCP 服务仅局限在本地网段。如果跨网段可以通过 DHCP 中继代理技术实现，如图 7-50 所示。观看“配置 DHCP 中继代理”教学视频请扫右侧二维码。

配置 DHCP 中继代理

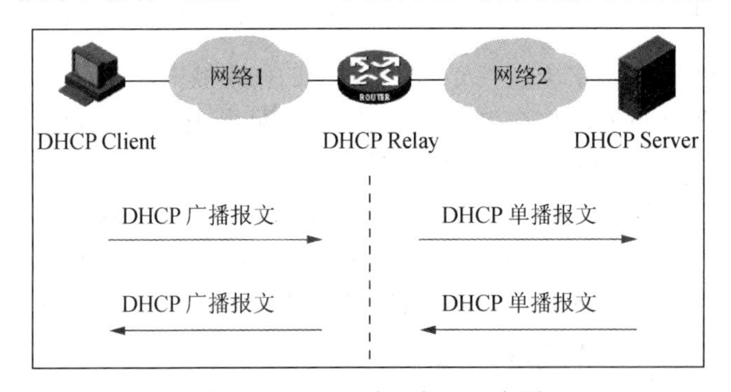

图 7-50　DHCP 中继代理示意图

DHCP 中继代理的工作过程如下：

- 收到本子网的 DHCP 客户端广播发出的 DHCP 消息后，如果在预定的时间内没有 DHCP 服务器广播发出 DHCP 回应消息，则会将客户端的 DHCP 消息以单播方式转发给指定的 DHCP 服务器。
- DHCP 服务器收到 DHCP 中继代理转发来的 DHCP 消息后，会提供一个与 DHCP 中继代理的 IP 地址在同一子网的 IP 地址，然后以单播方式将回应的 DHCP 消息发送给 DHCP 中继代理。
- DHCP 中继代理收到 DHCP 服务器回应的 DHCP 消息后，再通过广播方式发送给 DHCP 客户端。

如果局域网中的主 DHCP 服务器出现故障，通过 DHCP 中继代理将会帮助子网中的 DHCP 客户端临时从局域网中的辅助 DHCP 服务器获得 IP 地址租约，从而实现多物理子网 IP 地址分配，又提高了 DHCP 服务器的容错能力。

在此任务中，我们将 SZ 公司技术部的 DHCP 服务需求调整为通过在 Windows Server 2012 采用 DHCP 代理实现，见表 7-3。

表 7-3　技术部 DHCP 中继代理

部门	网络地址与掩码	可用地址范围	网关	DHCP 中继代理	DHCP 服务器
技术部	192.168.0.0/25	192.168.0.1-192.168.0.125	192.168.0.126	192.168.0.126	192.168.1.3

相关知识

在域中部署 DHCP 服务的必要条件有以下几点：

◆ 安装一台新的 Windows Server 2012 服务器作为中继代理，并配置多网卡。

◆ 在 Windows Server 2012 服务器上安装路由与远程访问服务。

◆ 在服务器网段配置一张网卡，以便与 DHCP 服务器（192.168.1.3）通信。

◆ 在技术部网段配置另一张网卡，将 IP 地址设置为 192.168.0.126 作为技术部主机的网关。

实现步骤

01 为中继代理主机其中一张网卡配置 IP 地址，将 IP 地址设置为 192.168.0.126，子网掩码设置为 255.255.255.128 技术部网卡配置静态 IP 地址，如图 7-51 和图 7-52 所示。

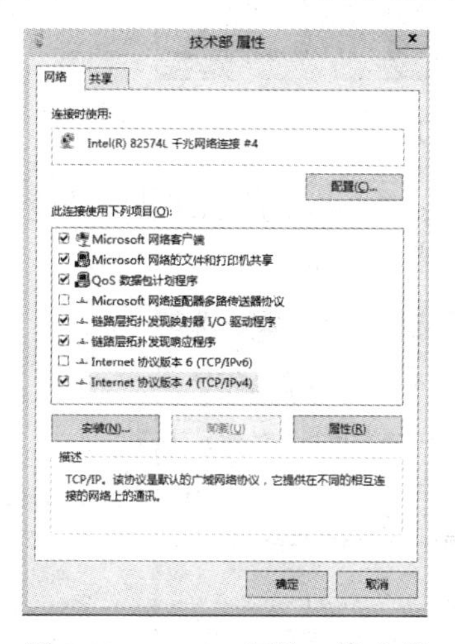

图 7-51　TCP/IP 属性—技术部

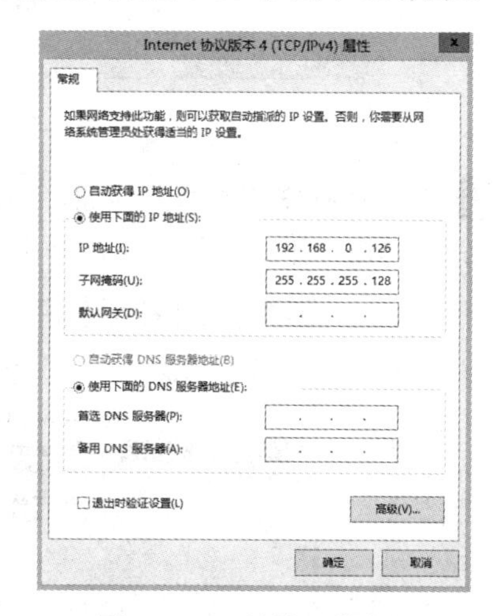

图 7-52　IP 地址—技术部

02 单击任务栏左边的“服务器管理器”按钮，弹出如图 7-53 所示的“服务器管理器”界面，单击“添加角色和功能”，弹出“添加角色和功能向导”界面。

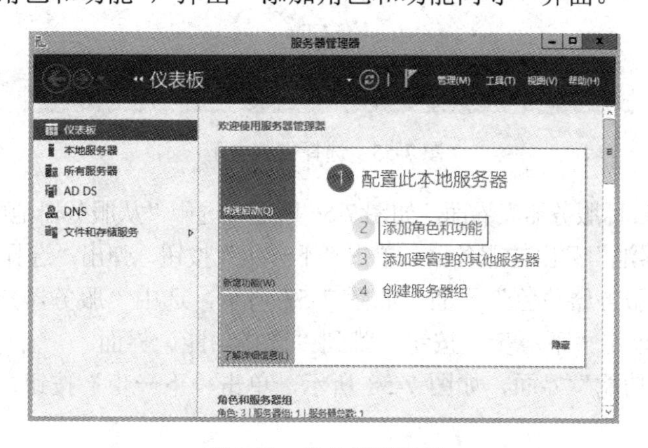

图 7-53　服务器管理器

03 在“添加角色和功能向导”界面，如图 7-54 所示，单击“下一步”按钮，弹出“选择安装类型”界面。

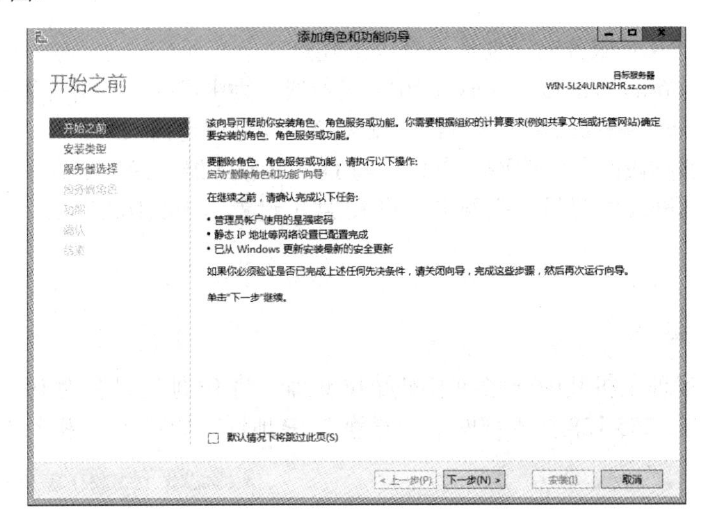

图 7-54　添加角色和功能向导

04 在“选择安装类型”界面，如图 7-55 所示，选中“基于角色或基于功能的安装”单选按钮，单击“下一步”按钮，弹出“选择目标服务器”界面。

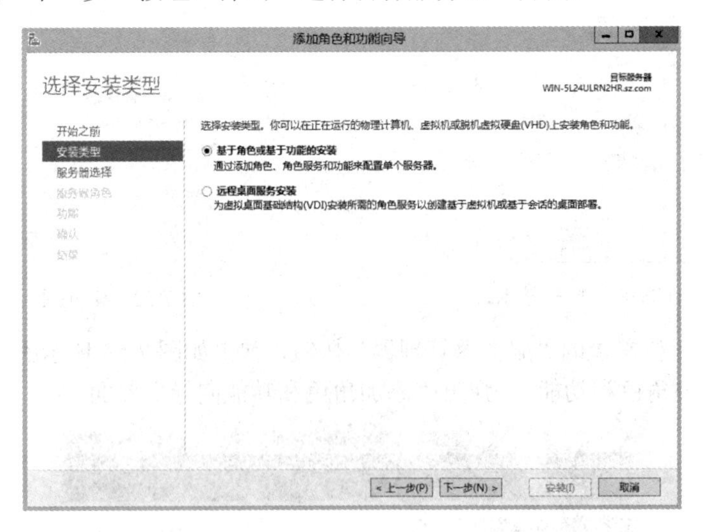

图 7-55　选择安装类型

05 在“选择目标服务器”界面，如图 7-56 所示，选中“从服务器池中选择服务器”单选按钮，选中“服务器池”列出的服务器，单击“下一步”按钮，弹出“选择服务器角色”界面。

06 在“选择服务器角色”界面，如图 7-57 所示，选中“服务器角色”窗口中的“远程访问”复选框，单击“下一步”按钮，跳到“选择功能”界面。

07 在“选择功能”界面，如图 7-58 所示，单击“下一步”按钮，弹出“远程访问”界面。

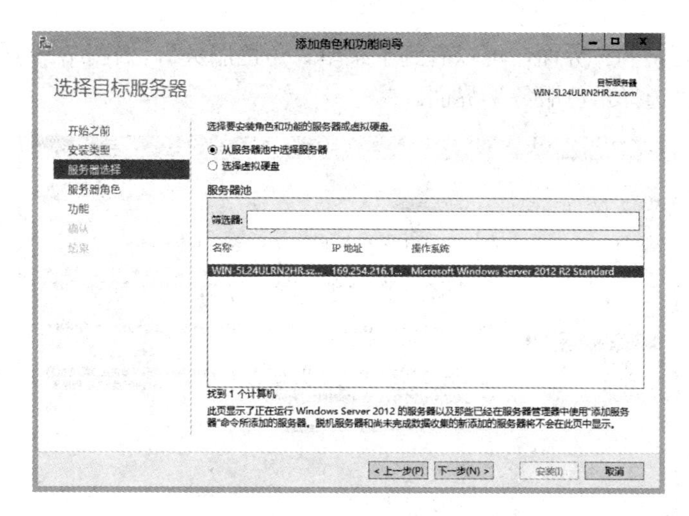

图 7-56　选择目标服务器

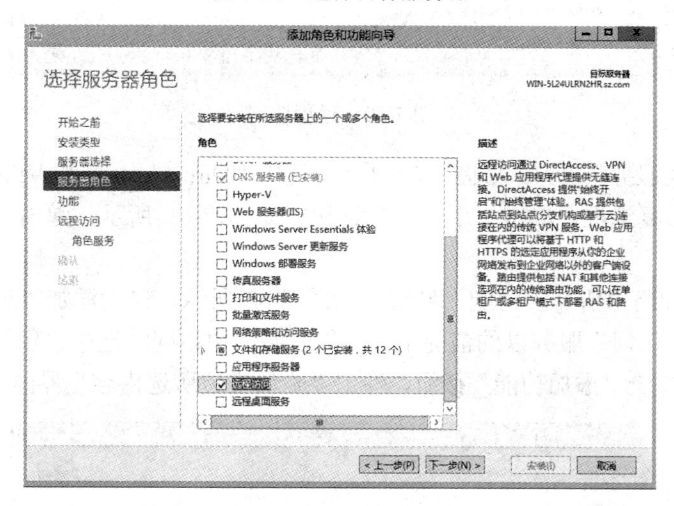

图 7-57　选择服务器角色

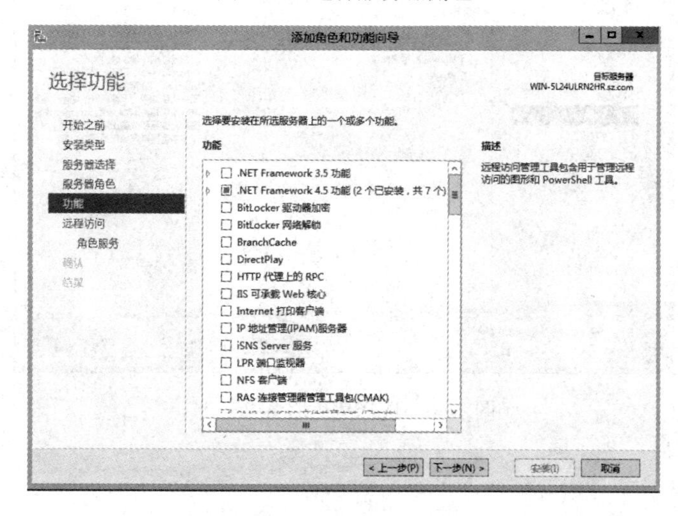

图 7-58　选择功能

08 在“远程访问”界面，可以看到子菜单“角色服务”，如图 7-59 所示，单击“下一步”按钮，弹出“选择角色服务”界面。

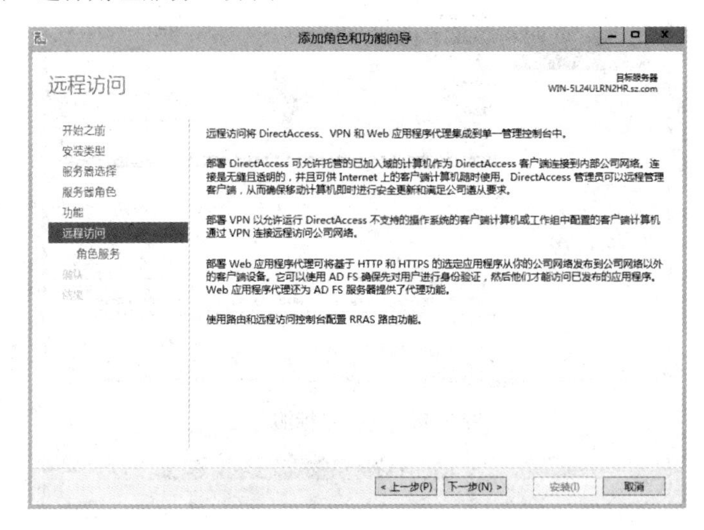

图 7-59　远程访问

09 在“角色服务”窗口，如图 7-60 所示，选中“DirectAccess 和 VPN（RAS）”和“路由”两个角色服务复选框，单击“下一步”按钮，如图 7-61 所示，弹出“添加路由所需的功能”界面。

10 在“添加路由所需的功能”界面，如图 7-62 所示，自动添加“远程访问”服务，只有在安装“远程访问”服务以的前提下，才能安装路由；同时选中“包括管理工具（如果适用）”复选框，单击“添加功能”按钮，弹出“确认安装所选内容”界面，如图 7-63 所示。

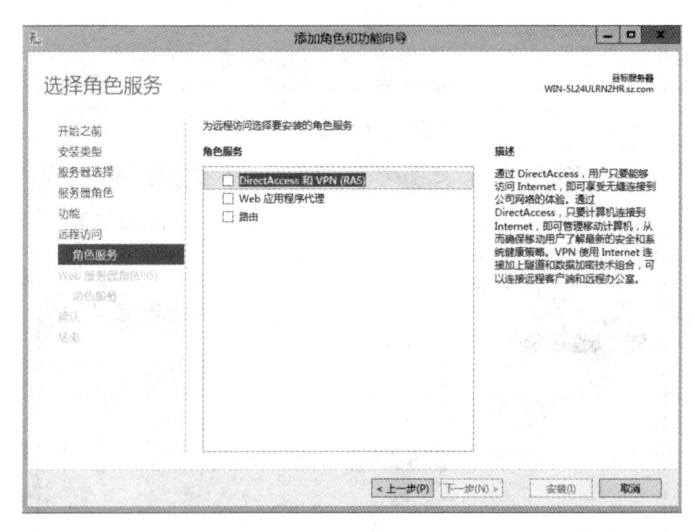

图 7-60　选择角色服务（一）

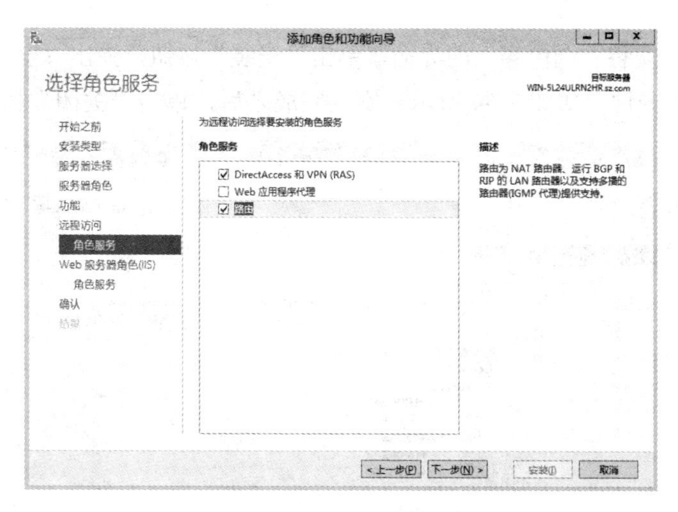

图 7-61　选择角色服务（二）

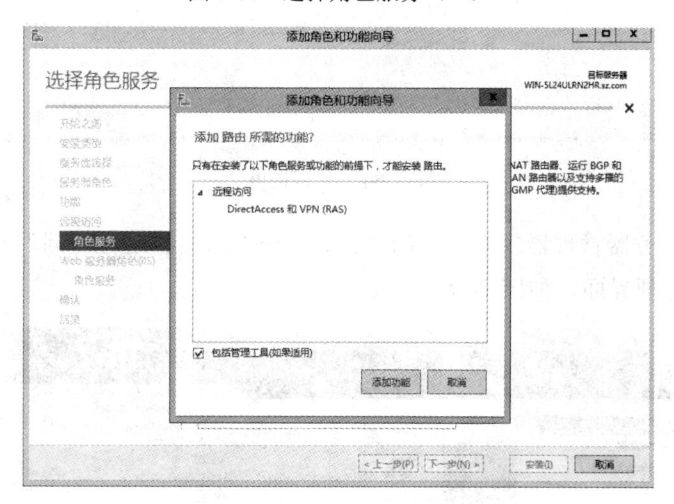

图 7-62　添加路由所需的功能

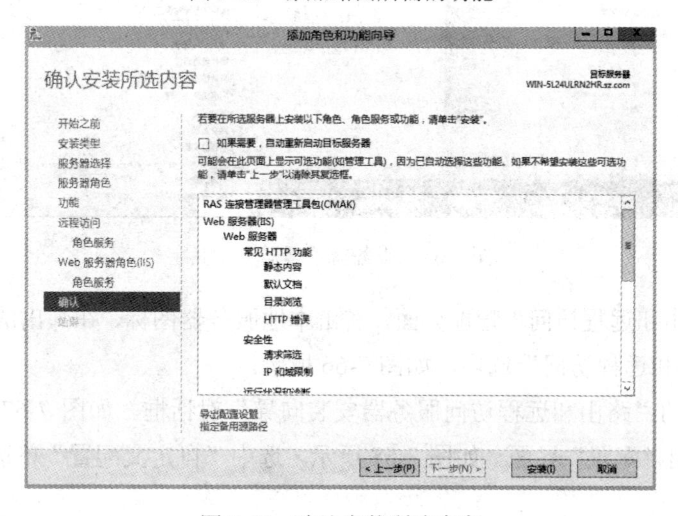

图 7-63　确认安装所选内容

11 在“确认安装所选内容”的界面，单击“安装”按钮，弹出“安装进度”界面，安装过程大概需要两分钟，如图 7-64 所示，安装完成之后，单击“关闭”按钮。

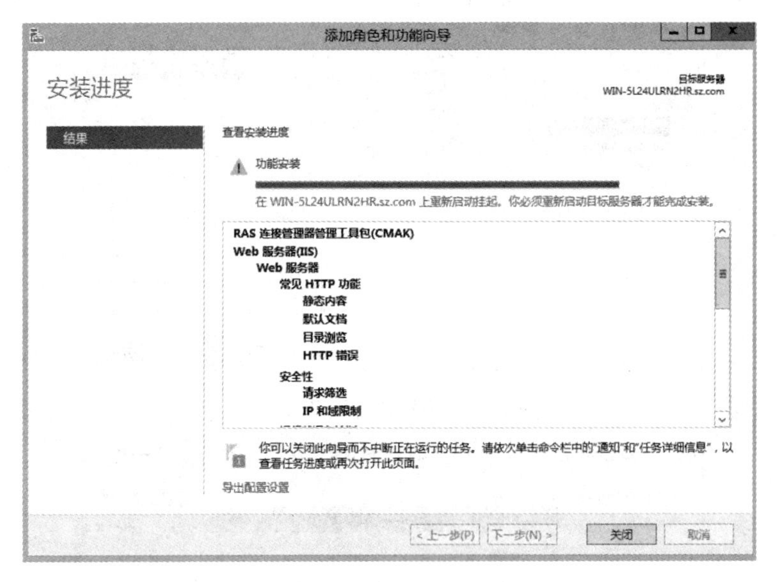

图 7-64　安装进度

12 选择“服务器管理器”界面中的“工具”→“路由和远程访问”命令即可进入“路由和远程访问”管理界面，如图 7-65 所示。

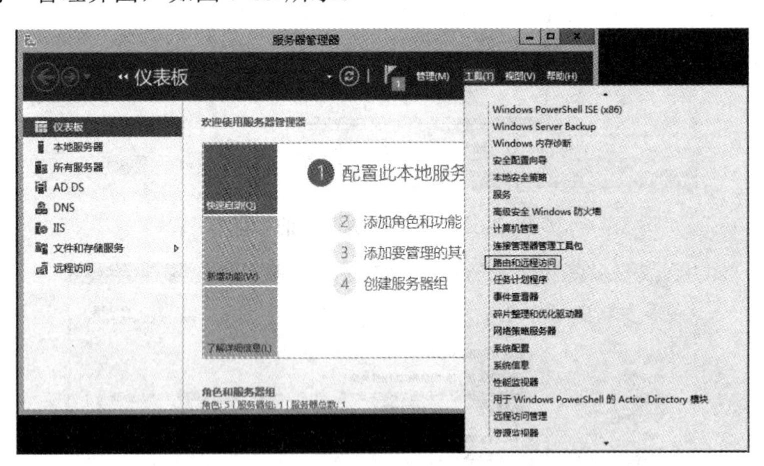

图 7-65　服务器管理器—工具

13 在“路由和远程访问”管理界面，右击本地服务器图标，在弹出的快捷菜单中选择“配置并启用路由和远程访问”选项，如图 7-66 所示。

14 在弹出的“路由和远程访问服务器安装向导”对话框，如图 7-67 所示，单击“下一步”按钮；弹出“配置”界面，如图 7-68 所示，选中“自定义配置”单选按钮，单击“下一步”按钮。

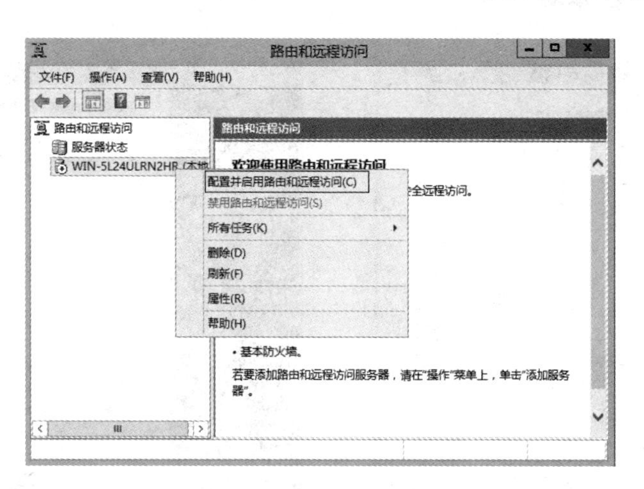

图 7-66　路由和远程访问

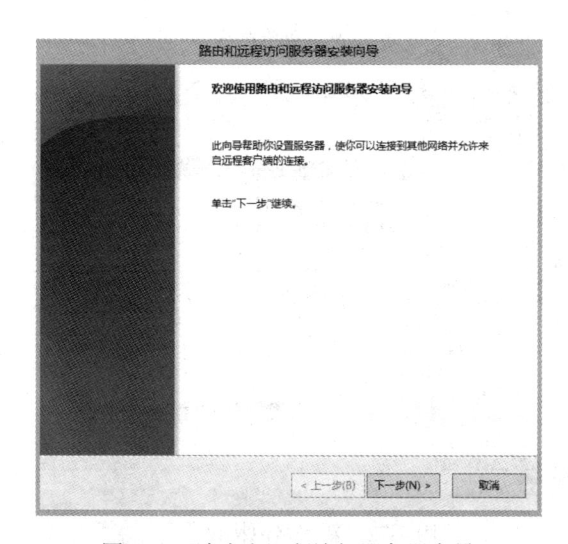

图 7-67　路由和远程访问服务器向导

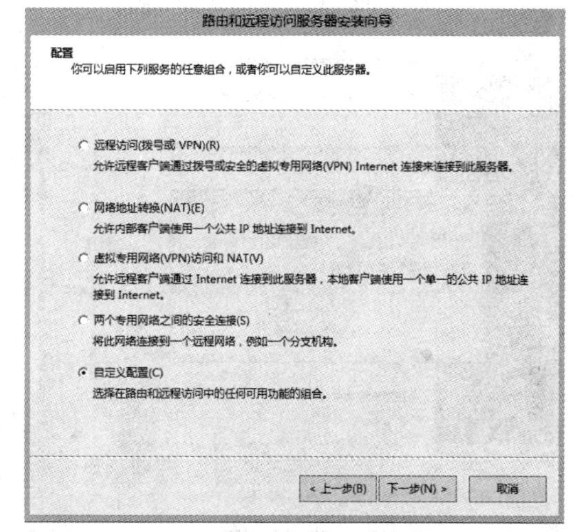

图 7-68　配置界面

15 在弹出的“自定义配置”界面，如图 7-69 所示，选中“LAN 路由”复选框，单击“下一步”按钮；弹出“选择摘要”界面，如图 7-70 所示，单击“完成”按钮，弹出“启动服务”对话框，如图 7-71 所示，单击“启动服务”按钮，路由和远程访问服务就已经启用了。

16 在“路由和远程访问”界面，的 IPv4 中右击“常规”选项，在弹出的快捷菜单中选择“新增路由协议”选项，弹出“新路由协议”界面，如图 7-72 所示。

17 在如图 7-73 所示的“新路由协议”界面的“路由协议”列表框中，可以看到有四种新的协议，在此选择 DHCP Relay Agent，这就是 DHCP 中继代理协议，单击“确定”按钮，完成 DHCP 中继代理协议的添加工作。

18 返回到“路由和远程访问”界面，在 IPv4 功能菜单中，可以看到“DHCP 中继代理”选项，如图 7-74 所示，右击“DHCP 中继代理”选项，在弹出的快捷菜单中选择“新增接口”选项，弹出“DHCP Relay Agent 的新接口”对话框。

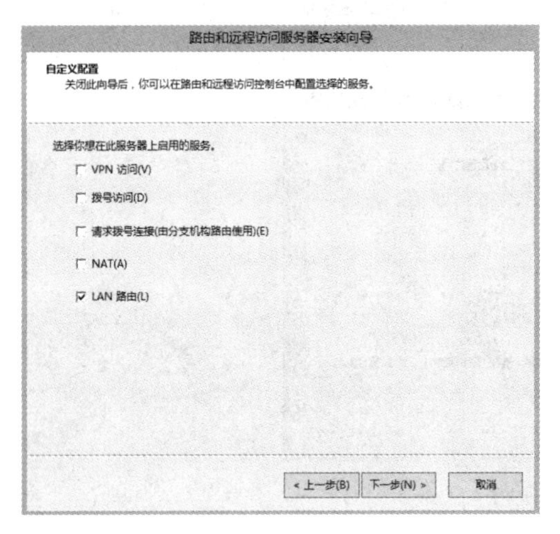

图 7-69　自定义配置

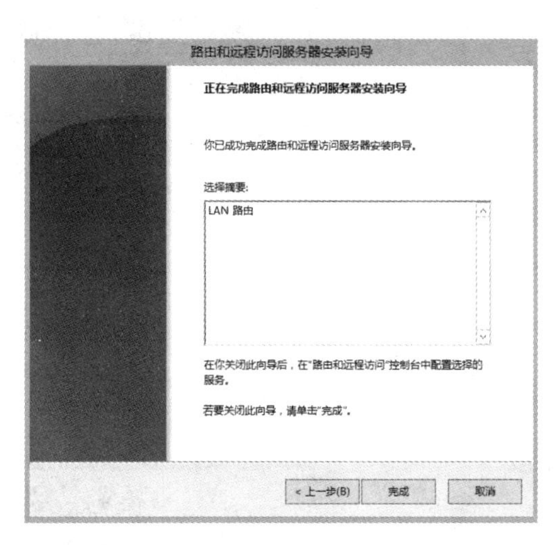

图 7-70　选择摘要

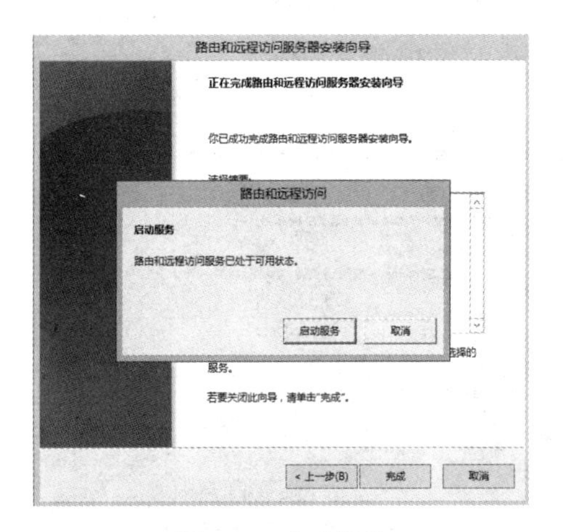

图 7-71　启动服务

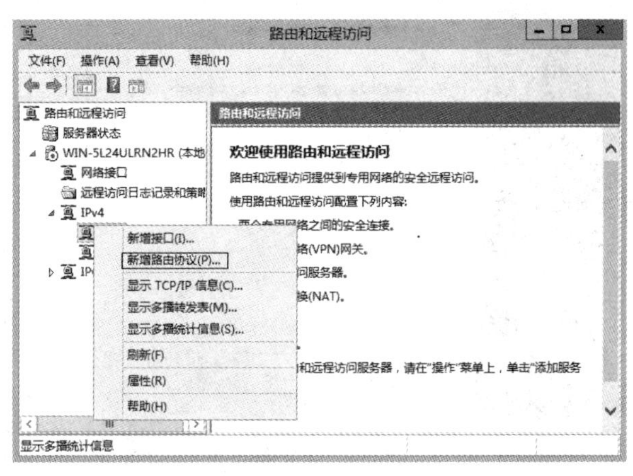

图 7-72　新增路由协议

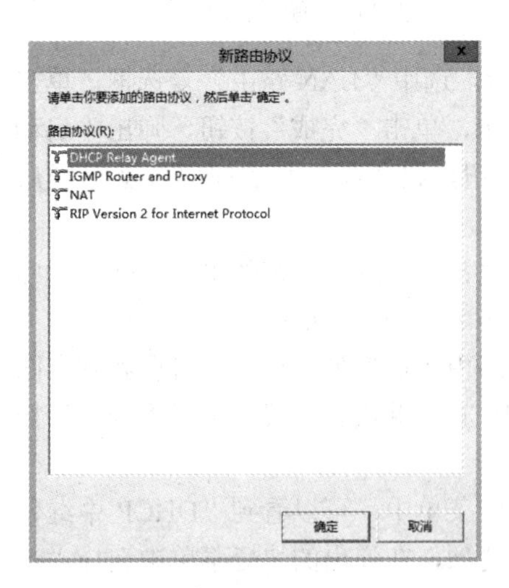

图 7-73　新路由协议

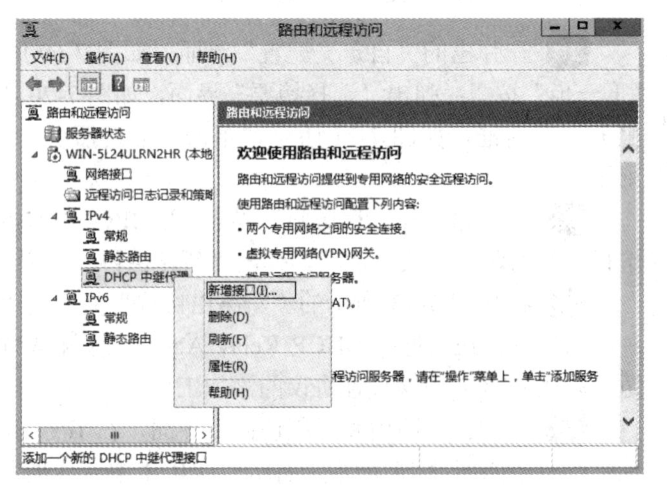

图 7-74　新增接口

19 在“DHCP Relay Agent 的对接口”对话框，如图7-75所示，将“财务部”、“技术部”、“人事部”、“销售部”四个接口选中，表示DHCP中继代理服务可以在以上接口上运行，单击“确定”按钮，弹出“DHCP中继属性”的常规选项卡，在此界面上，选中“中继DHCP数据包”复选框，如图7-76所示。

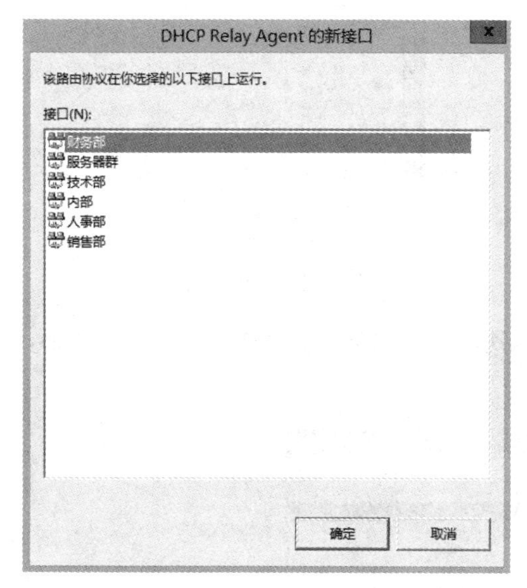

图7-75　接口列表

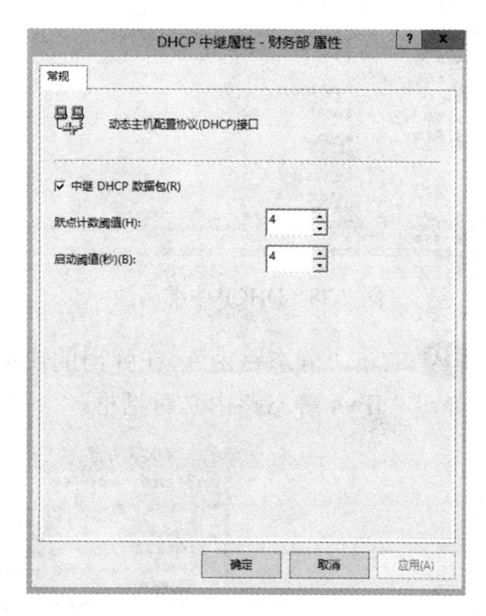

图7-76　DHCP中继属性

20 再次返回到“路由和远程访问”界面，我们可以“看财务部”、“技术部”、“人事部”、“销售部”四个接口已经启用了DHCP中继代理模式，如图7-77所示。

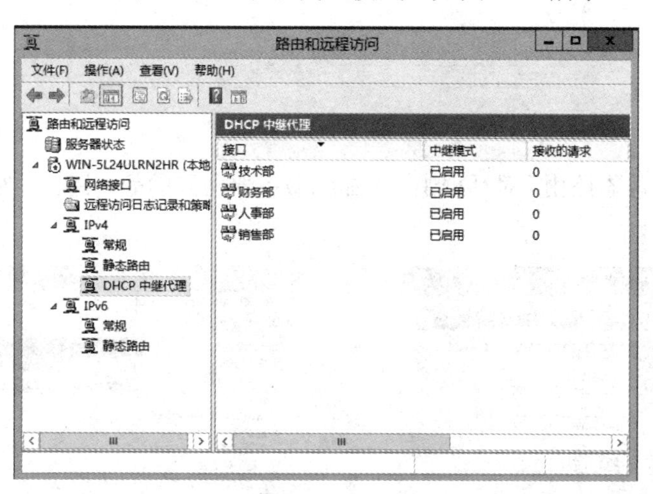

图7-77　DHCP中继代理

21 再次右击“DHCP中继代理”选项，在弹出的快捷菜单中选择“属性”选项，如图7-78所示，弹出“DHCP中继代理 属性”对话框。在“DHCP中继代理向下列服务器地址发送消息”栏里，输入DHCP服务器的IP地址：192.168.1.3，单击“添加”按钮，将DHCP服务器（192.168.1.3）添加到服务器列表中，如图7-79所示。

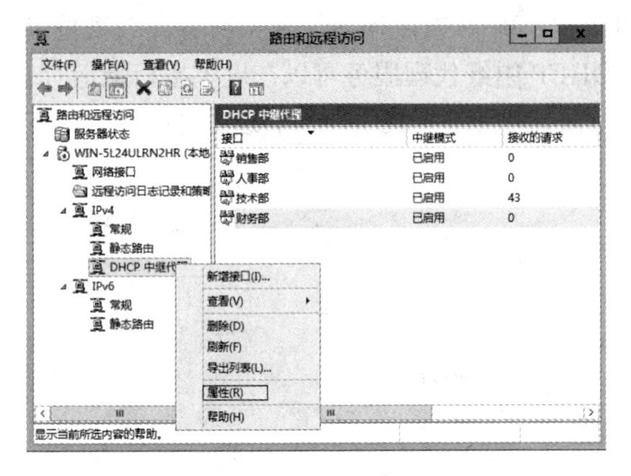

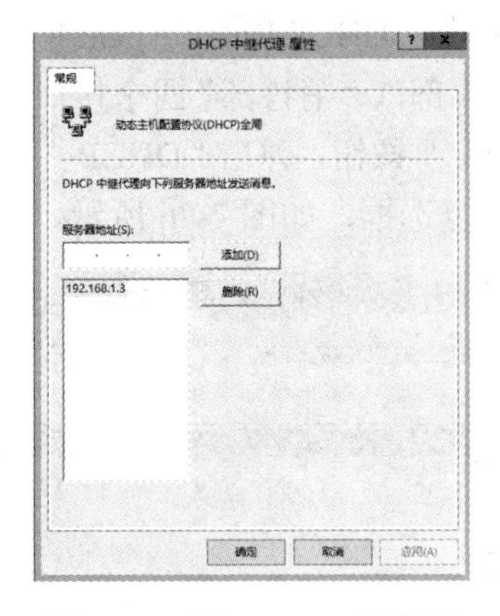

图 7-78　DHCP 中继属性　　　　图 7-79　添加 DHCP 服务器

22 右击“静态路由”，在弹出的快捷菜单中选择“新建静态路由”选项，如图 7-80 所示，弹出“IPv4 静态路由”对话框。

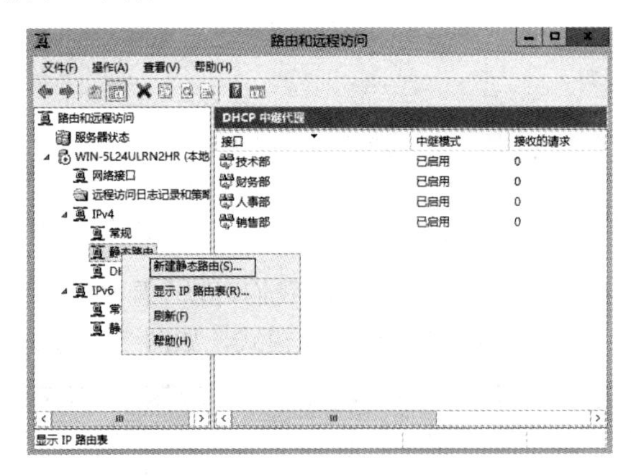

图 7-80　配置静态路由

23 在“IPv4 静态路由”对话框中，添加到服务器网段的静态路由，如图 7-81 和图 7-82 所示。

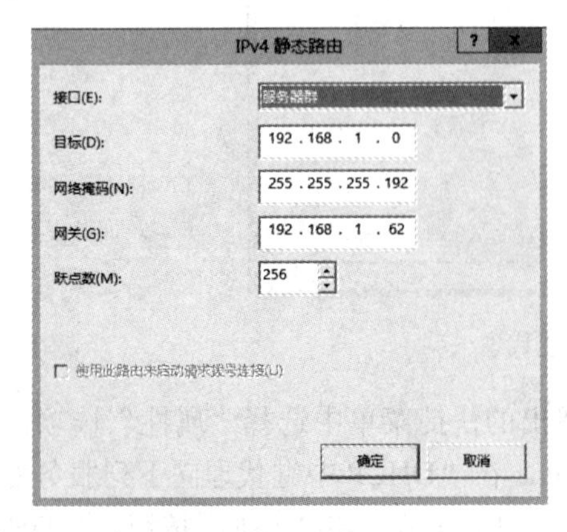

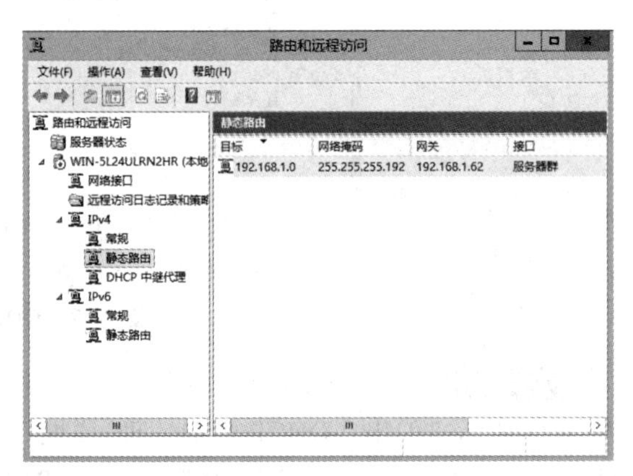

图 7-81　添加 DHCP 服务器　　　　图 7-82　配置静态路由

24 至此，DHCP 中继代理的配置已经完成了。

项 目 小 结

管理员在分析了 SZ 公司局域网存在的问题之后，通过对任务一到任务四的逐步实施，现在 SZ 公司局域网使用与体验效果已经明显提升了。首先是通过子网划分，将不同部门的用户在逻辑上进行隔离，不同部门之间的广播流量限制在部门内部，不会影响到其他部门的正常使用。其次通过搭建 DHCP 服务后，SZ 公司 IP 地址管理与维护随之便捷了很多，之前经常有用户反映的 IP 地址冲突问题现在已经得到了彻底解决。之前因不会配置 IP 地址相关参数的用户也摆脱了这方面的困扰。现在移动用户不断增加，SZ 公司的 WIFI 用户也已经可以方便、灵活、正常地使用网络了。

项 目 实 训

SZ 公司已经部署了基于域名为 sz.com 的活动目录来管理网络资源。公司现有四个部门：技术部、人事部、销售部、财务部，统一规划 IP 网段为 192.168.1.0/23。

1）网络管理员要求根据部门以及部门用户数量来调整网络配置，根据统计，目前技术部有 100 个信息点、人事部有 30 个信息点、销售部有 120 个信息点、财务部有 30 个信息点、服务器区域大概规划在 30 个信息点。

2）安装 DHCP 服务器，根据子网划分结果，新建 IP 作用域、配置 DHCP 客户端，配置网络设备的中继代理，使得客户端可以正常从 DHCP 服务器获取相应的 IP 地址。

安装与配置 DFS 服务器

SZ 公司有两台文件服务器，是 sz.com 域中的成员服务器，服务器分别为 dfs-1.sz.com 和 dfs-2.sz.om；IP 地址分别为 192.168.1.5 和 192.168.1.6，如表 8-1 所示。

表 8-1　SZ 公司文件服务器分布情况表

服务器	FQDN	IP 地址	角色	命名空间名称	虚拟文件夹名称	共享文件夹名称与位置
域控制器	dc.sz.com	192.168.1.2	域控制器			
文件服务器 1	dfs-1.sz.com	192.168.1.5/26	命名空间服务器、成员服务器	sz.com \Files 根目录： C:\DFSDIR\ Files	FIN TEC HR SALES	D:\Files FIN TEC HR SALES
文件服务器 2	dfs-2.sz.com	192.168.1.6/26	成员服务器			C:\Files FIN TEC HR SALES

用户需要访问文件服务器上的资源时，一般采用以下两种方法：

1. 通过计算机上的任何文件夹共享文件

通过这种共享方法，决定哪些人可以更改共享文件，可以将共享权限授予同一个网络中的单个用户或一组用户。例如，允许某些人只能查看共享文件，允许另外一些人即能查看又能更改文件。采用这种方式共享用户将只能看到与其相关的那些文件夹。

2. 通过计算机上的公用文件夹共享文件

通过这种共享方法，可将文件复制或移动到公用文件夹中，并通过该位置共享文件。如果打开公用文件夹的文件共享，本地计算机上具有用户帐户和密码的任何人，以及网络中的用户，都可以看到公用文件夹和子文件夹中的所有文件。使用这种共享方法不能限制用户只能查看公用文件夹中的某些文件。

文件服务器中的共享文件夹分布在不同的服务器上不利于管理员的管理和用户的访问，使用分布式文件系统，系统管理员就可以把不同服务器上的共享文件夹组织在一起，构建成一个目录树。这在用户看来，所有共享文件夹仅存储在一个地点，只需访问一个共享的 DFS 根目录，就能够访问分布在网络上的共享文件和文件夹，而不必知道这些文件的实际物理位置。管理员根据 SZ 公司文件服务器分布情况表（见表 8-1），制定了部署分布式文件系统的方案，如图 8-1 所示。

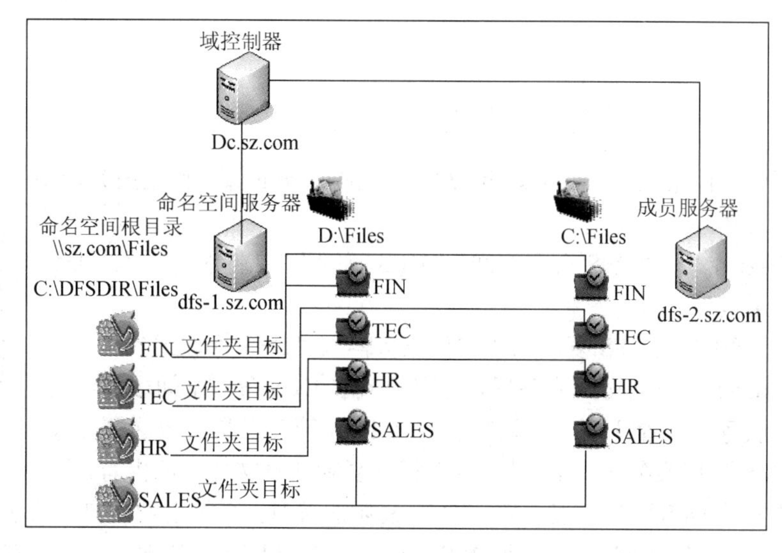

图 8-1　SZ 公司 DFS 架构图

在本项目中，我们将通过完成以下三个任务来学习安装与配置 DFS 服务器。

任务一　安装 DFS

任务二　创建 DFS 命名空间

任务三　复制 DFS

知识目标

◆　了解安装 DFS 服务器的必要条件及 DFS 服务器的功能。

◆　了解共享权限和 NTFS 权限的区别和联系。

技能目标

◆　掌握 DFS 服务器的安装。

◆　掌握 DFS 服务器的配置。

任务一　安装 DFS

任务描述

分别将两台文件服务器（dfs-1、dfs-2）加入到 sz.com 域，使之成为域中的成员服务器。

安装 DFS 的相关组件：

◆ 在 dfs-1 上安装“DFS 命名空间”、“DFS 复制”、“文件服务器”、“DFS 管理工具”。

◆ 在 dfs-2 上安“DFS 复制”、“文件服务器”、“DFS 管理工具”。

安装 DFS

图 8-1 中 dfs-1 是命名空间服务器，它需要安装 DFS 命名空间服务，我们要使用这台服务器来管理 DFS，还需要安装 DFS 管理工具。但这台服务器同时也是 DFS 目标服务器，需要与 dfs-2 相互复制共享文件夹的内容，因此它们都需要安装 DFS 复制服务。安装 DFS 复制服务时，系统会顺便自动安装 DFS 管理工具，让你可以在 dfs-1 和 dfs-2 上管理 DFS。观看“安装 DFS”教学视频请扫右侧二维码。

相关知识

通过文件服务角色内的“DFS 命名空间”与“DFS 复制”两个服务搭建 DFS 服务。

DFS 命名空间可以将位于不同服务器内的共享文件夹组合在一起，并以一个虚拟文件夹的树状结构显示给客户端。DFS 命名空间分为两种：

一是将命名空间的配置数据存储到 AD DS 和命名空间服务器内存缓冲区的区域命名空间；

二是将命名空间的设置数据存储到命名空间服务器注册表与内存缓冲区的独立命名空间。

命名空间服务器是用来控制命名空间（Host Namespace）的服务器。如果是域命名空间的话，则这台服务器可以是成员服务器或域控制器，而且可以设置多台命名空间服务器；如果是独立命名空间的话，则这台服务器可以是成员服务器、域控制器或独立服务器，不过只能有一台命名空间服务器。

安装基于域的 DFS 的必要条件有以下几点：

◆ 安装活动目录的磁盘分区格式为 NTFS，且登录用户须具备 administrators 组权限。

◆ 至少配置一个静态 IP 地址，如 192.168.1.5。

◆ 符合 DNS 规格的域名，如 sz.com。

◆ 至少在一个服务器上安装“DFS 管理”管理单元，用于管理复制。

实现步骤

01 安装 DFS 服务前，应为 DFS 服务器配置静态 IP 地址。根据表 8-1 内容和图 8-1 所示，dfs-1 的 IP 地址设置为 192.168.1.5，dfs-2 的 IP 地址设置为 192.168.1.6，因服务器都规划在同一个网段，网关设置为 192.168.1.62，DNS 设置为 192.168.1.2、如图 8-2 和图 8-3 所示。

02 将 dfs-1 和 dfs-2 加入到 sz.com 域，在此以 dfs-1 加入域为例，如图 8-4～图 8-7 所示。

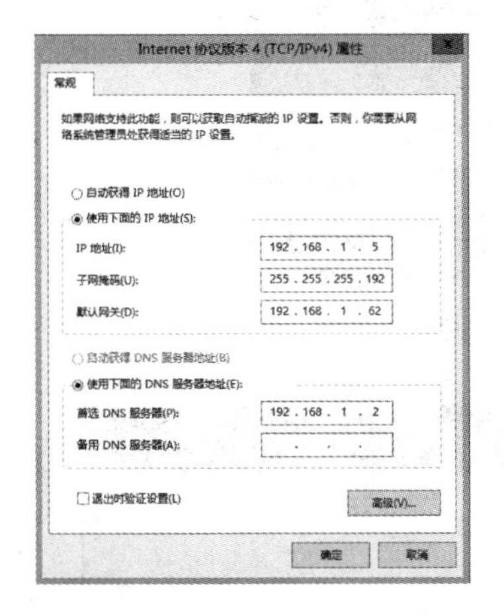

图 8-2　dfs-1 服务器 IP 地址设置界面

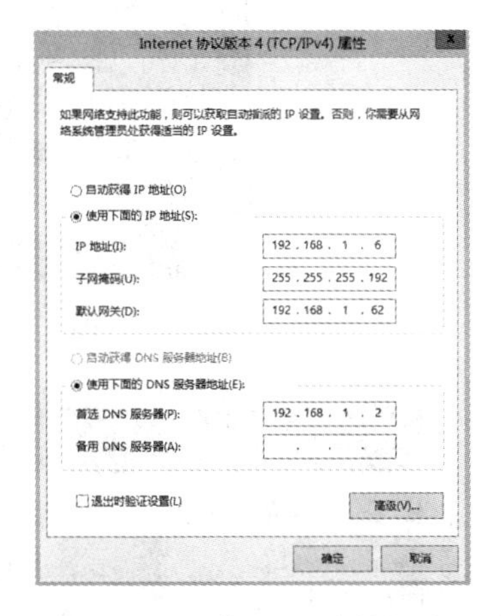

图 8-3　dfs-2 服务器 IP 地址设置界面

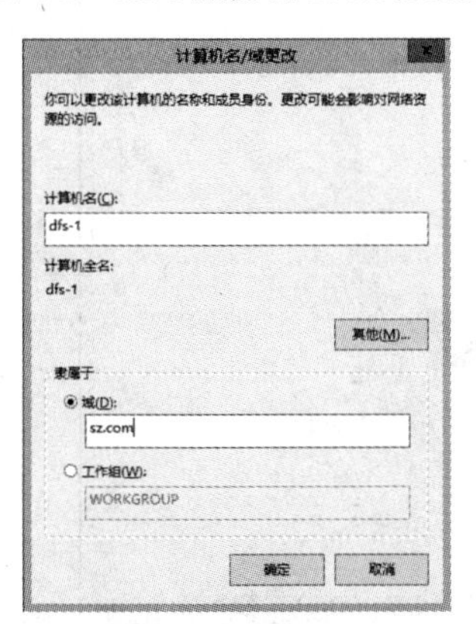

图 8-4　dfs-1 加入 sz.com 域

图 8-5　输入有权限加入域的帐户界面

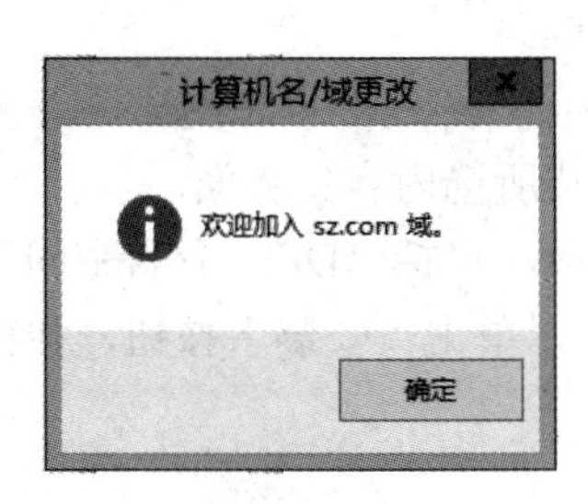

图 8-6　欢迎加入 sz.com 域界面

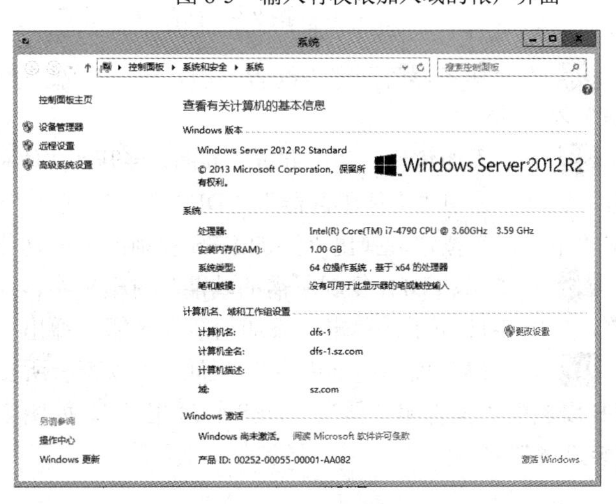

图 8-7　查看 dfs-1 计算机基本信息

03 以域管理员用户（administrator）登录到 dfs-1 服务器，如图 8-8 所示；单击任务栏左边的“服务器管理器”按钮，弹出“服务器管理器”界面如图 8-9 所示。

图 8-8　欢迎加入 sz.com 域界面

图 8-9　查看 dfs-1 计算机基本信息

04 在“服务器管理器”配置界面，单击“添加角色和功能”，弹出“添加角色和功能向导”界面。

05 在“添加角色和功能向导”界面，展开“文件和存储服务”选项下的“文件和 iSCSI 服务”选项，选中“文件服务器”、“DFS 命名空间”、“DFS 复制”复选框，如图 8-10 所示，单击“下一步”按钮，弹出“添加 DFS 复制所需的功能”对话框。

06 在“添加 DFS 复制所需的功能”对话框中，选中“包括管理工具（如果适用）”复选框，如图 8-11 所示，单击“添加功能”按钮，弹出“确认安装所选内容”界面。

07 在“确认安装所选内容”界面，可以查看所安装的选项，包括“DFS 命名空间”、“DFS 复制”、“文件服务器”、“DFS 管理工具”，如图 8-12 所示，单击“安装”按钮，弹出“安装进度”界面。

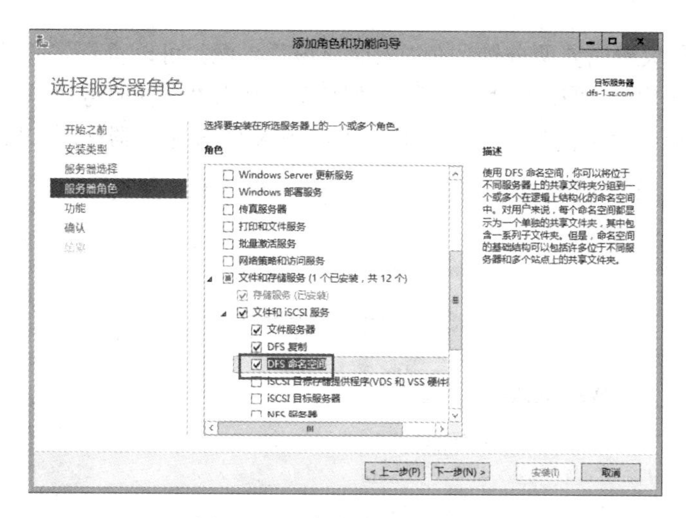

图 8-10　添加角色和功能向导

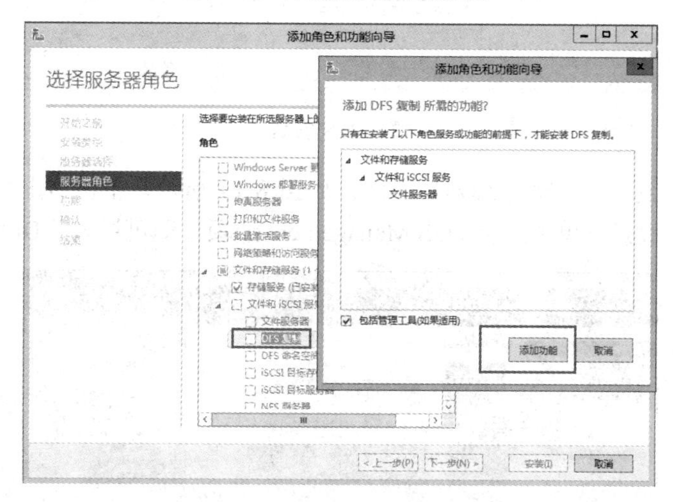

图 8-11　添加 DFS 复制所需的功能

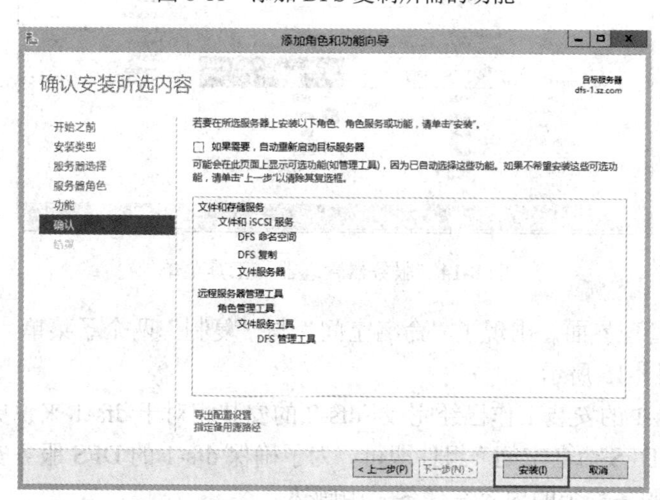

图 8-12　确认安装所选内容

08 安装过程大概需要两分钟，在“安装进度”界面，可以查看安装结果，显示已经安装了 DFS 服务相关组件：“DFS 命名空间”、“DFS 复制”、“文件服务器”、“DFS 管理工具”，如图 8-13 所示，单击“关闭”按钮。此时就可以进入 DFS 服务器配置 DFS 服务了。

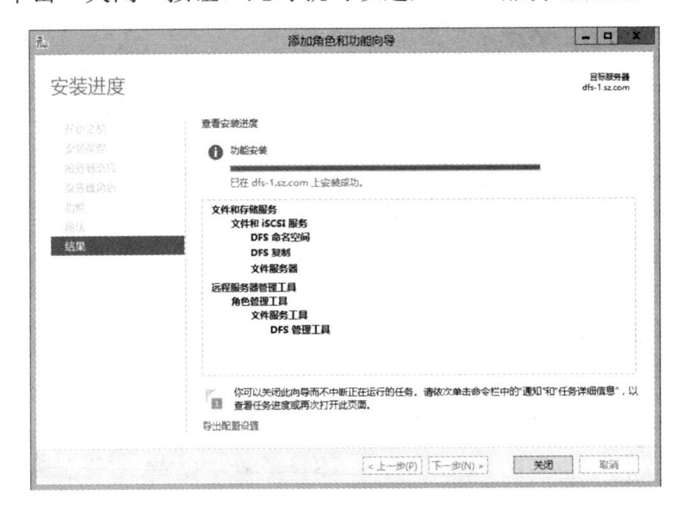

图 8-13　DFS 安装进度

09 再次返回到“服务器管理器”界面，如图 8-14 所示，单击右上角的“工具”菜单按钮，在弹出的下拉式菜单中选择 DFS Management 选项，即可进入“DFS 管理”界面。

图 8-14　服务器管理器—工具菜单

10 在 DFS 管理界面，出现了“命名空间”与“复制”两个子菜单，这就是 DFS 的两大功能模块，如图 8-15 所示。

11 至此，dfs-1 的安装工作已经完成，dfs-2 的安装相对于 dfs-1 来说更为简单，在 dfs-1 的基础上少安装“DFS 命名空间”组件即可。为了确保 dfs-1 的 DFS 服务安装与配置的连续性，dfs-2 的 DFS 服务安装的内容在任务二中阐述。

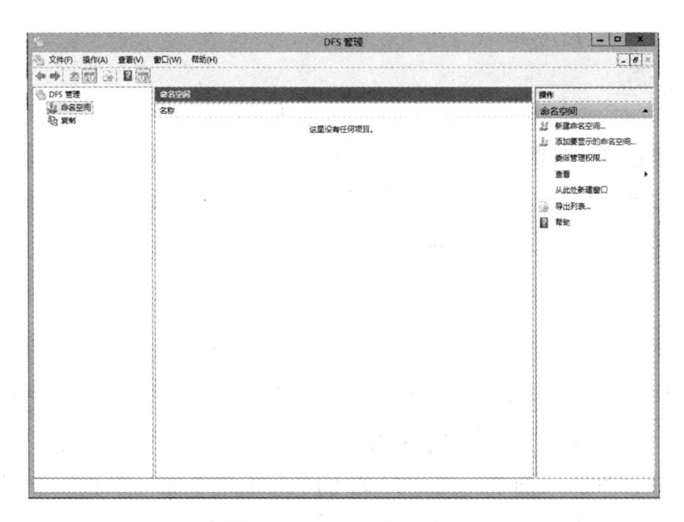

图 8-15　DFS 管理界面

任务二　创建 DFS 命名空间

任务描述

文件服务器 dfs-1 和 dfs-2 上的共享资源为：

dfs-1.sz.com 的共享资源（D:\Files\FIN、D:\Files\TEC、D:\Files\HR、D:\Files\SALES）和 dfs-2.sz.com 的共享资源（C:\Files\FIN、C:\Files\TEC、C:\Files\HR、C:\Files\SALES）。

根据图 8-1“SZ 公司 DFS 架构图”中的规划，命名空间的名称为 Files，由于是域命名空间，因此完整的名称是“\\sz.com\Files”，它映射到命名空间服务器 dfs-1 的 C:\DFSDIR\Files 文件夹。另外，图中还创建了文件夹 FIN、TEC、HR、SALES，它们分别都有两个目标，分别指向到 dfs-1 和 dfs-2 相应的共享文件夹。

图 8-1 中 dfs-1 是命名空间服务器，它需要安装 DFS 命名空间服务，我们要使用这台服务器来管理 DFS，还需要安装 DFS 管理工具。但这台服务器同时也是 DFS 目标服务器，需要与 dfs-2 相互复制共享文件夹的内容，因此它们都需要安装 DFS 复制服务。安装 DFS 复制服务时，系统会顺便自动安装 DFS 管理工具，使管理员可以在 dfs-1 和 dfs-2 上管理 DFS。

DFS 配置

观看“DFS 配置”教学视频请扫右侧二维码。

相关知识

1. 共享权限

共享权限有三种：读者、参与者和所有者，共享权限只对从网络访问该文件夹的用户起作用，而对本机登录的用户不起作用。

2. NTFS 权限

NTFS 权限是 NT 和 Windows 中的文件系统的权限，它支持本地安全性。也就是说，它在同一台计算机上以不同用户登录，可以对硬盘上同一文件夹有不同的访问权限，NTFS 权限对从网络访问和本机登录的用户都起作用。

3. 共享权限和 NTFS 权限的区别和联系

共享权限是基于文件夹的，也就是说用户只能在文件夹上设置共享权限而不是在文件上设置；NTFS 权限是基于文件的，用户既可以在文件夹上设置也可以在文件上设置。

共享权限只有当用户通过网络访问共享文件夹时才起作用，如果用户是本地登录计算机则共享权限不起作用；NTFS 权限无论用户通过网络还是本地登录使用文件都会起作用，只不过当用户通过网络访问文件时它会与共享权限联合起来起作用。

4. 共享权限和 NTFS 权限的特点

共享权限和 NTFS 权限都具有累加性。

共享权限和 NTFS 权限都遵循“拒绝”权限优先于其他权限。

当一个帐户通过网络访问一个共享文件夹，而这个文件夹又在一个 NTFS 分区上，那么用户最终的权限是它对该文件夹的共享权限与 NTFS 权限中最为严格的权限。例如，一个人进入学校，只有校门和教室门都开了才能进去，门就好像权限。

5. 命名空间根目录

命名空间根目录是命名空间的起始点。此根目录的名称为 Files、命名空间的名称为“\\sz.com\Files”，而且它是一个域命名空间，其名称是以域名开头（sz.com）。

6. 文件夹和文件夹目标

虚拟文件夹的目标分别映射到其他服务器内的共享文件夹，当客户端浏览文件夹时，DFS 会将客户端导向到文件夹目标所映射到的共享文件夹。

实现步骤

01 在服务器 dfs-1 上，打开“服务器管理器”界面，如图 8-14 所示，单击右上角的“工具”菜单按钮，在弹出的下拉式菜单中选择 DFS Management 选项，即可进入“DFS 管理”界面，如图 8-15 所示。

02 在 DFS 管理界面，出现了“命名空间”与“复制”两个子菜单，右击“命名空间”，在弹出的快捷菜单中选择“新建命名空间”选项，如图 8-16 所示。

03 在弹出的“命名空间服务器”界面的“服务器”文本框中输入 dfs-1，如图 8-17 所示，单击“下一步”按钮，弹出“命名空间名称和设置”界面。

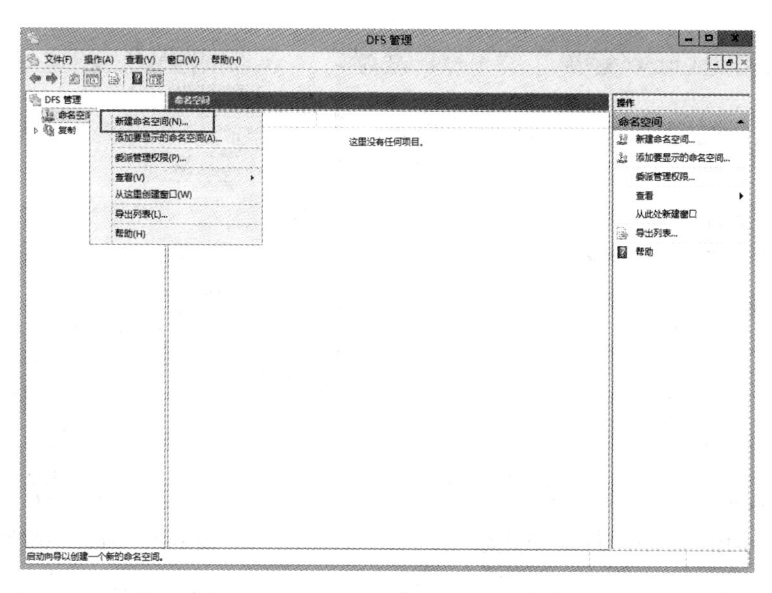

图 8-16　新建命名空间

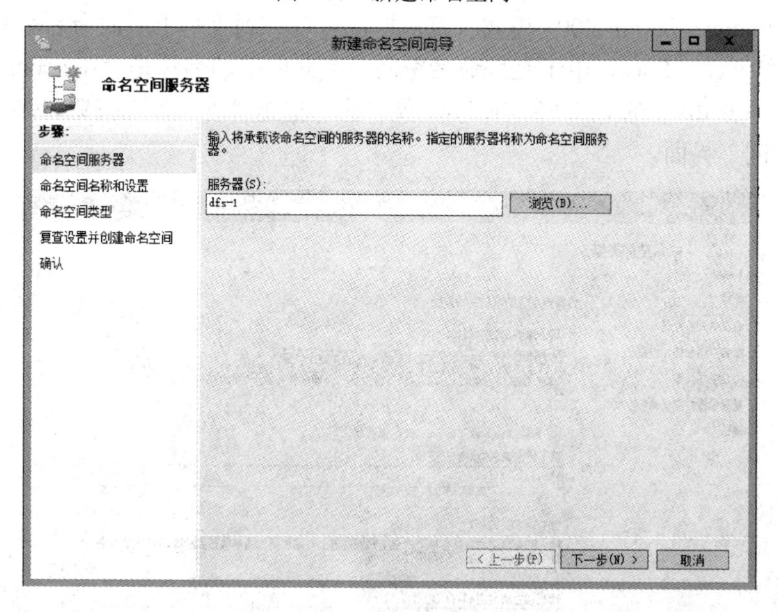

图 8-17　命名空间服务器

04 在“命名空间名称和设置”界面，如图 8-18 所示，在“名称”文本框中输入命名空间的名称 Files；单击“编辑设置”按钮，弹出“编辑设置”对话框。

05 在“编辑设置”对话框中可以看到第 3 步、第 4 步设置好的命名空间服务器名称和命名空间名称；如图 8-19 所示，在“共享文件夹的本地路径”文本框中输入指定的路径 C:\DFSDIR\Files，在“共享文件夹权限”栏里选中“所有用户都具有读写权限复选框”，单击“确定”按钮返回“命名空间名称和设置”界面，单击“下一步”按钮，弹出“命名空间类型”界面。

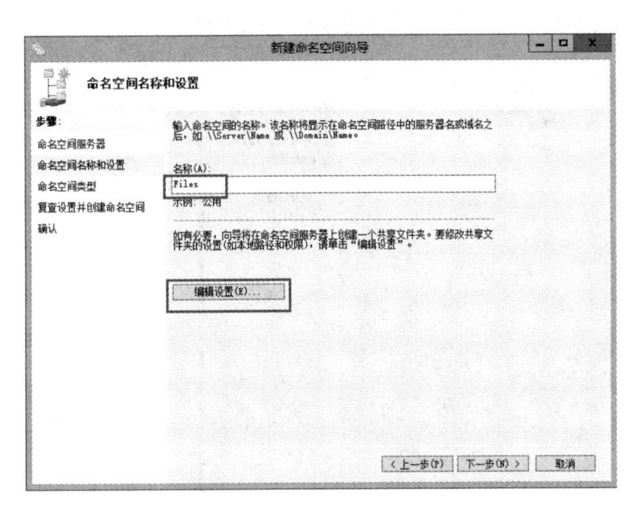

图 8-18　命名空间名称和设置

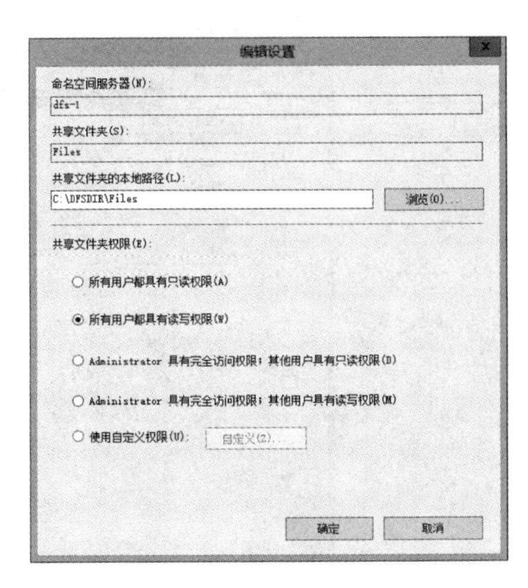

图 8-19　命名空间编辑设置

06 在“命名空间类型”界面，如图 8-20 所示，选中“基于域的命名空间”单选按钮，选中“启动 Windows Server 2008 模式”复选框，可以看到“基于域的命名空间的预览”文本框中显示为\\sz.com\Files，由于是域命名空间，因此完整的名称是“\\sz.com\Files”，映射到命名空间服务器 dfs-1 的 C:\DFSDIR\Files 文件夹。单击“下一步”按钮，弹出“复查设置并创建命名空间”界面。

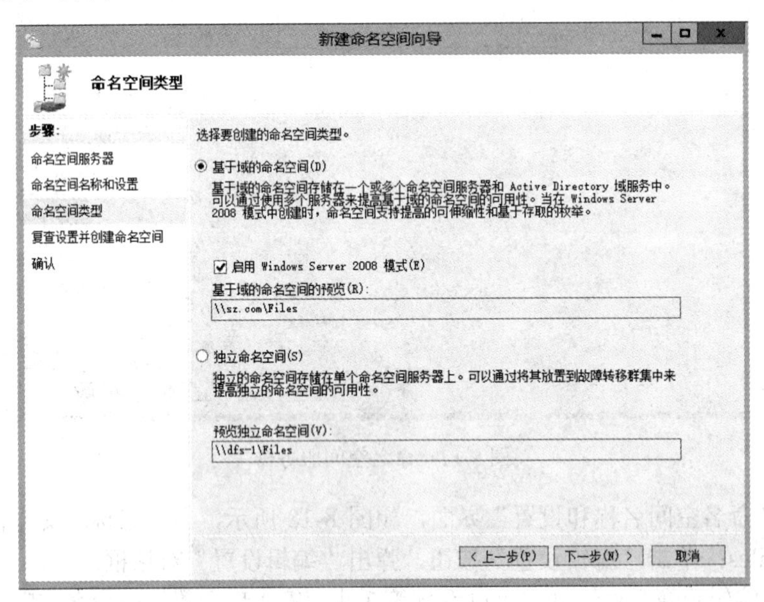

图 8-20　命名空间类型

07 在“复查设置并创建命名空间”界面，核对“命名空间设置”列表框里的内容，如图 8-21 所示，确认无误后，单击“创建”按钮。

08 在弹出的“确认”界面，可以看到“创建命名空间”的状态显示为“成功”，如图 8-22 所示，至此，已经完成了命名空间的创建工作。

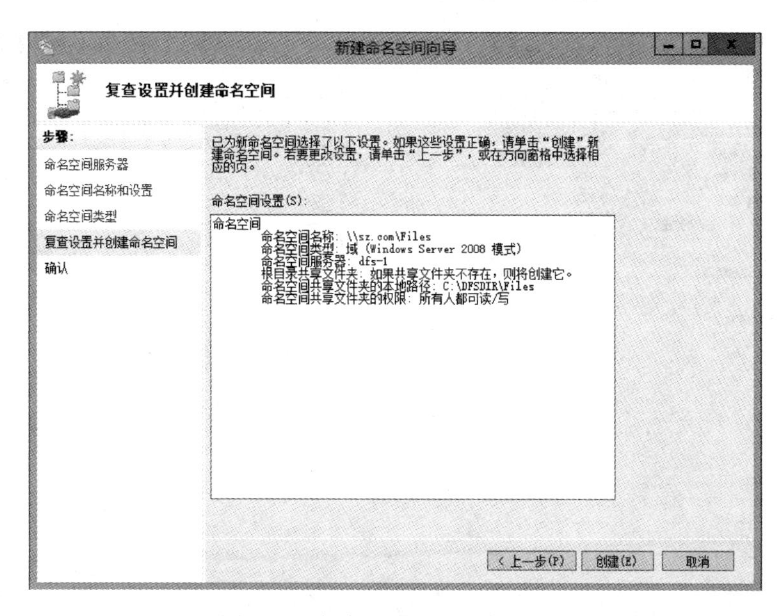

图 8-21　复查设置并创建命名空间

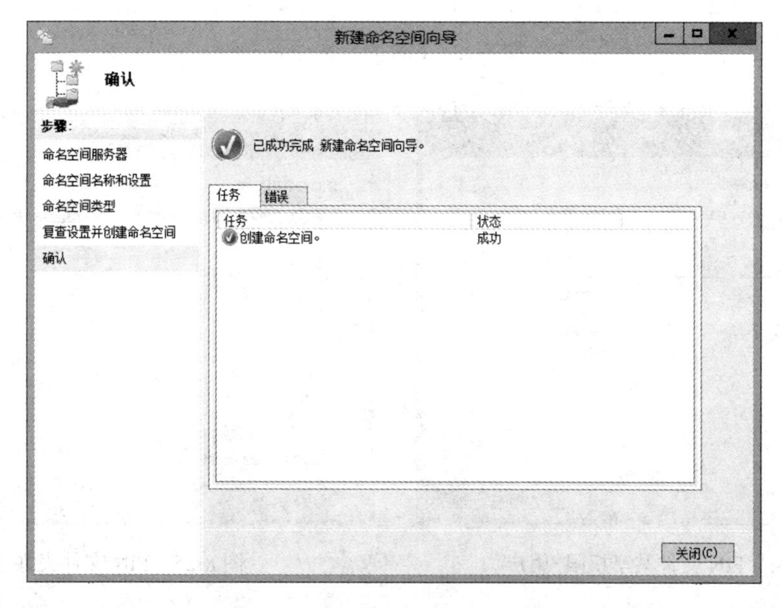

图 8-22　命名空间创建完成确认

09 根据任务描述的要求，在服务器 dfs-1 创建共享文件夹，如图 8-23 所示。共享资源为：D:\Files\FIN、D:\Files\TEC、D:\Files\HR 和 D:\Files\SALES。

10 设置 D:\Files\FIN 文件夹的共享权限，如图 8-24 所示，选择要与其共享的网络上的用户，此处选择管理员组 Administrators，“权限级别”为该文件夹的“所有者”，单击“共享”按钮，弹出“你的文件夹已共享”界面，如图 8-25 所示。

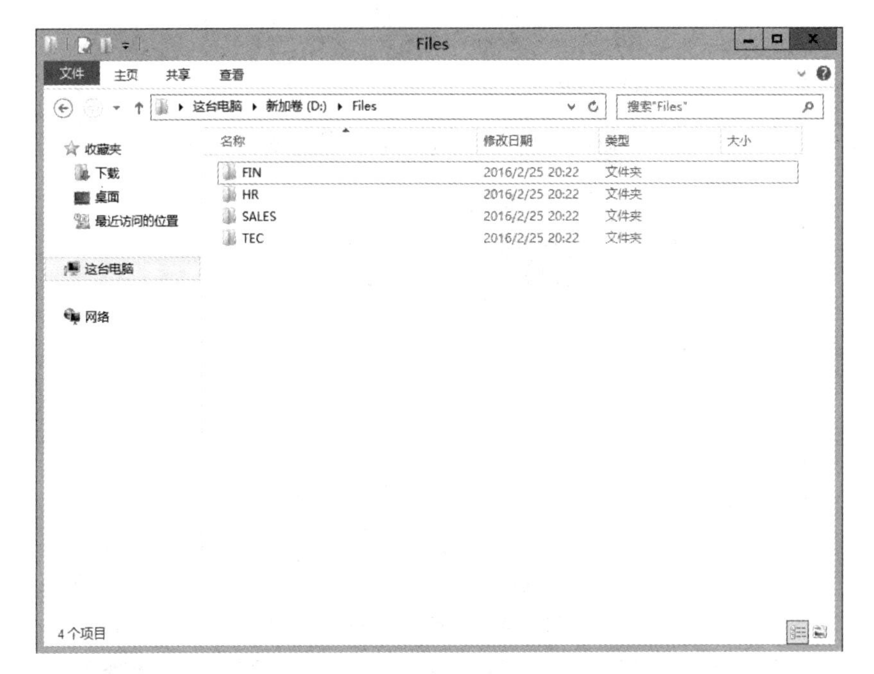

图 8-23　FIN 共享文件夹

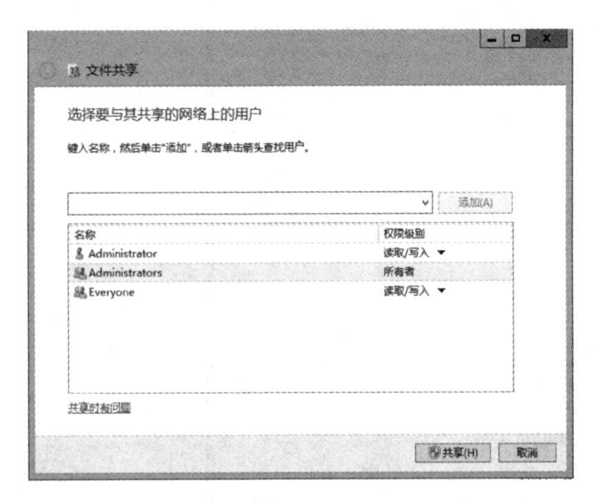

图 8-24　FIN 文件共享权限-用户

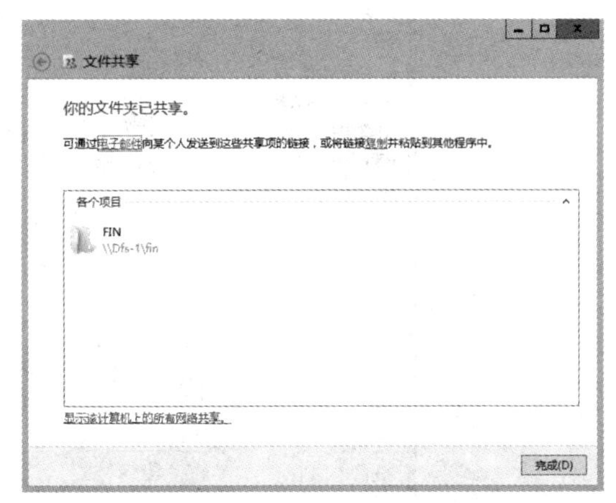

图 8-25　FIN 文件夹共享

11 同样的步骤，设置 D:\Files\HR 文件夹的共享权限，如图 8-24 所示，选择要与其共享的网络上的用户，此处选择管理员组 Administrators，“权限级别”为该文件夹的“所有者”，单击“共享”按钮，弹出“你的文件夹已共享”界面，如图 8-26 所示。

12 相同步骤，设置 D:\Files\SALES、D:\Files\TEC 文件夹的共享权限，设置完成界面如图 8-27 和图 8-28 所示，至此四个文件夹共享工作已经完毕。

13 dfs-2 的安装相对于 dfs-1 来说更为简单，在 dfs-1 的基础上少安装“DFS 命名空间”组件即可。首先需要将 dfs-2 加入到 sz.com 域，如图 8-29 所示。

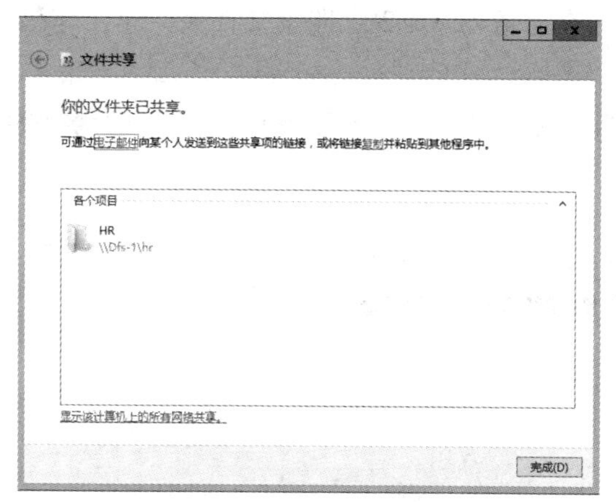

图 8-26　HR 文件夹共享

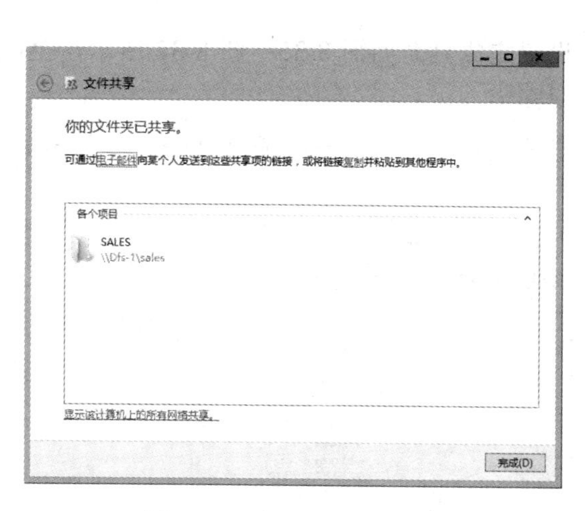

图 8-27　SALES 文件夹共享

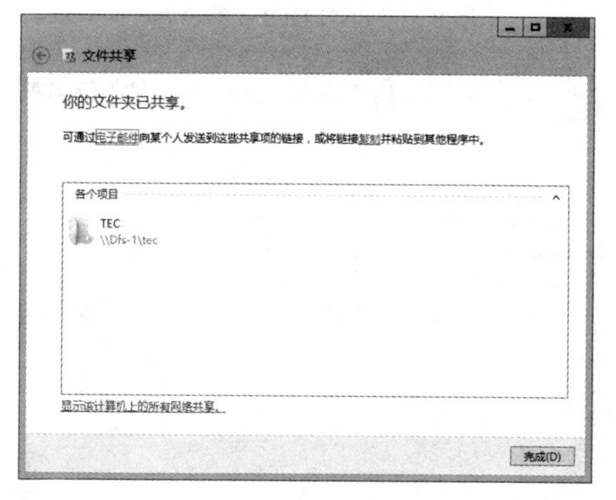

图 8-28　TEC 文件夹共享

图 8-29　dfs-2 加入 sz.com 域

14 根据任务一中的 DFS 服务的安装步骤，对 dfs-2 上的 DFS 服务进行安装，如图 8-30 所示，选中“文件服务器”与“DFS 复制”复选框。

15 在弹出的“确认安装所选内容”界面，可以看到与 DFS 相关的组件有“DFS 复制”、“文件服务器”、“DFS 管理工具”，如图 8-31 所示，单击“安装”按钮，弹出“安装进度”界面。

16 在“安装进度”界面等待两分钟左右，DFS 在 dfs-2 上安装成功后单击“关闭”按钮，就可以通过管理工具进入 DFS 管理界面了，如图 8-32 所示。

17 根据任务描述的要求，在服务器 dfs-2 上的创建共享文件夹，如图 8-33 所示。共享资源为：C:\Files\FIN、C:\Files\TEC、C:\Files\HR、C:\Files\SALES。

18 设置 C:\Files\FIN 文件夹的共享权限，如图 8-24 所示，选择要与其共享的网络上的用户，此处选择管理员组 Administrators，“权限级别”为该文件夹的“所有者”，单击“共享”按钮，弹出“你的文件夹已共享”界面，如图 8-34 所示。

19 相同步骤，设置 C:\Files\HR、C:\Files\SALES、和 C:\Files\TEC 文件夹的共享权限，

设置完成界面如图 8-35～图 8-37 所示，至此，在服务器 dfs-2 上四个文件夹共享工作已经完毕。

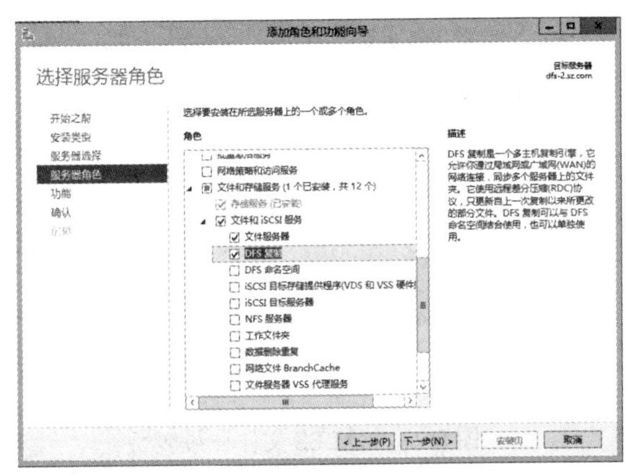

图 8-30　DFS 服务安装

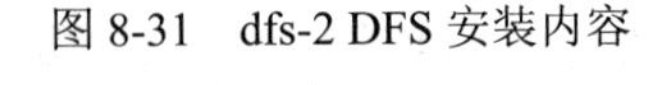

图 8-31　dfs-2 DFS 安装内容

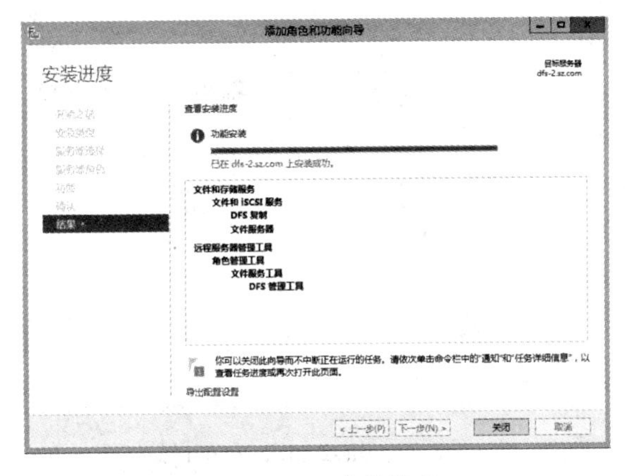

图 8-32　DFS 安装进度

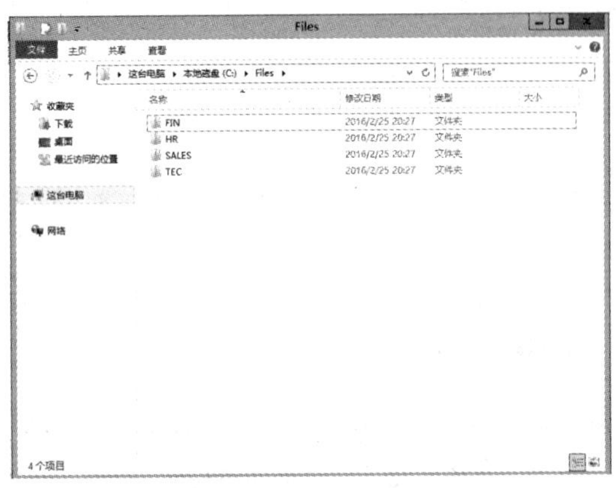

图 8-33　FIN 共享文件夹（一）

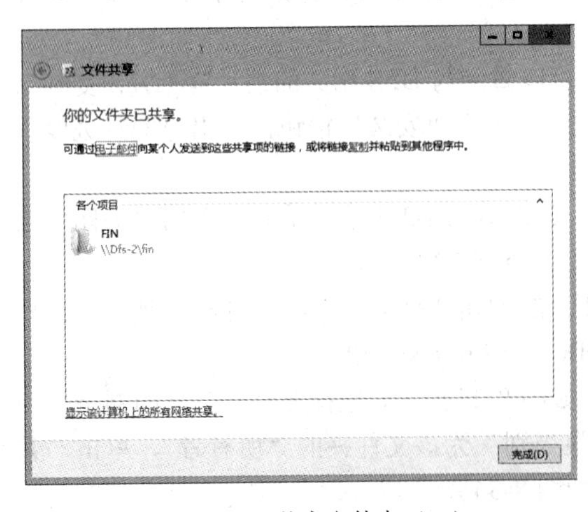

图 8-34　FIN 共享文件夹（二）

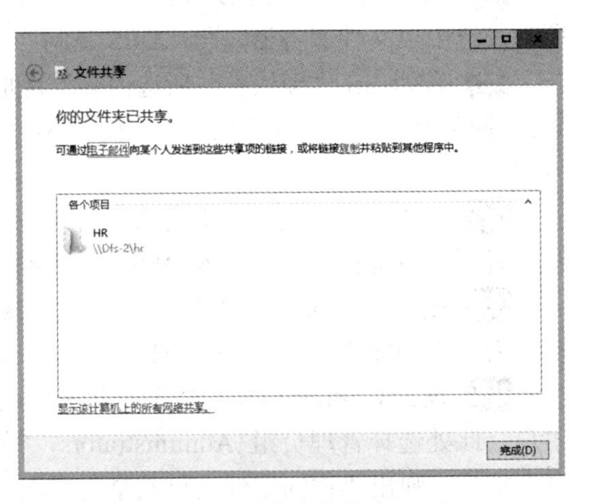

图 8-35　FIN 共享文件夹（三）

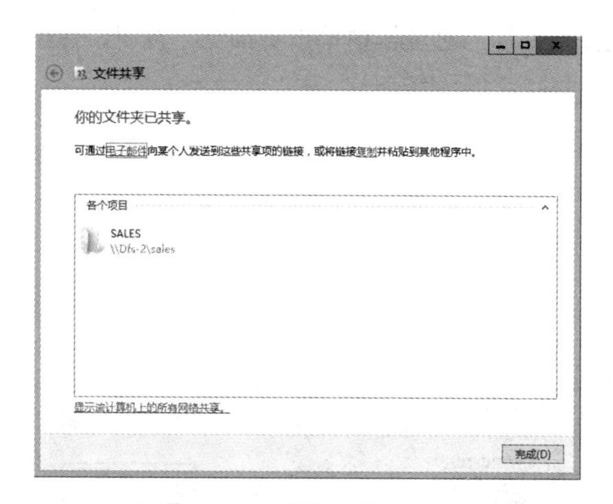

图 8-36　FIN 共享文件夹（四）

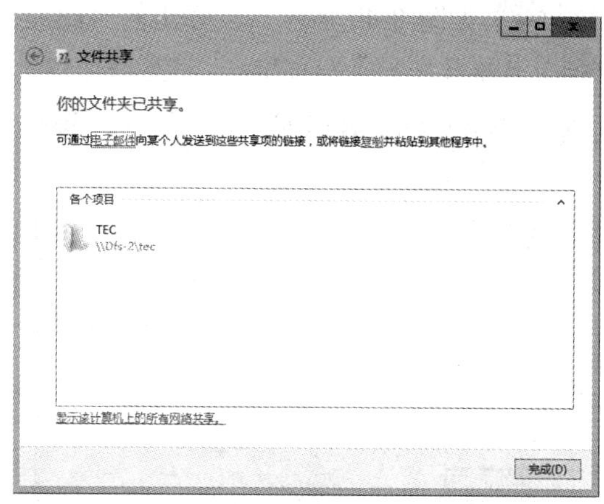

图 8-37　FIN 共享文件夹（五）

20 部署 DFS 服务的准备工作已经完成。根据 SZ 公司文件服务器分布情况表（见表 8-1）和 SZ 公司 DFS 架构图（如图 8-1 所示），我们需要新建四个 DFS 虚拟文件夹：FIN、HR、SALES 和 TEC。返回 DFS-1 上的“DFS 管理”界面，在已经创建好的基于域的命名空间“\\sz.com\Files”上，右击，在弹出的快捷菜单中选择“新建文件夹”选项，如图 8-38 所示，弹出“新建文件夹”对话框。

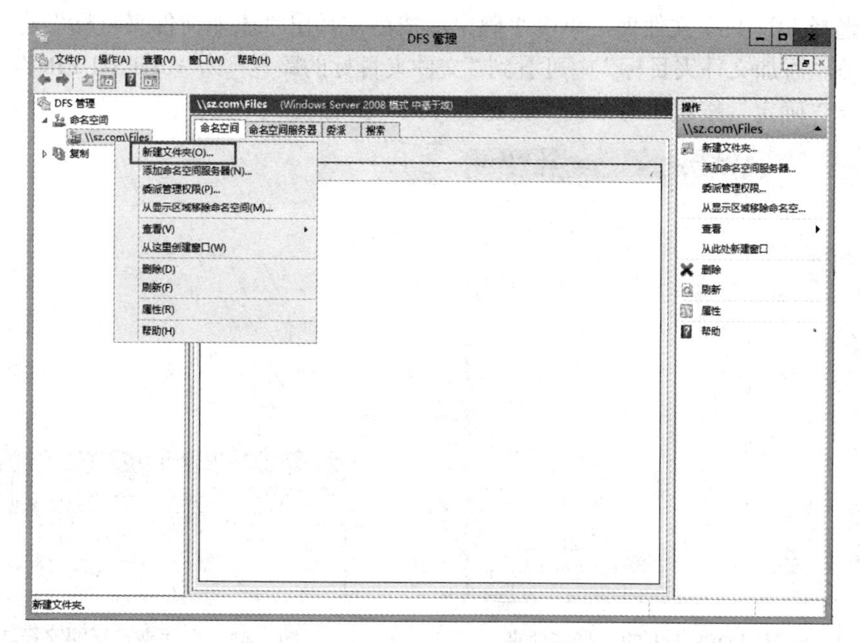

图 8-38　命名空间—新建文件夹

21 在“新建文件夹”对话框的“名称”文本框中输入 FIN，在“预览命名空间”文本框中可以看到“\\sz.com\Files\FIN”，如图 8-39 所示，单击“添加”按钮，弹出“添加文件夹目标”对话框。

22 如图 8-40 所示，在弹出的“添加文件夹目标”对话框中单击“浏览”按钮，弹出“浏览共享文件夹”对话框。

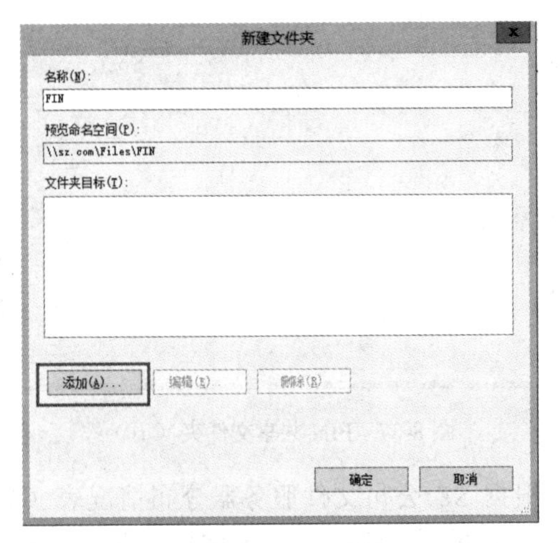

图 8-39　新建文件夹

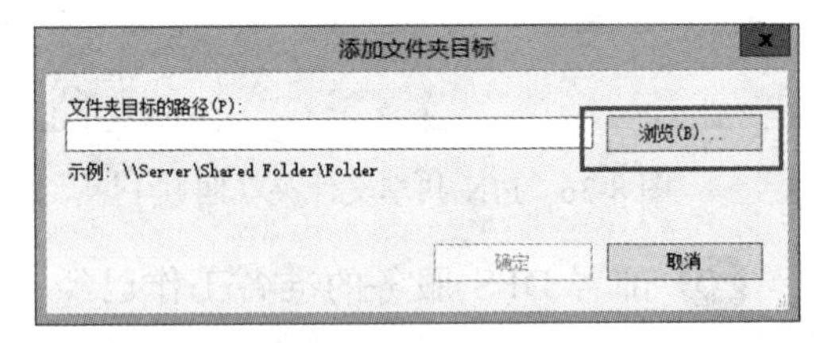

图 8-40　添加文件夹目标-1

23 如图 8-41 所示，在“浏览共享文件夹”对话框的“服务器”栏中选择 DFS-1，单击“显示共享文件夹”按钮，在打开的“共享文件夹”列表框中列出了 DFS-1 上设置的共享文件夹，选择 FIN 共享文件夹，单击“确定”按钮，弹出“添加文件夹目标”对话框。

24 在“添加文件夹目标”中可看到“文件夹目标的路径”为“\\DFS-1\FIN”，如图 8-42 所示，单击“确定”按钮，返回到“新建文件夹”对话框。

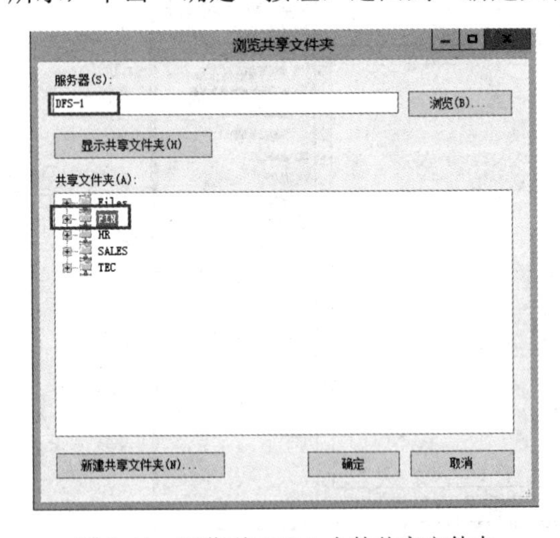

图 8-41　浏览到 DFS-1 上的共享文件夹

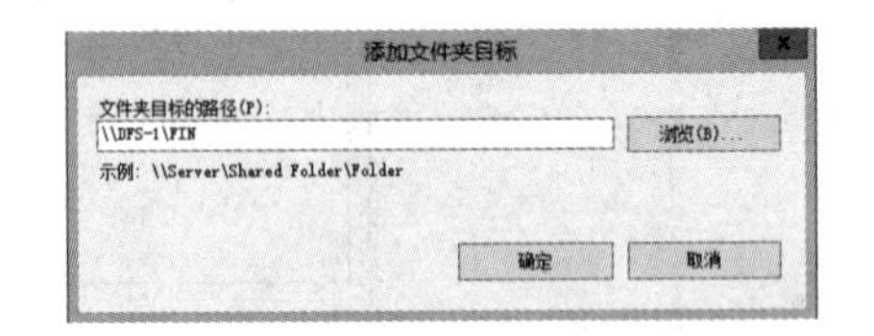

图 8-42　文件夹目标的路径-1

25 在“新建文件夹”对话框的“文件夹目标”列表框中，可以看到已经创建了一个新的文件夹目标“\\DFS-1\FIN”，如图 8-43 所示。同理，再次单击“添加”按钮，为 FIN 文件添加另一个目标为“\\DFS-2\FIN”的文件夹，如图 8-44 所示，单击“确定”按钮，返回到“新建文件夹”对话框。

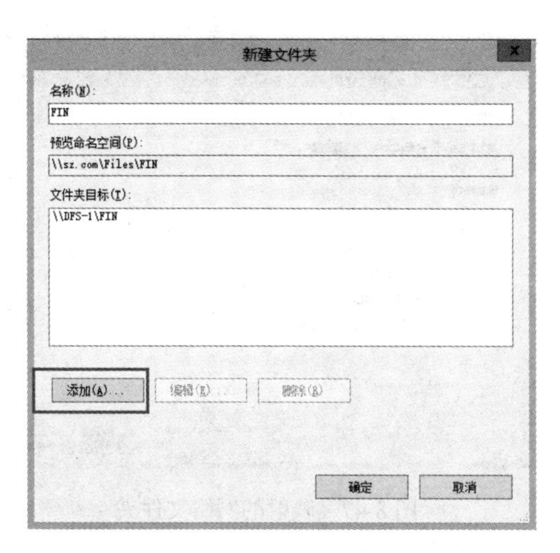

图 8-43　新建文件夹-1

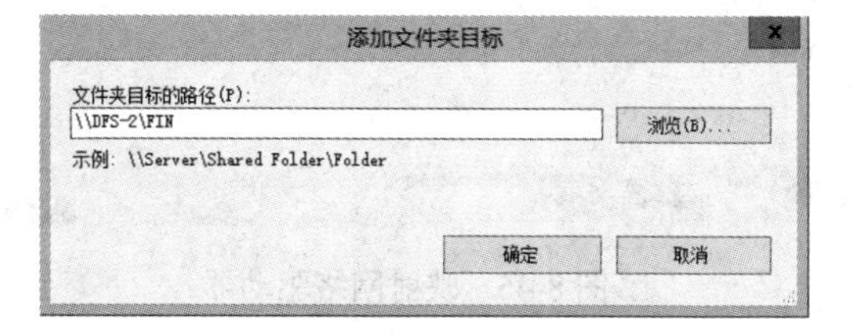

图 8-44　文件夹目标的路径-2

26 在“新建文件夹”的“文件夹目标”列表框中可以看到，已经为 FIN 文件夹创建了两个目标分别对应到“\\DFS-1\FIN”和“\\DFS-2\FIN”两个真实的网络共享文件夹。如图 8-45 所示，命名空间“\\sz.com\Files”的虚拟文件夹 FIN 已经创建完毕。

图 8-45　新建文件夹-2

27 按照相同的步骤，可以逐步为命名空间“\\sz.com\Files”创建其余三个虚拟文件夹 HR、SALES、TEC。在此不再重复叙述，剩余的三个虚拟文件夹 HR、SALES、TEC 的创建任务将放到项目实训中让同学们来完成。

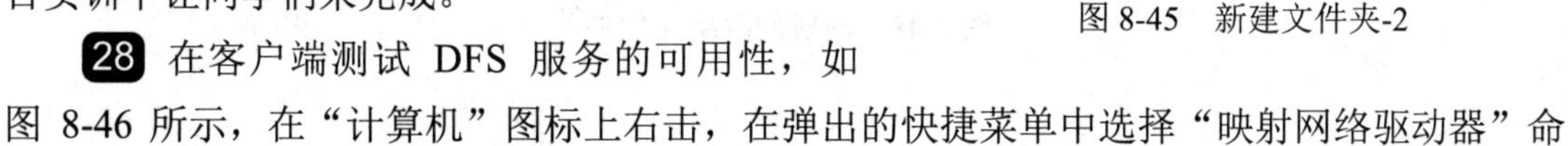

28 在客户端测试 DFS 服务的可用性，如图 8-46 所示，在“计算机”图标上右击，在弹出的快捷菜单中选择“映射网络驱动器”命令，弹出“映射网络驱动器”对话框。

29 在“映射网络驱动器”对话框的“驱动器”下拉列表框中选择盘符“Z:”，在“文件夹”栏里选择命名空间路径“\\sz.com\fin”，选中“登录时重新连接”复选框，如图 8-47 所示，单击“完成”按钮。

30 按照相同的步骤，将盘符“X:”映射到命名空间路径“\\sz.com\sales”，将盘符“Y:”映射到命名空间路径“\\sz.com\tec”，将盘符“W”映射到命名空间路径“\\sz.com\hr”。

31 双击桌面“计算机”图标，打开“计算机”窗口，如图 8-48 所示，即可在“网络位置”区域看到四个映射网络驱动器，双击即可进入对应的命名空间下的虚拟文件夹。

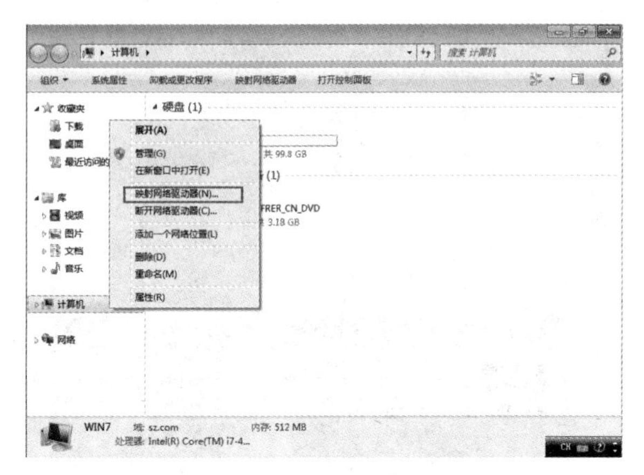
图 8-46　映射网络驱动器

图 8-47　映射的网络文件夹

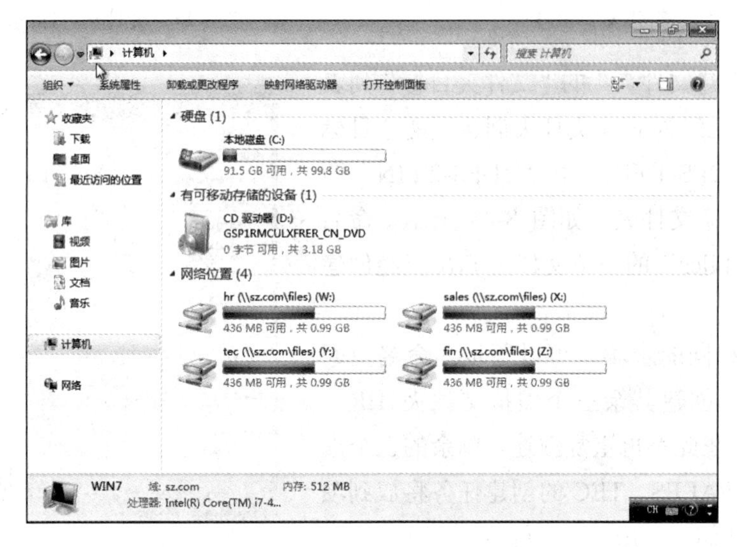
图 8-48　映射的网络文件夹

任务三　复制 DFS

任务描述

根据 SZ 公司文件服务器分布情况表（见表 8-1）和 SZ 公司 DFS 架构图（如图 8-1 所示），管理员已经在 dfs-1 和 dfs-2 上安装了相关的 DFS 服务组件“DFS 命名空间”、“DFS 复制”、“文件服务器”和“DFS 管理工具”。

图 8-1 中 dfs-1 是命名空间服务器，管理员要使用这台服务器来管理 DFS，这台服务器

同时也是 DFS 目标服务器，需要与 dfs-2 相互复制共享文件夹的内容，因此它们都需要启动 DFS 复制服务。

如果一个 DFS 文件夹包含多个目标，这些目标映射的共享文件夹内的文件必须同步。可以通过将这些目标所在的服务器设置为同一个复制组，并作适当的设置来达到让这些目标之间自动复制进行同步的目的。

相关知识

DFS 复制是一个多主机复制引擎，使用许多复杂的进程来保持多个服务器上的数据同步，在一个成员上进行的任何更改均将复制到复制组的所有其他成员上。DFS 复制通过监视更新序列号（USN）日志来检测卷上的更改，DFS 复制仅在文件关闭后复制更改。

DFS 复制对冲突的文件（即在多个服务器上同时更新的文件）使用最后写入者优先的冲突解决启发方式，对名称冲突使用最早创建者优先的冲突解决启发方式。解决冲突失败的文件和文件夹移至一个称为冲突和已删除文件夹的文件夹；可以通过配置该服务，将已删除文件复制到冲突和已删除文件夹，以便在文件或文件夹被删除后进行检索。

部署 DFS 复制时可按照如下所述配置服务器。

- ◆ 至少在一个服务器上安装“DFS 管理”管理单元，用于管理复制。
- ◆ 防病毒软件须与 DFS 复制兼容。
- ◆ 复制组中的服务器必须处于相同的林中，不能跨不同林中的服务器进行复制。
- ◆ 已复制文件夹必须存储在 NTFS 卷上。
- ◆ 在服务器群集上，已复制文件夹必须位于节点的本地存储中，因为 DFS 复制服务并未设计为与群集组件协调使用，并且该服务无法故障转移到另一个节点。

实现步骤

01 在服务器 dfs-1 上，打开“DFS 管理”窗口，如图 8-49 所示，在管理界面的右侧“操作”栏里，单击“新建复制组”，弹出“新建复制组向导”对话框。

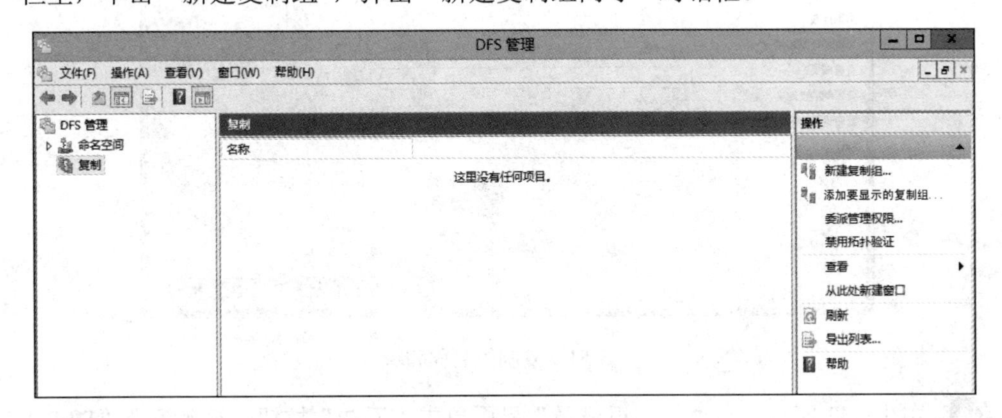

图 8-49　DFS 管理界面

02 如图 8-50 所示，在“新建复制组向导”对话框中选中“多用途复制组”单选按钮。单击“下一步”按钮，弹出“名称和域”界面。

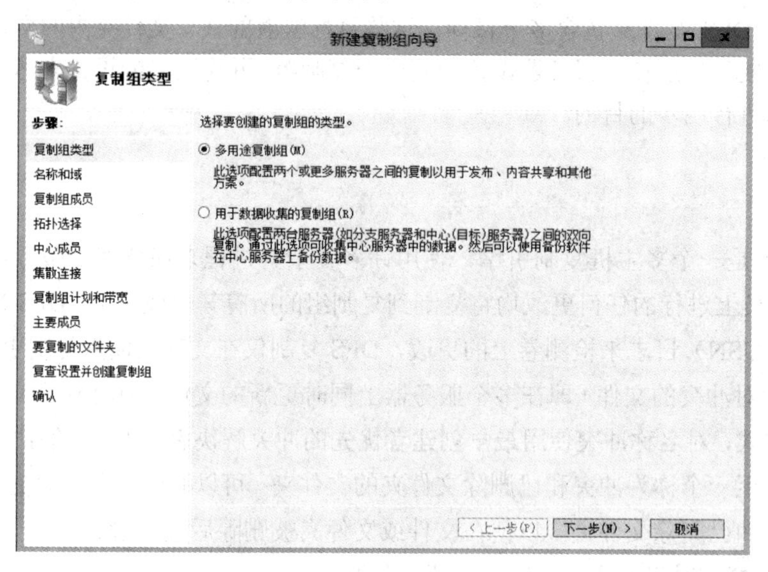

图 8-50　DFS 复制组类型

03 如图 8-51 所示在“名称和域”界面的，“复制组的名称”文本框中输入要创建的复制组名称为 sz.com\files\fin，在“域”文本框中输入 sz.com，单击“下一步”按钮，弹出“复制组成员”界面。

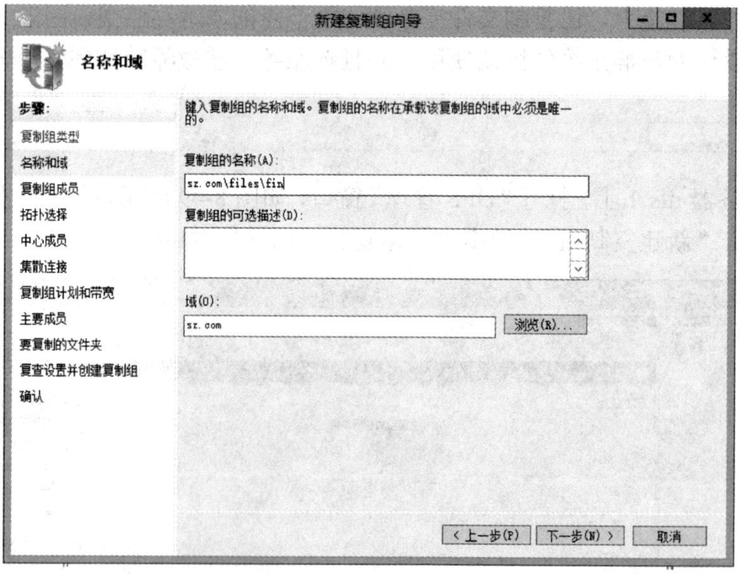

图 8-51　复制组名称和域

04 如图 8-52 所示，在“复制组成员”界面单击“添加”按钮，将服务器“DFS-1”和“DFS-2”添加到成员列表中，单击“下一步”按钮，弹出“拓扑选择”界面。

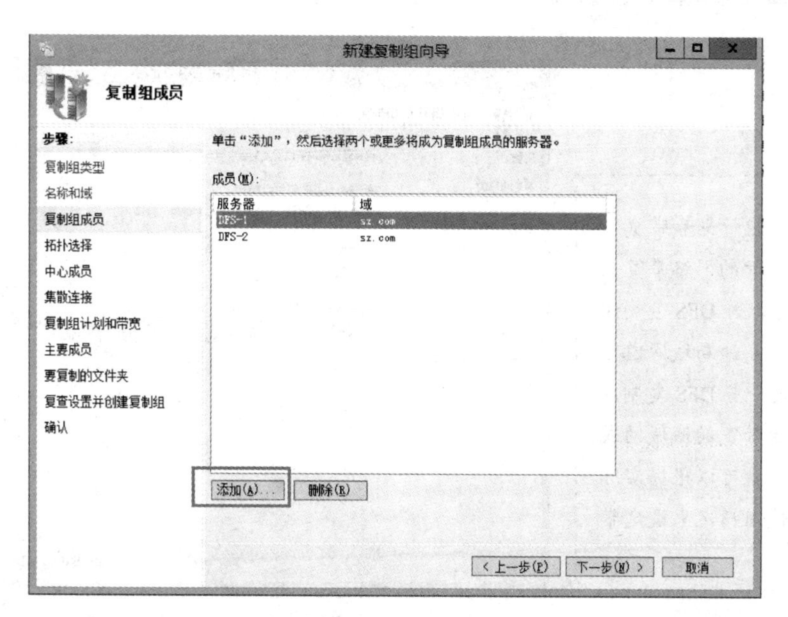

图 8-52　复制组成员

05 如图 8-53 所示，在“拓扑选择”界面选中“交错”拓扑连接单选按钮，单击“下一步”按钮，弹出“复制组计划和带宽”界面。

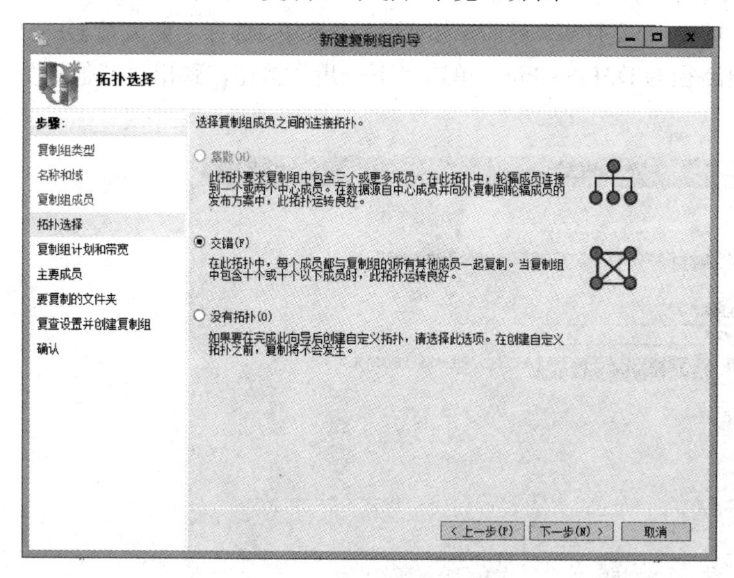

图 8-53　复制组拓扑选择

小贴士

“集散”拓扑要求复制组中包含三个或更多成员；在此我们选择“交错”拓扑，在此拓扑中每一个成员都与复制组的其他成员一起复制。

06 如图 8-54 所示，在“复制组计划和带宽”界面选中“使用指定带宽连续复制”单选按钮，在“带宽”下列列表中选择“完整”选项。单击“下一步”按钮，弹出“主要成员”选择界面。

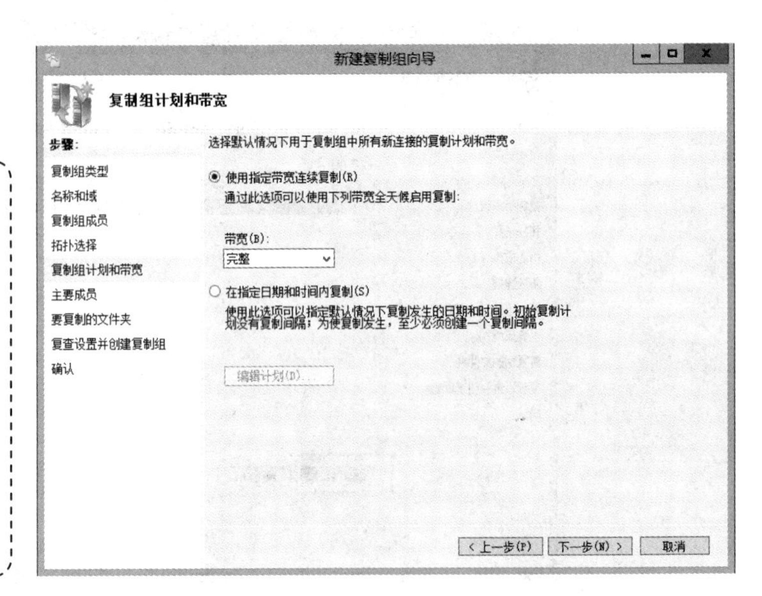

小贴士

在“复制组计划和带宽”中，可根据实际的网络带宽使用情况来设置，当DFS复制组成员均部署在高速局域网内可选择完整模式。当DFS复制成员分布在有限带宽的城域网或者广域网中，就可以根据实际的网络带宽使用情况来设定带宽的使用率。

图 8-54　复制组计划和带宽

07 如图8-55所示，在“主要成员选择”界面的“主要成员”下拉列表中选择DFS-1，单击“下一步”按钮，弹出“要复制的文件夹”添加界面。

08 如图8-56所示，在“要复制的文件夹”界面单击“添加”按钮，选择主要成员DFS-1上要复制的文件夹名Fin，本地路径为D:\Files\Fin，单击“下一步”按钮，弹出“其他成员上Fin的本地路径”界面。

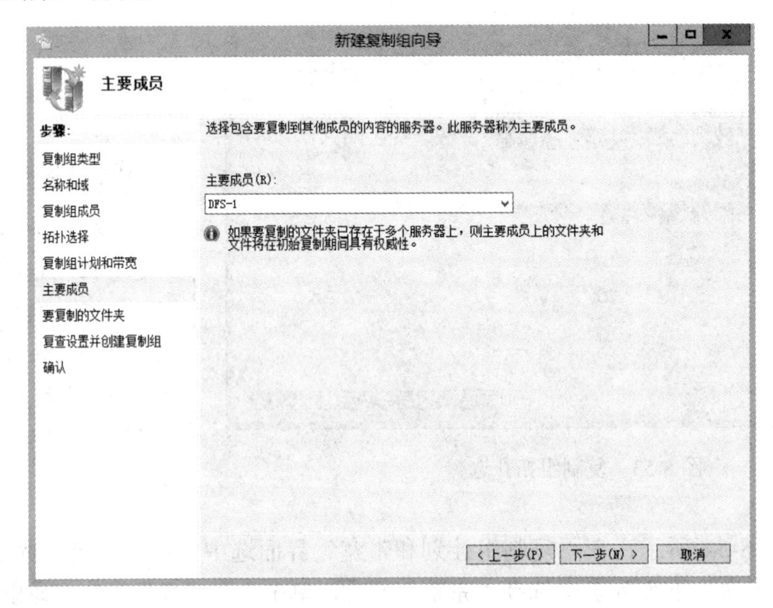

图 8-55　复制组主要成员

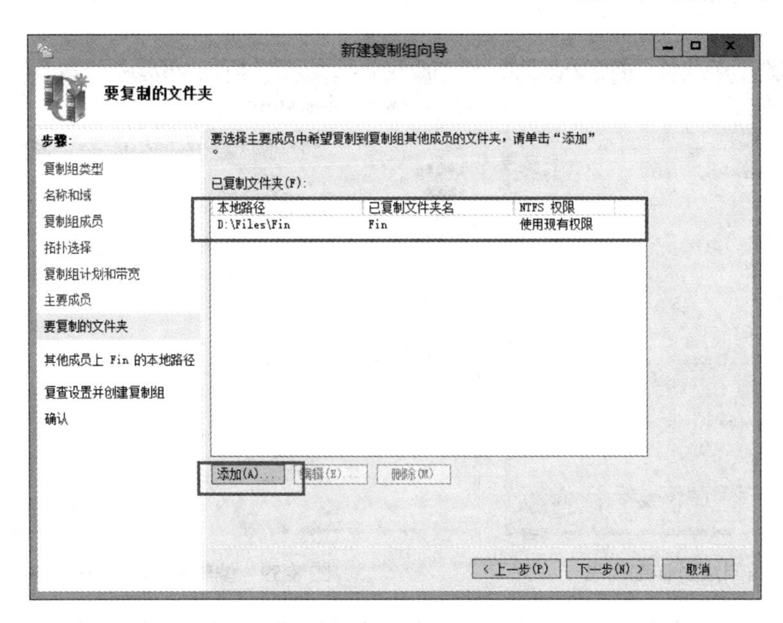

图 8-56 复制的文件夹

09 如图 8-57 所示，在“其他成员上 Fin 的本地路径”界面单击“编辑”按钮，弹出“编辑”对话框。

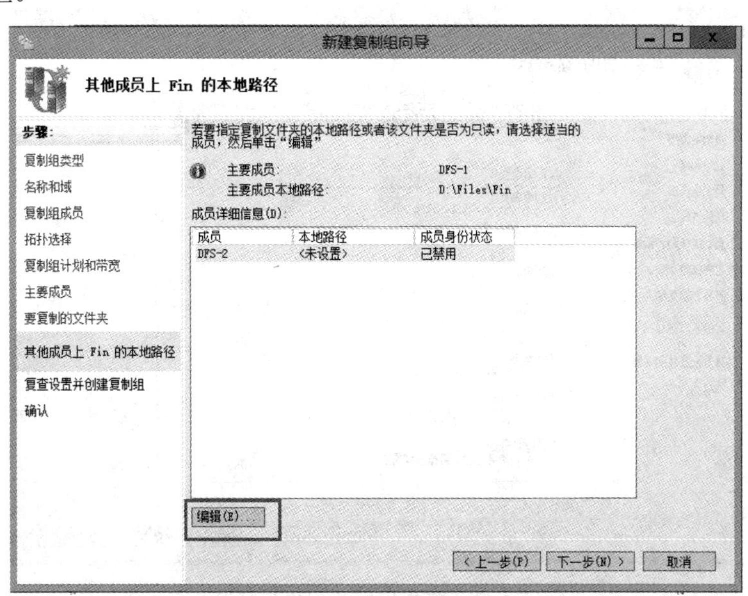

图 8-57 成员详细信息

10 如图 8-58 所示，在“编辑”对话框的“成员”栏里选择 DFS-2，在“成员身份状态”组中选中“已启用”单选按钮，文件夹的本地路径为 C:\Files\Fin 单击“确定”按钮。

11 此时可以看到编辑后的界面，如图 8-59 所示，已经将其他成员添加进来，成员名称为 DFS-2，本地路径为 C:\Files\Fin，成员身份状态为“已启用”。单击“下一步”按钮，弹出“复查设置并创建复制组”界面。

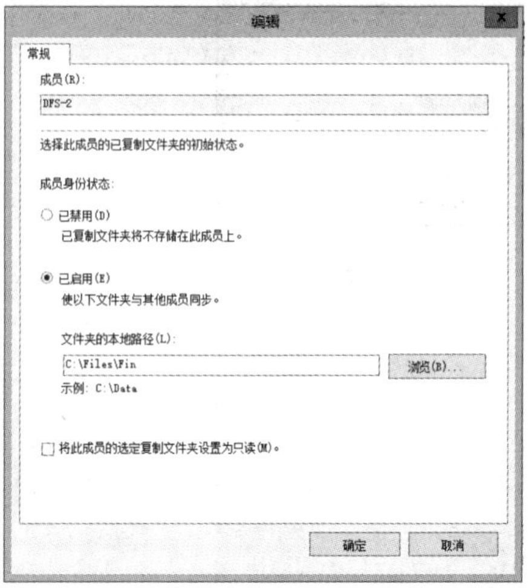

编辑
常规
成员(R):
DFS-2
选择此成员的已复制文件夹的初始状态。
成员身份状态:
已禁用(D)
已复制文件夹将不存储在此成员上。
已启用(E)
使以下文件夹与其他成员同步。
文件夹的本地路径(L):
C:\Files\Fin
浏览(B)...
示例: C:\Data
将此成员的选定复制文件夹设置为只读(M)。
确定 取消

图 8-58 编辑成员详细信息

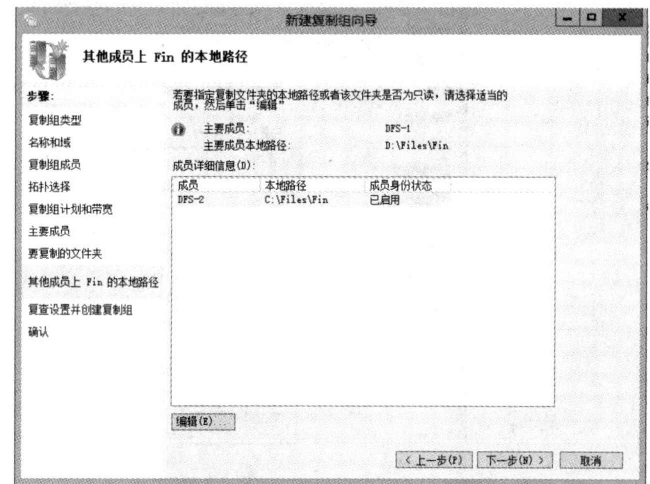

图 8-59 编辑后的成员详细信息

12 如图 8-60 所示，在“复查设置并创建复制组”界面可以看到关于复制组的详细信息，包括“复制组名”、“复制组域”、“复制组成员”、“拓扑类型”、“连接列表”以及“默认连接计划”等信息，单击“创建”按钮，弹出“确认”界面。

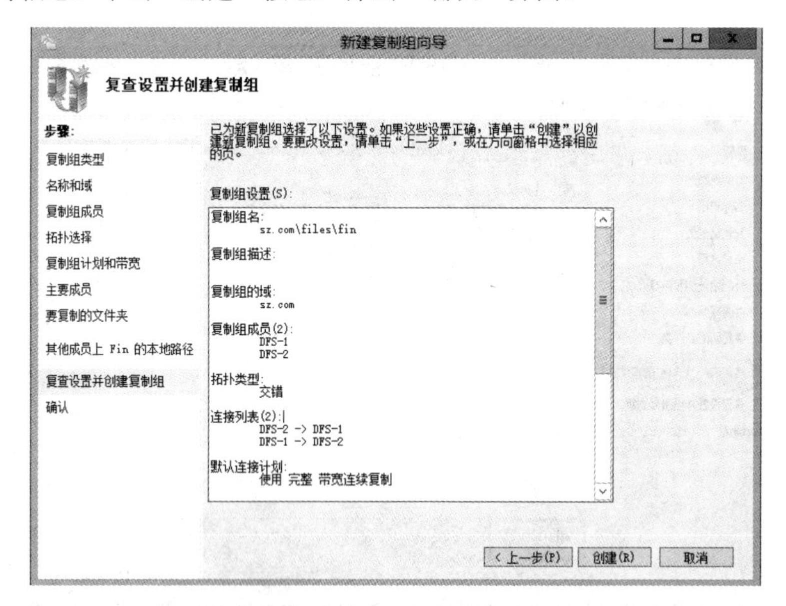

图 8-60 复查设置并创建复制组

13 通过“确认”界面，可以看到复制组已经创建，所有状态均为“成功”，如图 8-61 所示，单击“关闭”按钮，返回到“DFS 管理”界面。

14 在“DFS 管理”界面，可以查看到命名空间 sz.com\Files 下的文件夹 FIN 在 DFS-1 和 DFS-2 上的文件夹目标，如图 8-62 所示。

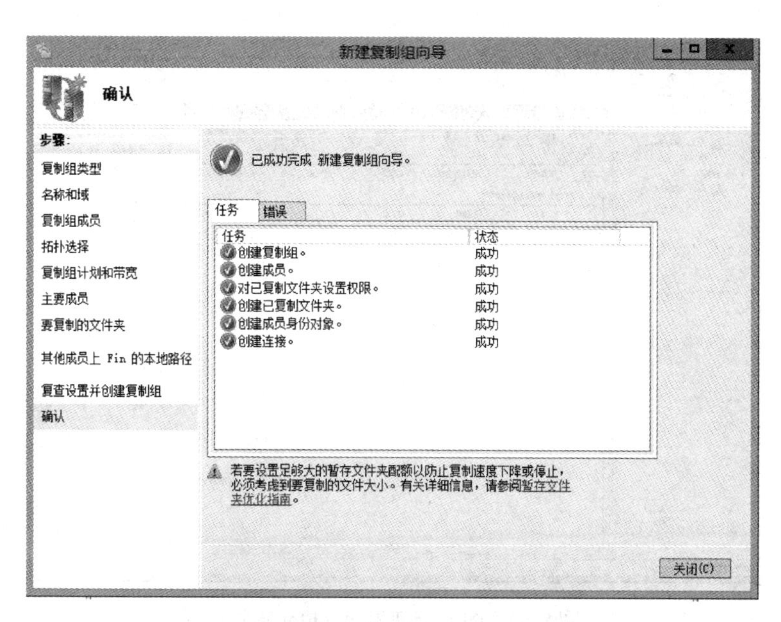

图 8-61　确认窗口

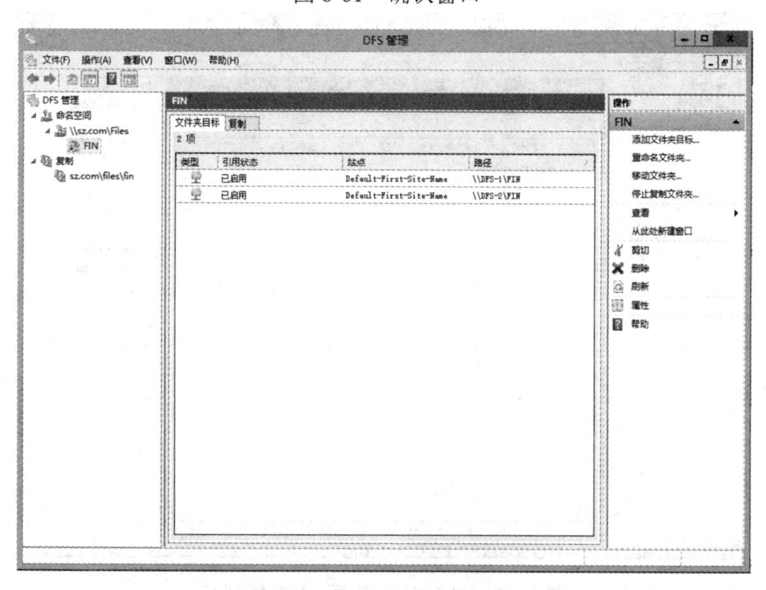

图 8-62　DFS 管理界面—FIN 文件夹

15 在“DFS 管理”界面单击名称为 sz.com\files\fin 的复制组，可以查看该复制组的“成员身份”信息如下：成员 DFS-1 的本地路径为 D:\Files\FIN、成员 DFS-2 的本地路径为 C:\Files\FIN，“成员身份状态”为“已启用”，如图 8-63 所示。

16 按照相同的步骤为文件“HR”、“SALES”、“TEC”分别创建复制组，如图 8-64～图 8-66 所示。

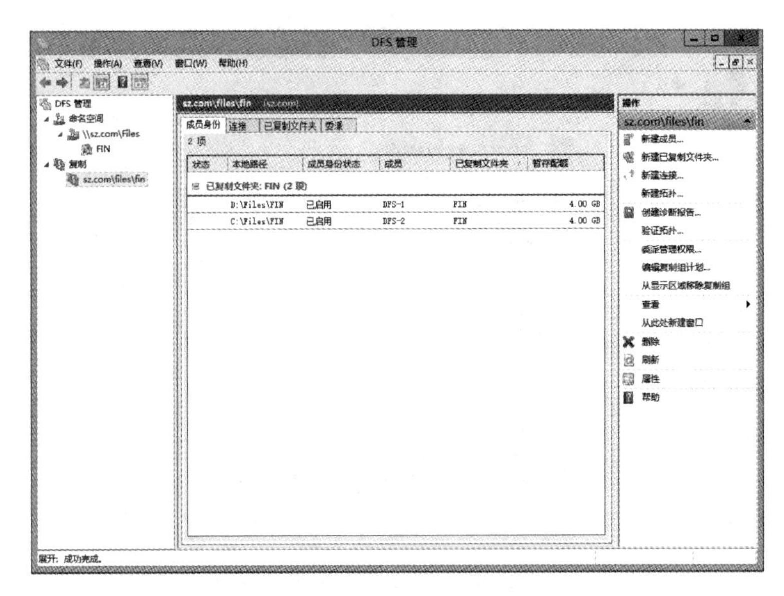

图 8-63 DFS 管理界面—FIN 复制组

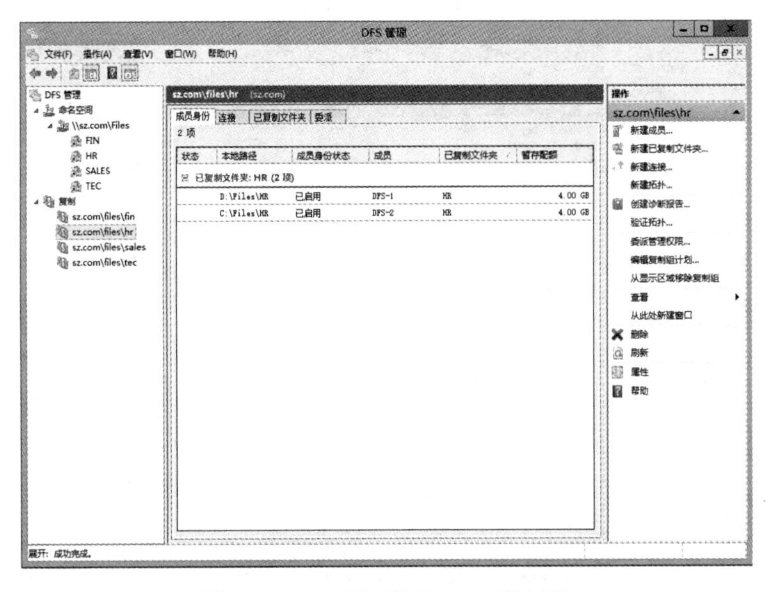

图 8-64 DFS 管理界面—HR 复制组

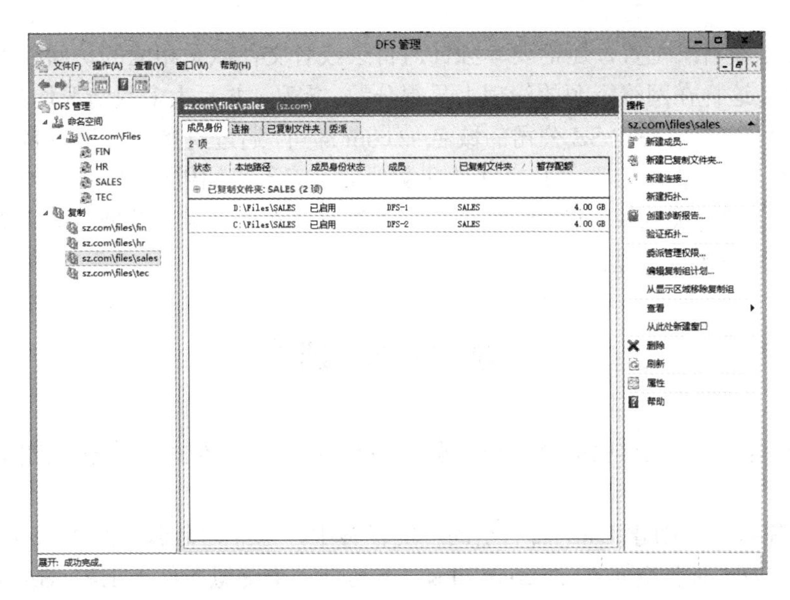

图 8-65　DFS 管理界面—SALES 复制组

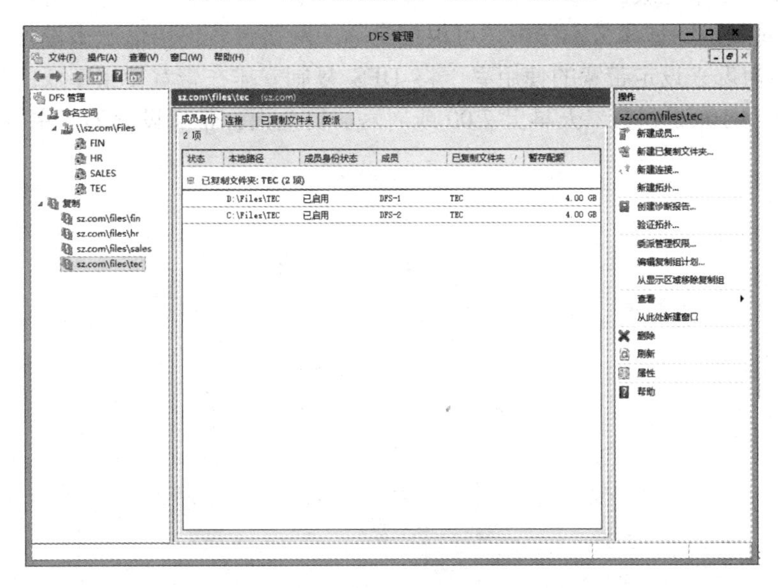

图 8-66　DFS 管理界面—TEC 复制组

项 目 小 结

SZ 公司原有的文件服务器 DFS-1 和 DFS-2 上的共享资源如下：

dfs-1.sz.com 的共享资源（D:\Files\FIN、D:\Files\TEC、D:\Files\HR、D:\Files\SALES）

dfs-2.sz.com 的共享资源（C:\Files\FIN、C:\Files\TEC、C:\Files\HR、C:\Files\SALES）

管理员通过部署 DFS 服务，现在财务、技术、人事、销售部门之间的网络资源均可以分布到各个部门的负责人来管理。之前用户之间的文件共享以及资源服务，需要通过询问对方的 IP 地址以及目录位置，还需要单独针对目录或者文件赋予相应的访问权限才可以正常获取网络资源。这样在网络资源的管理上显得分散、零乱，并且大多数情况均为临时性需求。

现在部门用户只需关注 SZ 公司的域名 sz.com 即可，通过直接访问该域名即可进入 DFS 文件目录，访问分布在网络上的共享文件和文件夹，而不必知道这些文件的实际物理位置。通过对部门共享文件夹的权限管理，各个部门的网络资源管理相对隔离，文件资源的管理的安全、有序，使用率也得以提升。

项 目 实 训

管理员根据表 8-1 文件服务器分布情况，制定了部署了分布式文件系统的方案，如图 8-1 所示。

1）在“任务二　创建 DFS 命名空间”的任务中，已经为命名空间“\\sz.com\Files”创建了 FIN 文件夹，命名空间“\\sz.com\Files”下其余三个虚拟文件夹 HR、SALES、TEC 将放在此项目实训中来完成。

2）在“复制组计划和带宽”中，可根据实际的网络带宽使用情况来设置，根据实际的网络带宽使用情况来设定带宽的使用率，将 DFS 复制安排在带宽使用率低的时间段，如周一至周五的晚上 10:00 到第二天早上 7:00 或周六、日全天。带宽设置为“完整”。

管理 Hyper-V

SZ 公司网络管理员需要一个包含多台计算机的网络环境来满足公司的业务需求，然而公司的经费有限，很难购置多台服务器，Windows Server 2012 R2 可以使用虚拟化软件 Hyper-V 实现虚拟化服务器。

在本项目中，将通过完成以下三个任务来学习 Windows Server 2012 R2 中 Hyper-V 的虚拟化。

任务一　安装 Hyper-V 角色

任务二　使用 Hyper-V 角色创建虚拟交换机与虚拟机

任务三　使用 Hyper-V 安装虚拟机

知识目标

- 了解安装 Hyper-V 的必要条件。
- 了解 Hyper-V 的功能。

技能目标

- 掌握 Hyper-V 的安装。
- 掌握使用 Hyper-V 创建与管理虚拟机。

任务一　安装 Hyper-V 角色

任务描述

在 Windows Server 2012 R2 的服务器操作系统中添加 Hyper-V 角色，完成 Hyper-V 的设置。观看“安装 Hyper-V 角色”教学视频请扫右侧二维码。

安装 Hyper-V 角色

相关知识

要使用 Hyper-V 虚拟化技术搭建多台虚拟机，所使用的服务器 CPU 需要 64 位处理器，包括以下要求：

◆ 硬件辅助虚拟化技术。CPU 必须支持虚拟化包括 Intel 虚拟化技术（Intel VT）或 AMD 虚拟化（AMD-V）技术，并且需要在 BIOS 设置启用虚拟化技术。

◆ 硬件数据执行保护（DEP）必须支持且已启用。在主板 BIOS 中开启 Intel XD 位（执行禁用位）或 AMD NX 位（无执行位）。

另外，这台计算机安装的操作系统可以是 Windows Server 2012 R2、Windows Server 2008 R2 或者其他 64 位 Windows Server 2012 操作系统。

实现步骤

默认情况下 Windows Server 2012 R2 没有安装 Hyper-V 角色，如果设置 Windows Server 2012 R2 的服务器升级成虚拟主机，需要安装 Hyper-V 角色。

01 打开“服务器管理器”界面，单击图 9-1 所示的“仪表板”中“添加角色和功能”选项，打开“添加角色和功能”向导。

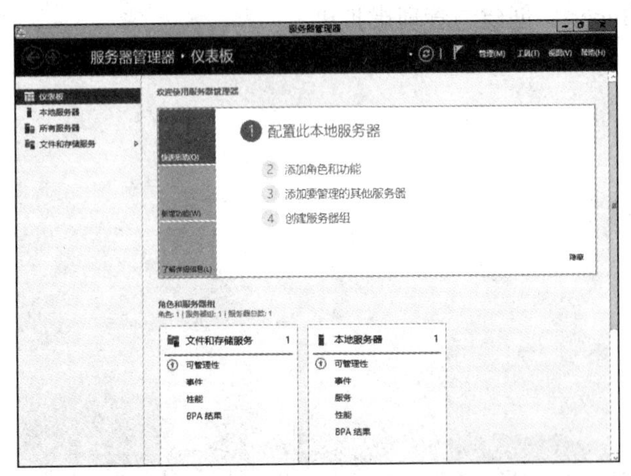

图 9-1　添加角色和功能

02 如图 9-2 所示，在“开始之前”界面中单击“下一步”按钮，打开“选择安装类型”界面。

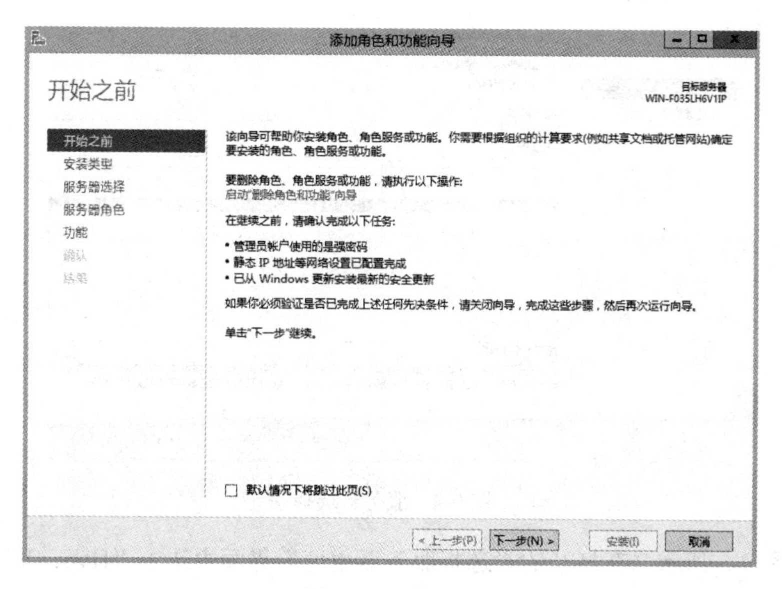

图 9-2　开始之前

03 如图 9-3 所示，在“选择安装类型”界面中选中“基于角色或基于功能的安装”单选按钮，单击“下一步”按钮。

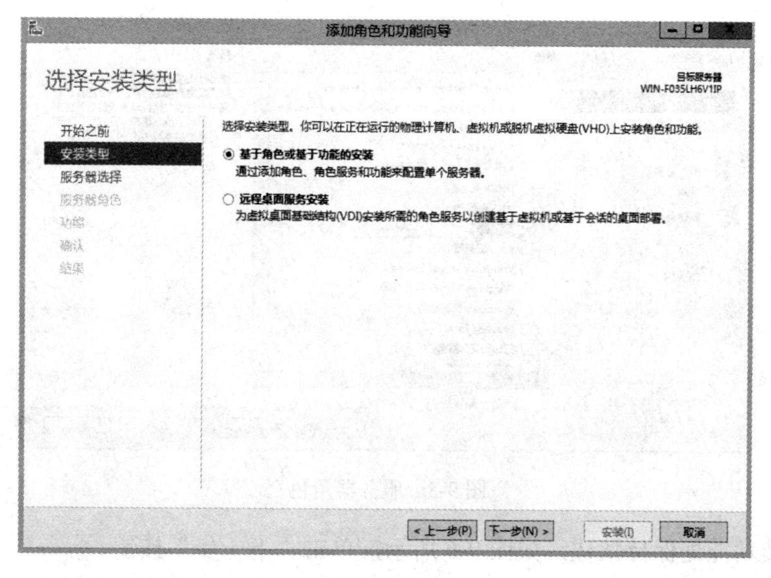

图 9-3　安装类型

04 如图 9-4 所示在打开的“选择目标服务器”界面中选中“从服务器池中选择服务器”单选按钮，选择需要安装 Hyper-V 角色的服务器名称，单击“下一步”按钮。

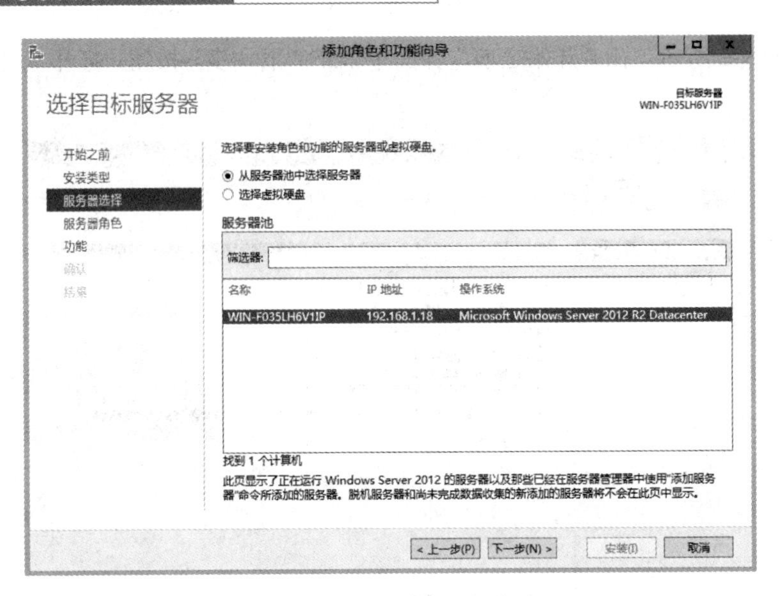

图 9-4　服务器选择

05 如图 9-5 所示，在打开的“选择服务器角色”界面中选中“Hyper-V”复选框，单击“下一步”按钮。

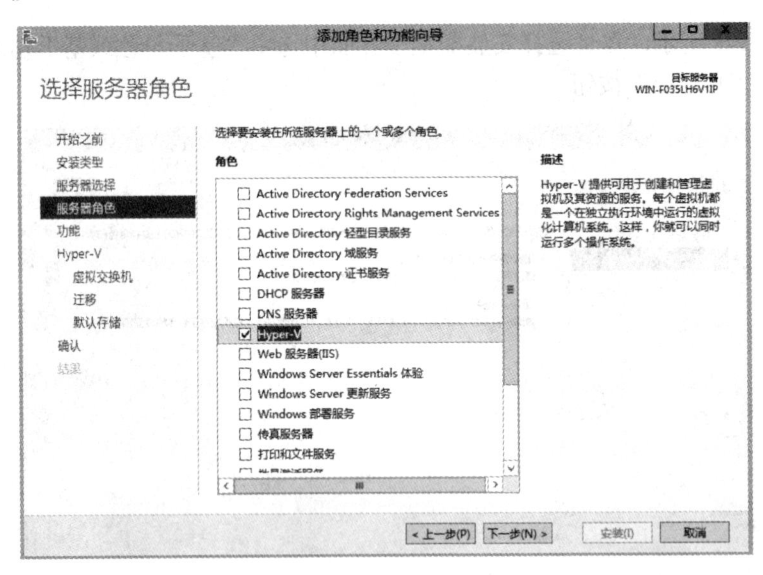

图 9-5　服务器角色

06 安装功能处保持默认，如图 9-6 所示，单击“下一步”按钮。

07 如图 9-7 所示，在打开的“创建虚拟交换机”界面中可以选择创建，也可以选择之后再创建，单击“下一步”按钮。

08 如图 9-8 所示，在打开的“虚拟机迁移”界面中选中“允许此服务器发送和接收虚拟机的实时迁移”复选框，单击“下一步”按钮。

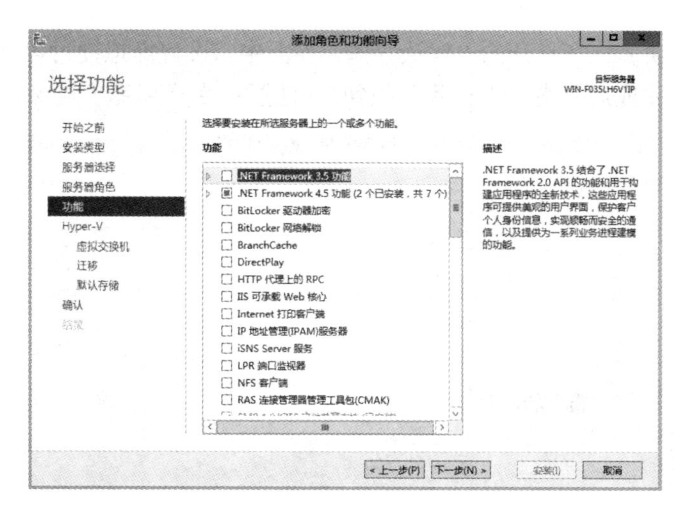

图 9-6　安装功能

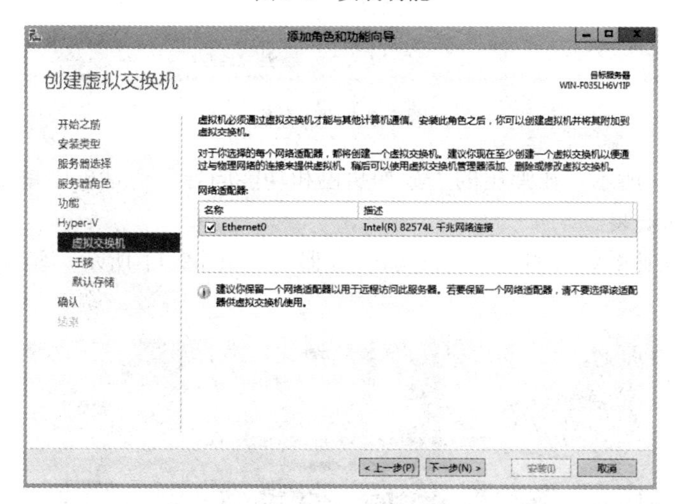

图 9-7　虚拟交换机

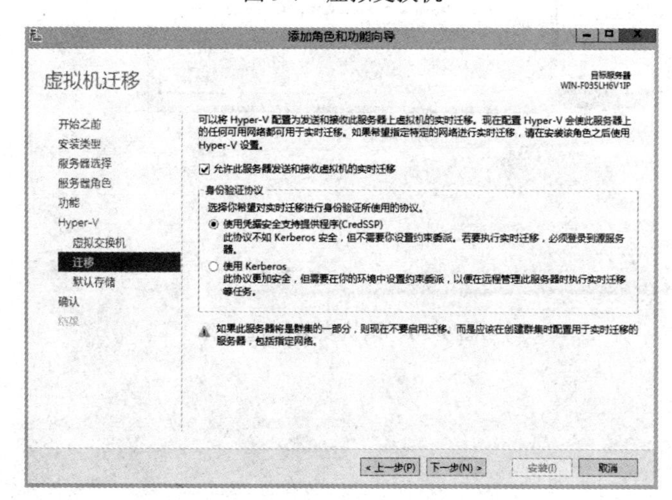

图 9-8　迁移

09 如图 9-9 所示，在打开的“默认存储”界面中，设置虚拟硬盘以及虚拟机配置文件的存储位置，设置完成后单击“下一步”按钮。（**注意**：生产环境下建议放置在不同位置。）

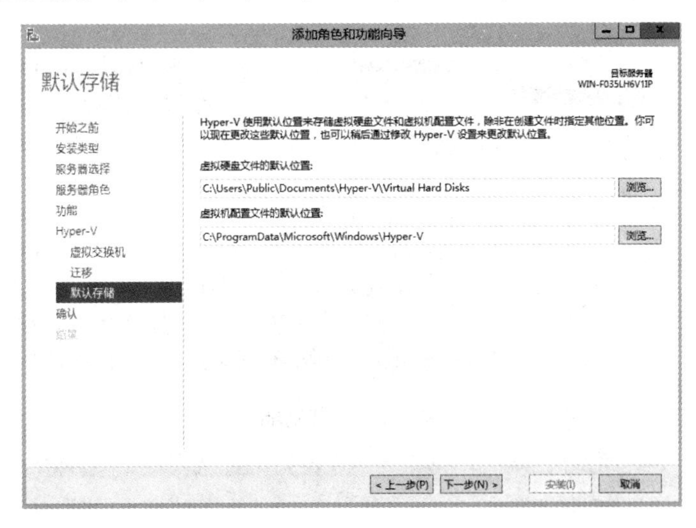

图 9-9　默认存储

10 如图 9-10 所示，在弹出的“添加角色和功能向导”对话框中单击“是”按钮，完成 Hyper-V 角色的安装。

11 重新启动计算机并打开“服务器管理器”，如图 9-11 所示，验证 Hyper-V 已安装成功。

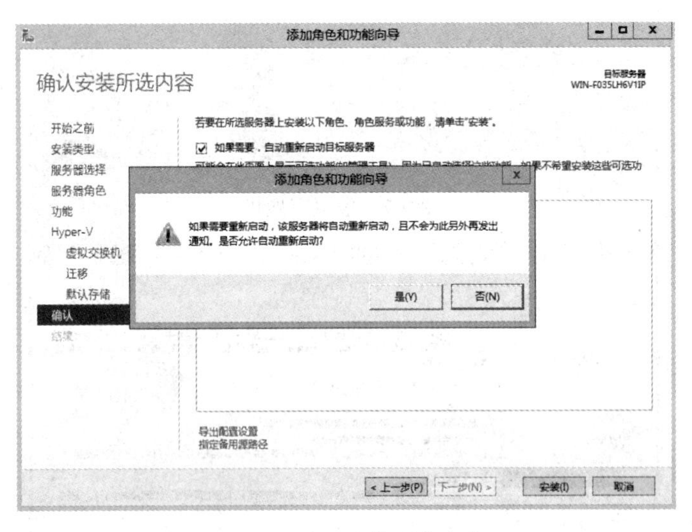

图 9-10　确认安装所选内容

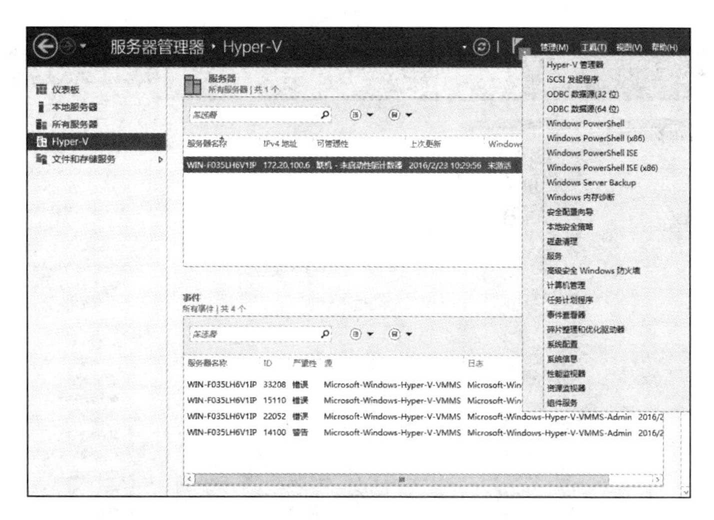

图 9-11　Hyper-V 安装验证

任务二　使用 Hyper-V 角色创建虚拟交换机与虚拟机

任务描述

在 Windows Server 2012 R2 的服务器操作系统中学习使用 Hyper-V 角色创建虚拟交换机与虚拟机的基本操作。观看“使用 Hyper-V 角色创建虚拟交换机与虚拟机”教学视频请扫右侧二维码。

使用 Hyper-V 角色创建虚拟交换机与虚拟机

相关知识

Windows Server 2012 R2 Hyper-V 虚拟交换机（vSwitch）引入了很多用户要求的功能，以便实现租户隔离、通信整形、防止恶意篡改虚拟机以及更轻松地排查问题等。Hyper-V vSwitch 是第二层虚拟网络交换机，它以编程方式提供管理和扩展功能，从而将虚拟机连接到物理网络。vSwitch 为安全、隔离以及服务级别提供策略强制。通过支持网络设备接口规格（NDIS）筛选器驱动程序和 Windows 筛选平台（WFP）标注驱动程序，Hyper-V vSwitch 允许可提供增强网络和安全功能的非 Microsoft 可扩展插件。

实现步骤

01 打开“服务器管理器”，选择“工具”→“Hyper-V 管理器”选项，如图 9-12 所示。

02 右击本地服务器名称，在弹出的快捷菜单中选择“新建”→“虚拟机”选项，如图 9-13 所示，打开“开始之前”设置界面。

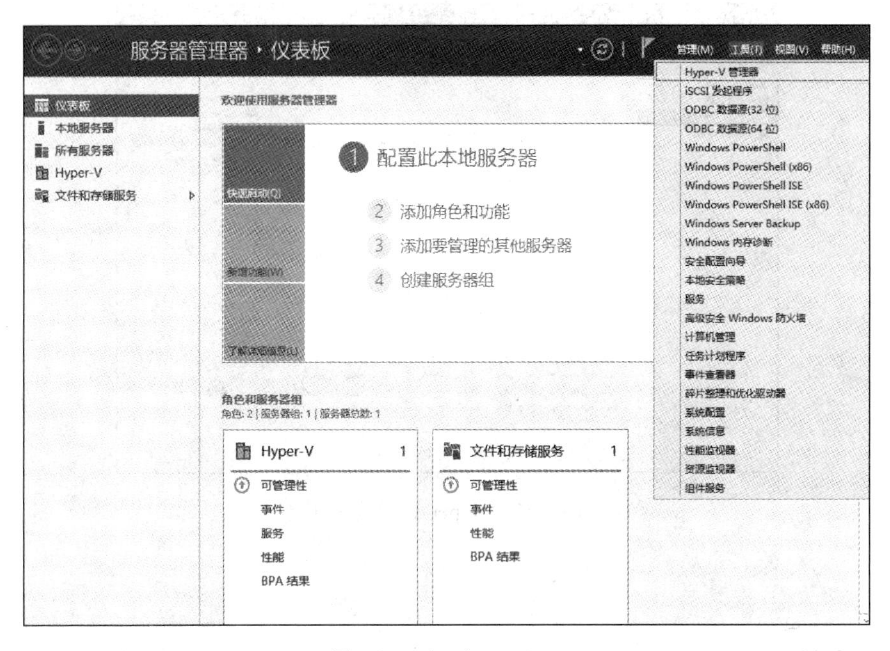

图 9-12　打开 Hyper-V

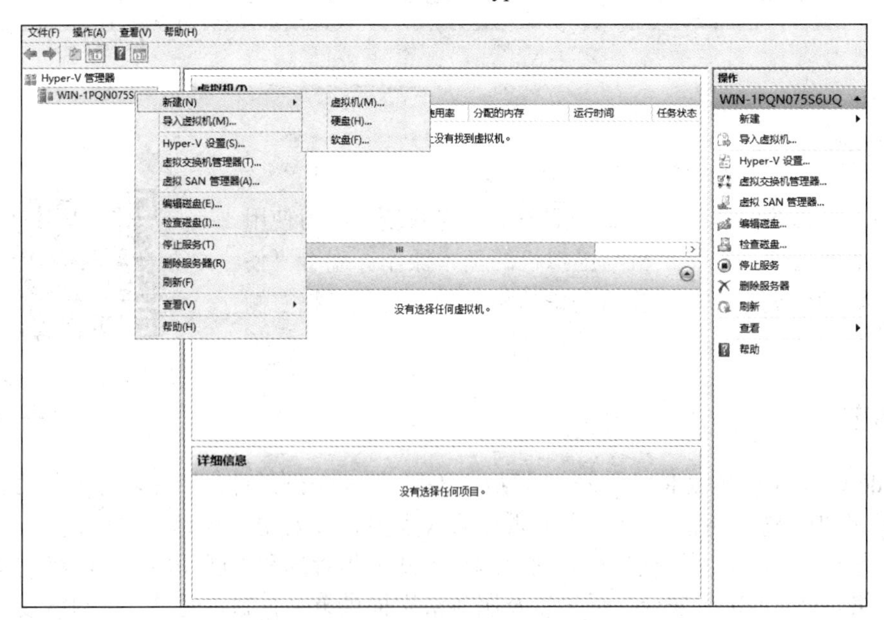

图 9-13　新建虚拟机

03 如图 9-14 所示，在打开的“开始之前”设置界面选中“不再显示此页”复选框，单击“下一步”按钮。

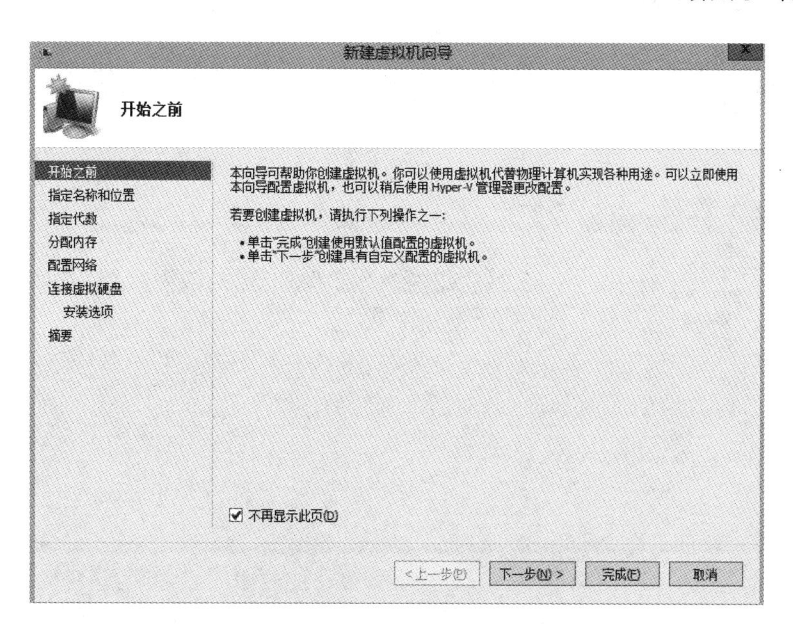

图 9-14　开始之前

04 如图 9-15 所示，在打开的“指定名称和位置”界面的“名称”文本框中输入创建虚拟机的名称，并选中“将虚拟机存储在其他位置”复选框，单击“浏览”按钮选择保存虚拟机的路径，单击“下一步”按钮。

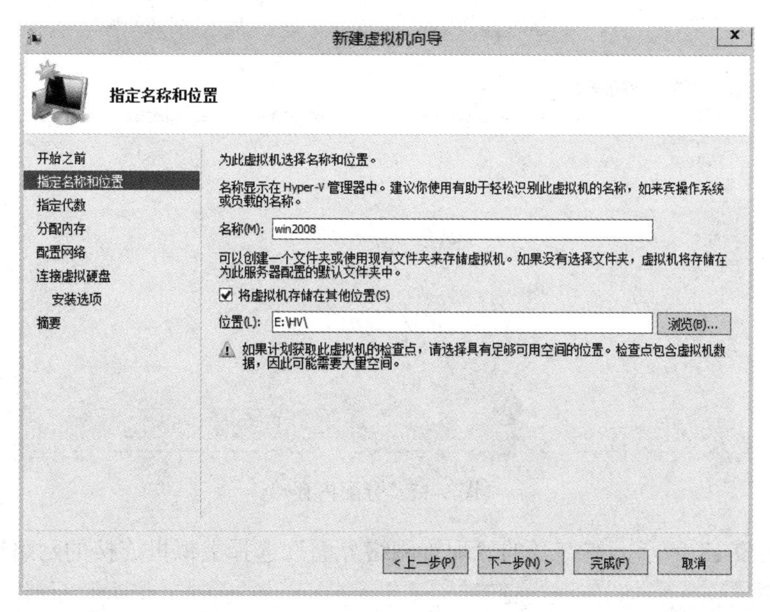

图 9-15　指定名称和位置

05 如图 9-16 所示在打开的“指定代数”界面选中“第一代”单选按钮，单击“下一步”按钮。

06 如图 9-17 所示，在打开的“分配内存”界面输入需要分配给虚拟机的内存大小，单击“下一步”按钮。

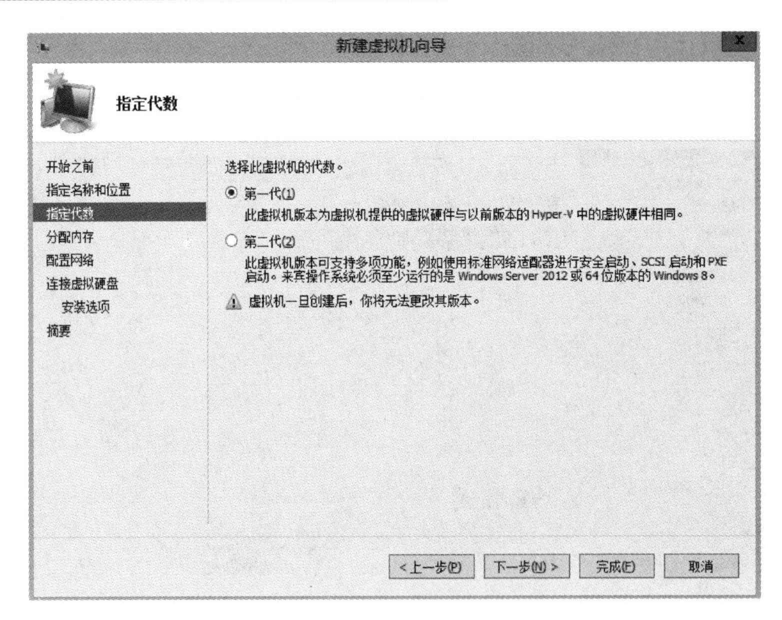

图 9-16　指定代数

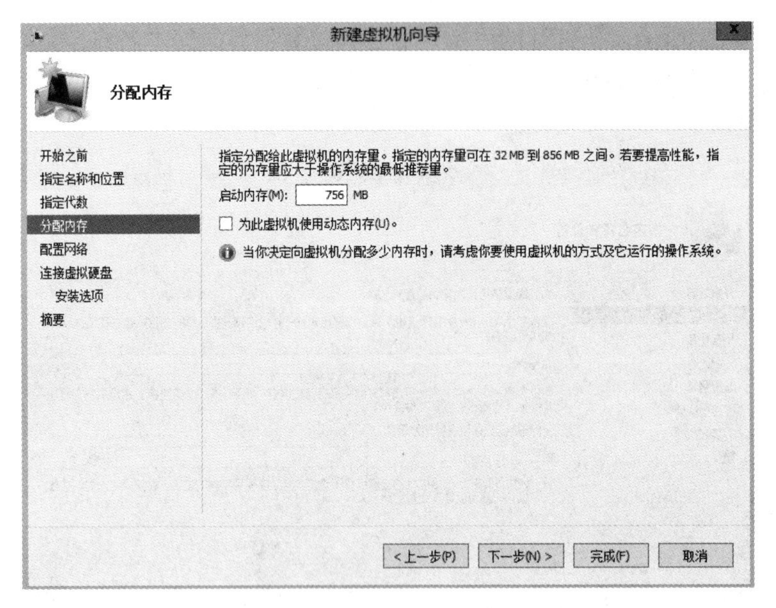

图 9-17　分配内存

07 如图 9-18 所示，在打开的“配置网络界面”选择虚拟机连接的网络适配器，单击“下一步”按钮。

08 如图 9-19 所示，在打开的“连接虚拟硬盘”界面选中“创建虚拟硬盘”单选按钮，输入要创建的虚拟硬盘大小，单击“下一步”按钮。

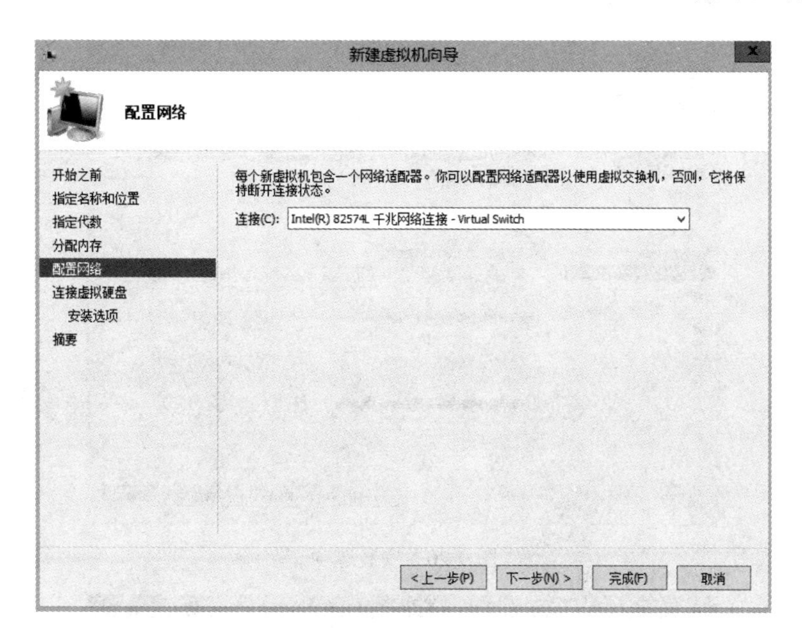

图 9-18　配置网络

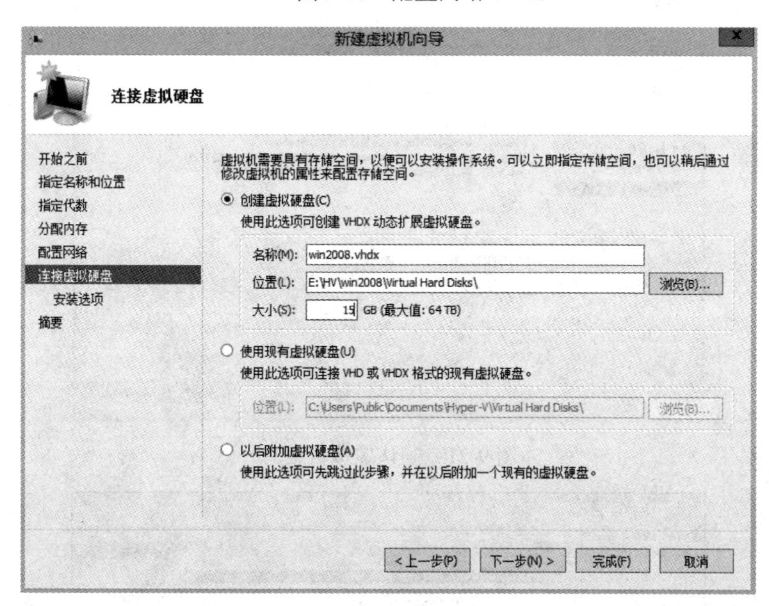

图 9-19　连接虚拟硬盘

09 如图 9-20 所示，在打开的“安装选项”界面选中“从可启动的 CD/DVD-ROM 安装操作系统”单选按钮，并选中“媒体”组中的“映像文件”单选按钮，单击“浏览”按钮，指定启动系统的 iso 映像文件，单击“下一步”按钮。

10 如图 9-21 所示，在打开的“正在完成新建虚拟机向导”界面确认新建虚拟机的安装信息，单击“完成”按钮，等待后即可新建虚拟机。

11 如图 9-22 所示，虚拟机列表中出现 win2008，新建的虚拟机已创建完毕。

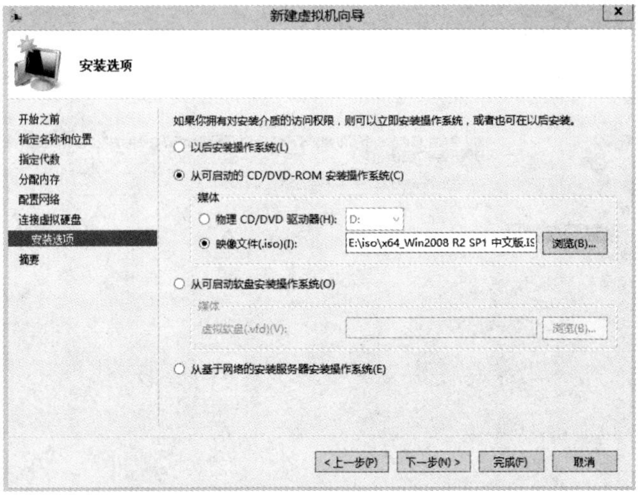

图 9-20　安装选项

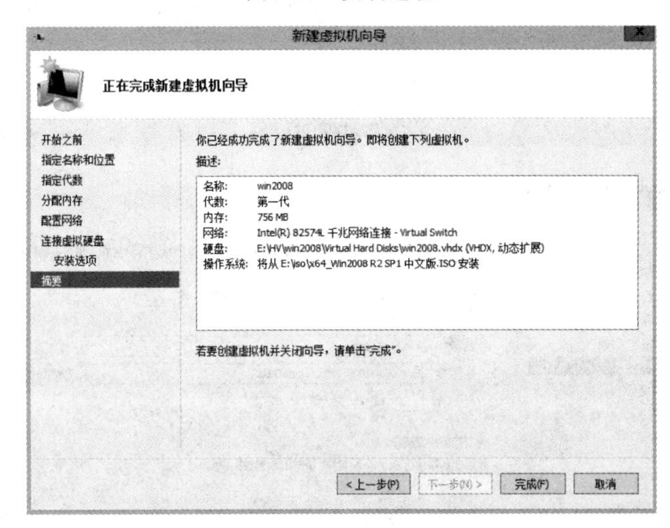

图 9-21　确认虚拟机信息

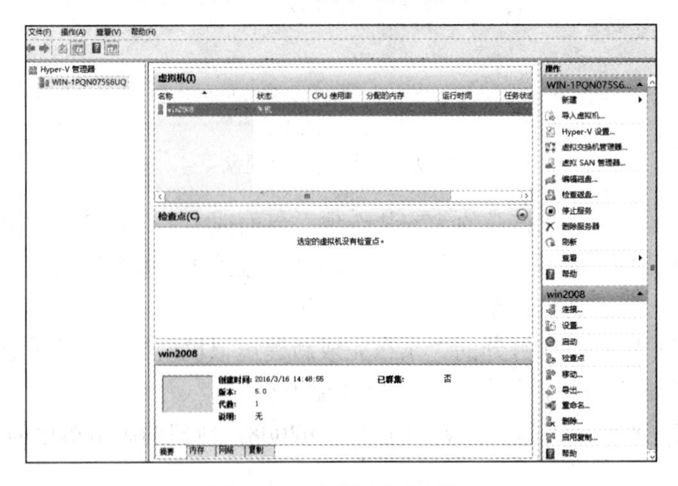

图 9-22　成功创建虚拟机

任务三　使用 Hyper-V 安装虚拟机

任务描述

在 Windows Server 2012 R2 的服务器操作系统中使用 Hyper-V 角色，完成 Hyper-V 的虚拟机安装。观看“使用 Hyper-V 安装虚拟机”教学视频请扫右侧二维码。

使用 Hyper-V 安装虚拟机

相关知识

Hyper-V 技术可虚拟化硬件以提供可在一个物理计算机上同时运行多个操作系统的环境。Hyper-V 可以创建和管理虚拟机及其资源。每个虚拟机都是可单独运行其各自操作系统的虚拟化计算机系统。在虚拟机内运行的操作系统被称为“来宾操作系统”。

实现步骤

01 打开“Hyper-V”管理器，右击 win2008 虚拟机，在弹出的快捷菜单中选择“连接”选项，如图 9-23 所示。

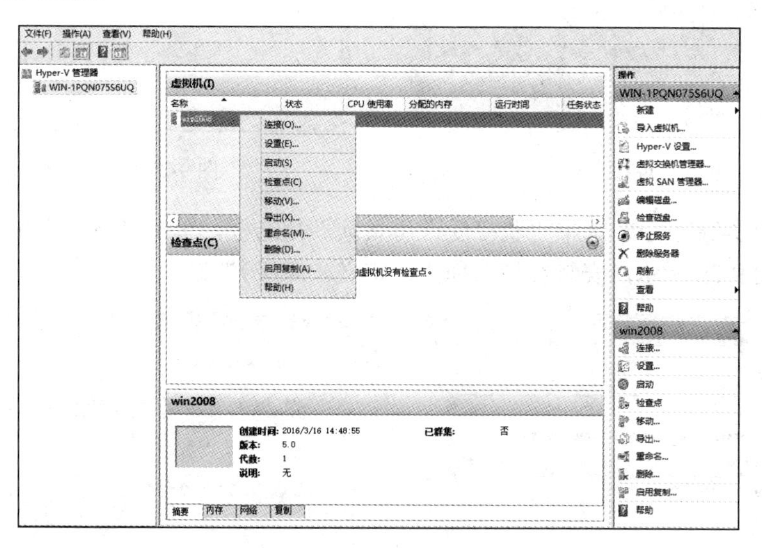

图 9-23　连接虚拟机

02 在打开的“虚拟机连接”窗口选择“操作”→“启动”命令，如图 9-24 所示，即可开启虚拟机。

03 如图 9-25 所示，虚拟机进入 Windows server 2008 R2 安装界面，单击“下一步”按钮。

操作(A) 媒体(M) 查看(V) 帮助(H)
Ctrl+Alt+Delete(C) Ctrl+Alt+End
启动(T) Ctrl+S
关闭(D)... Ctrl+D
保存(A) Ctrl+A
暂停(E) Ctrl+P
重置(R)... Ctrl+R
检查点(P)... Ctrl+N
还原(V)... Ctrl+E
插入集成服务安装盘(I) Ctrl+I

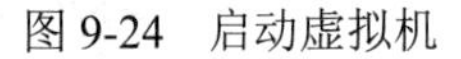

图 9-24　启动虚拟机

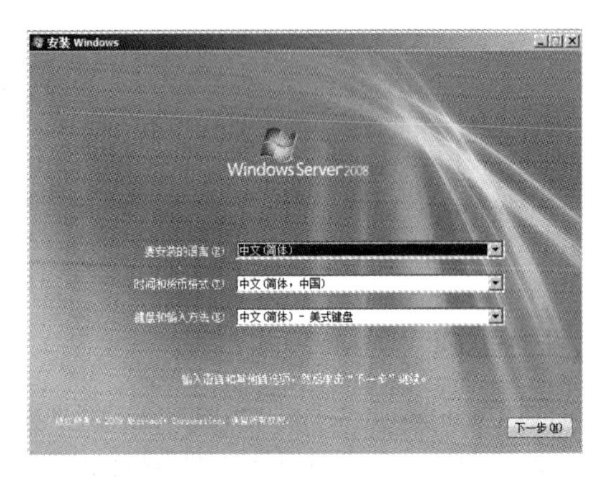

图 9-25　进入系统安装界面

04 如图 9-26 所示，单击“现在安装”按钮。

05 如图 9-27 所示，选中 Windows Server 2008 R2 Enterprise（完全安装），单击“下一步”按钮。

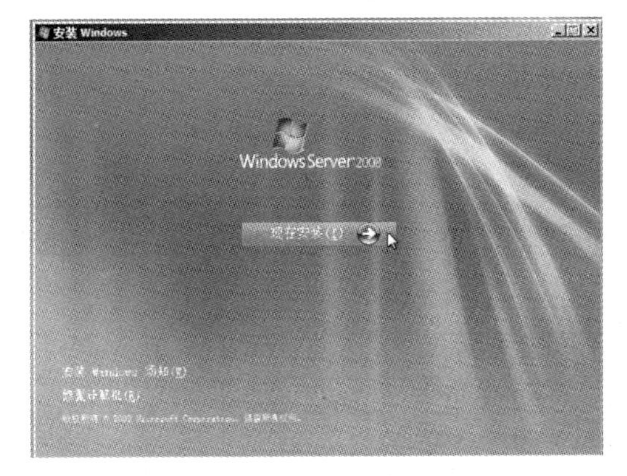

图 9-26　现在安装

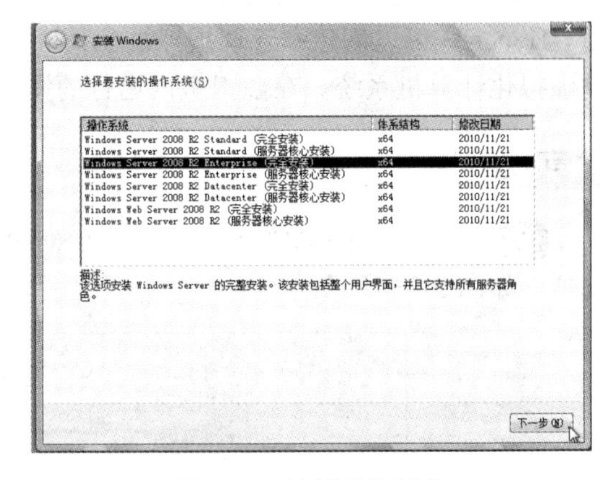

图 9-27　选择系统版本

06 如图 9-28 所示，选中“我接受许可条款”复选框，单击“下一步”按钮。

07 如图 9-29 所示，安装类型选择“自定义（高级）”选项。

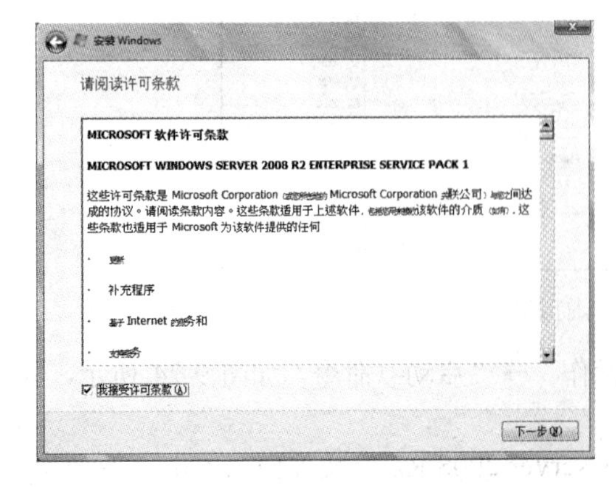

图 9-28　接受许可条款

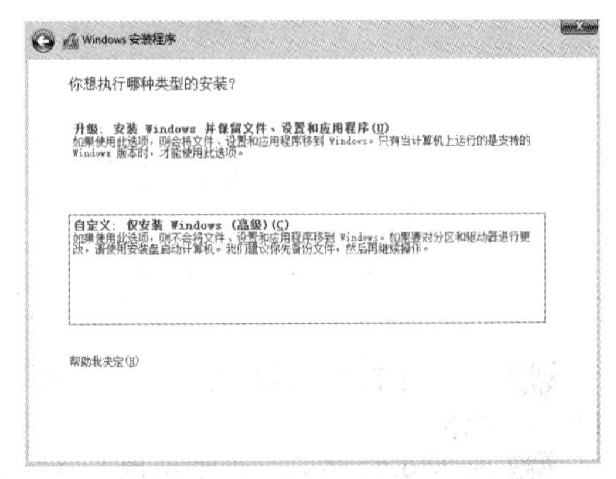

图 9-29　安装类型

08 如图 9-30 所示，磁盘分区选择分配全部空间给系统盘，单击“下一步”按钮。

09 如图 9-31 所示，Windows 系统开始安装，耐心等待安装完毕。

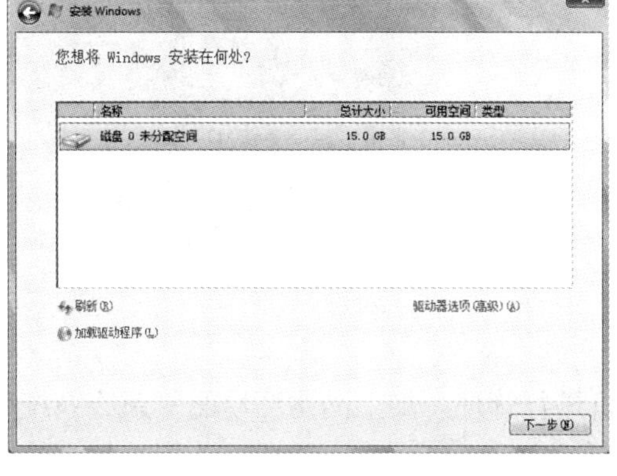

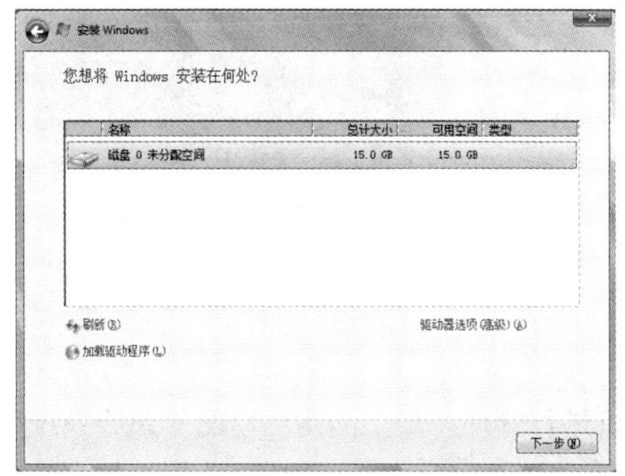

图 9-30　磁盘分区

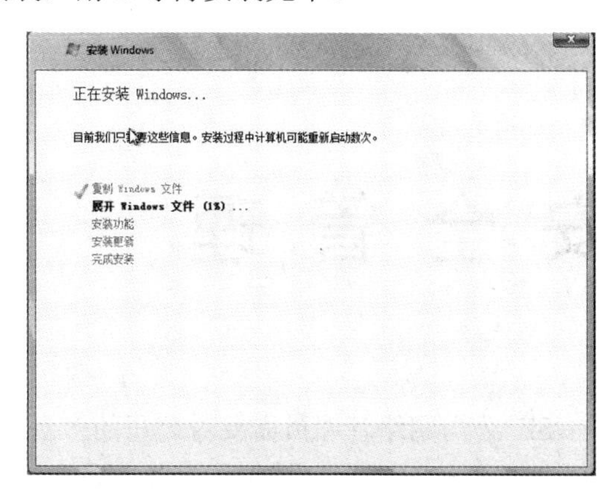

图 9-31　安装系统

项 目 小 结

Hyper-V 是微软提出的一种系统管理虚拟化技术。它主要作用是管理、调度虚拟机的创建和运行，并提供硬件资源的虚拟化。与其他的虚拟化平台相比，Hyper-V 特点就是精简了结构提高了性能。

Hyper-V 可以在受支持的用户操作系统运行时向其动态添加逻辑处理器、内存、网络适配器和存储器；可以为每一个虚拟机提供高级的网络功能，包括 NAT、防火墙和 VLAN 分配，这种灵活性可以更好地支持网络安全的要求。Hyper-V 使用大家熟悉的 Microsoft 管理控制台（MMC）界面管理 Hyper-V 配置和虚拟机设置，使用 GPO 的配置管理功能管理 Hyper-V 主机虚拟化和虚拟机配置。Hyper-V 还为 Windows 及受支持的 Linux 来宾操作系统提供了全面的支持。

项 目 实 训

SZ 公司需要架设一台邮件服务器，以供在公司内部工作的员工进行邮件收发。要求管理员使用 Windows Server 2012 R2 系统自带的 Hyper-V 服务安装一台虚拟机，虚拟机要求配置如下：①名称：wins2003；②内存大小：1024MB；③硬盘大小：50GB；④网络适配器：桥接网卡（外部）；⑤操作系统：Windows Server 2003 Sp2。（**注意：没有具体说明的参数可自行选择。**）

安 全 管 理

SZ 公司网络管理员需要对公司的多台计算机进行管理，加上网络环境的复杂给系统带来了许多不稳定因素。所有系统安全至关重要，学习 Windows Server 2012 R2 相关常用的安全管理操作是必不可少的。

在本项目中，我们将通过完成以下五个任务来学习安全管理。

任务一　组策略设置

任务二　防火墙设置

任务三　磁盘配额

任务四　备份与恢复

任务五　创建 SSL 网站证书服务

知识目标

- ◆ 了解组策略、防火墙、磁盘配额、SSL 证书的作用。
- ◆ 了解备份与还原的功能。

技能目标

- ◆ 掌握组策略中密码策略、审核策略、软件限制策略的简单设置。
- ◆ 掌握防火墙入站与出站规则的配置。
- ◆ 掌握磁盘配额的启用及配置。
- ◆ 掌握磁盘、系统状态等的备份与还原操作。
- ◆ 掌握 SSL 证书的申请、颁发与应用。

任务一　组策略设置

任务描述

掌握密码策略、审核策略、软件限制策略的简单设置。观看“组策略设置”教学视频请扫右侧二维码。

组策略设置

相关知识

组策略是一种管理用户工作环境的技术，利用组策略可以确保用户拥有所需的工作环境，也可以通过它来限制用户，从而减轻管理员的工作负担。

实现步骤

01 默认情况下 Windows Server 2012 R2 没有安装组策略功能，组策略需要应用于图 10-1 所示域环境当中。

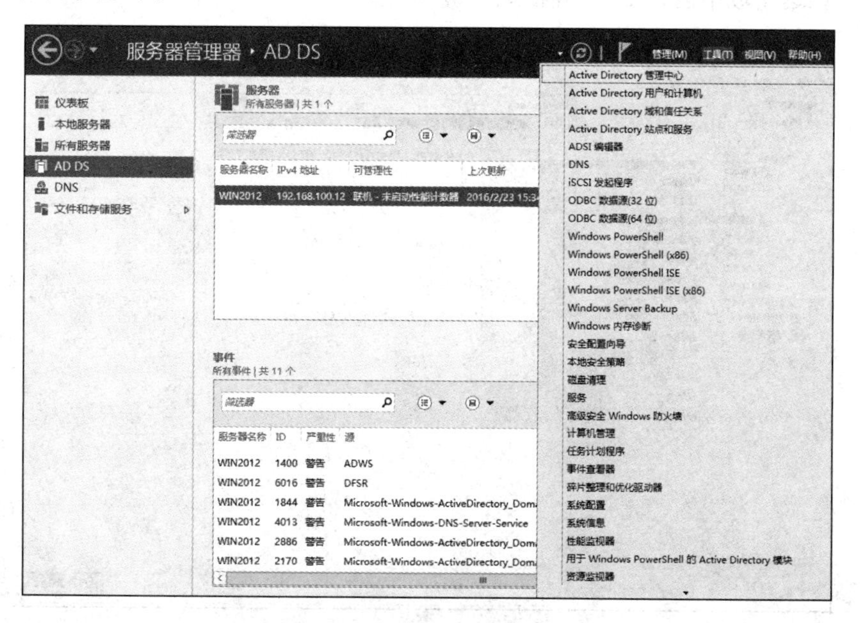

图 10-1　组策略应用环境

02 单击“开始”菜单按钮，选择“管理工具”选项，弹出“管理工具”窗口如图 10-2 所示。在“管理工具”窗口找到“组策略管理”选项并双击打开。

图 10-2　管理工具

03 如图 10-3 所示，在“管理工具”窗口中，右击 sayms.com 域名，在弹出的快捷菜单中选择“在这个域中创建 GPO 并在此处链接”选项。

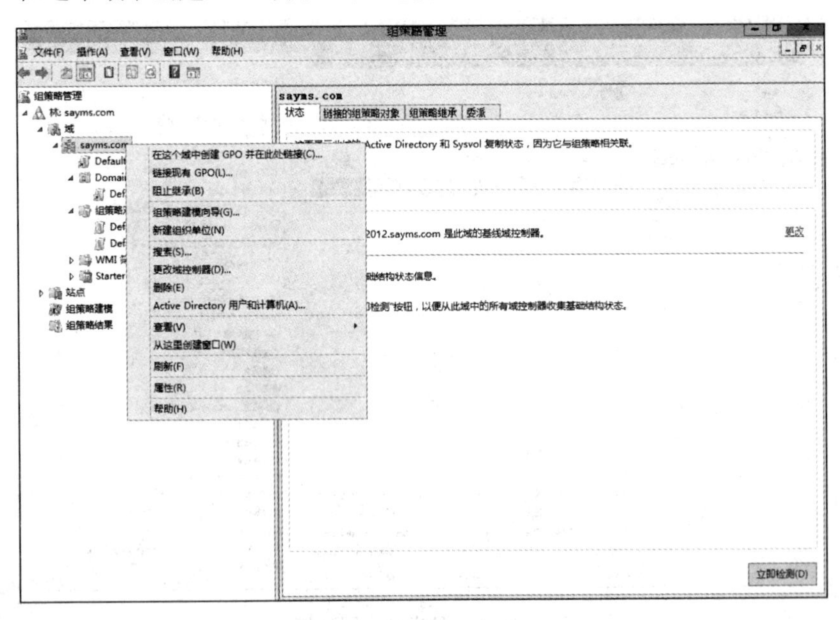

图 10-3　组策略管理

04 如图 10-4 所示对，在打开的“新建 GPO”对话框中输入新建的组策略名称，输入完成后单击“确定”按钮。

05 如图 10-5 所示，右击新建的“测试用的 GPO”组策略，在弹出的快捷菜单中选择

“编辑”选项。

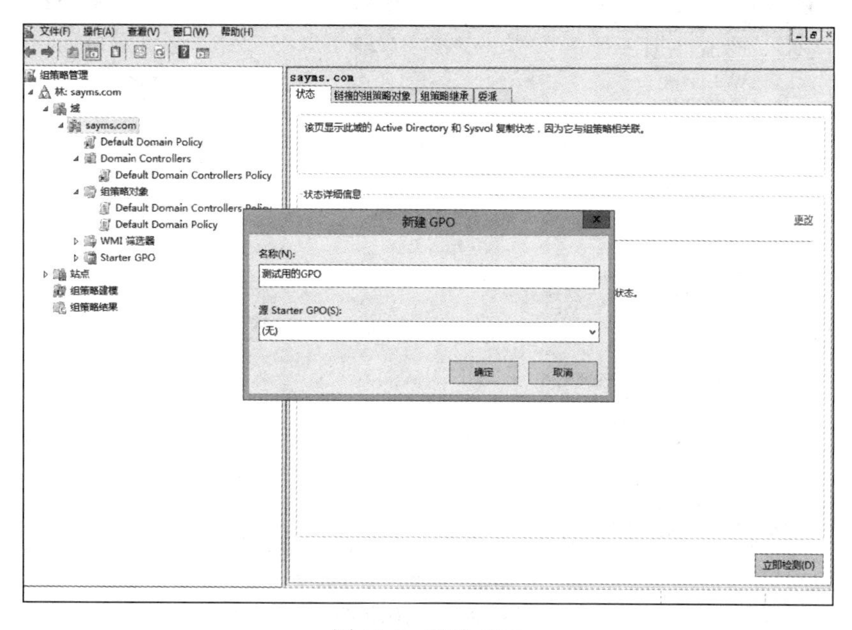

图 10-4　新建 GPO

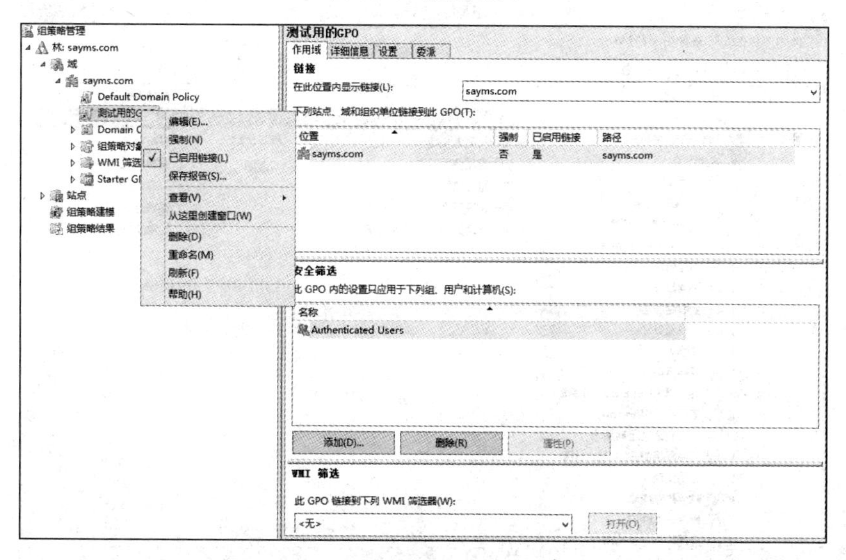

图 10-5　编辑新建的 GPO

06 设置密码策略。如图 10-6 所示，在打开的“组策略管理编辑器”窗口中依次打开“计算机配置”→“策略”→“Windows 设置”→“安全设置”→“帐户策略”→“密码策略”，展开“密码策略”列表窗口。

07 如图 10-7 所示，右击“密码必须符合复杂性要求”选项，在弹出的快捷菜单中选择“属性”选项。

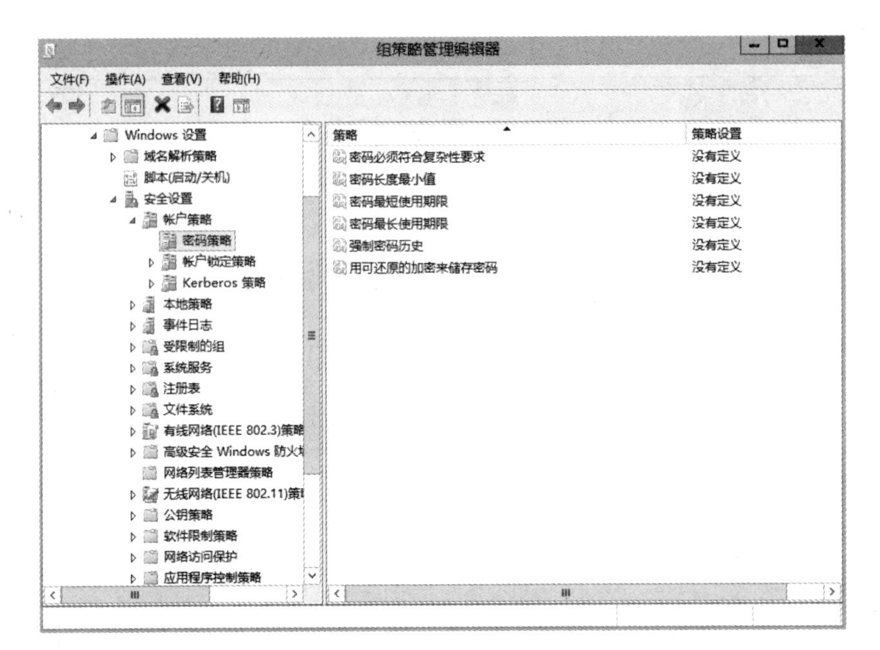

图 10-6　密码策略

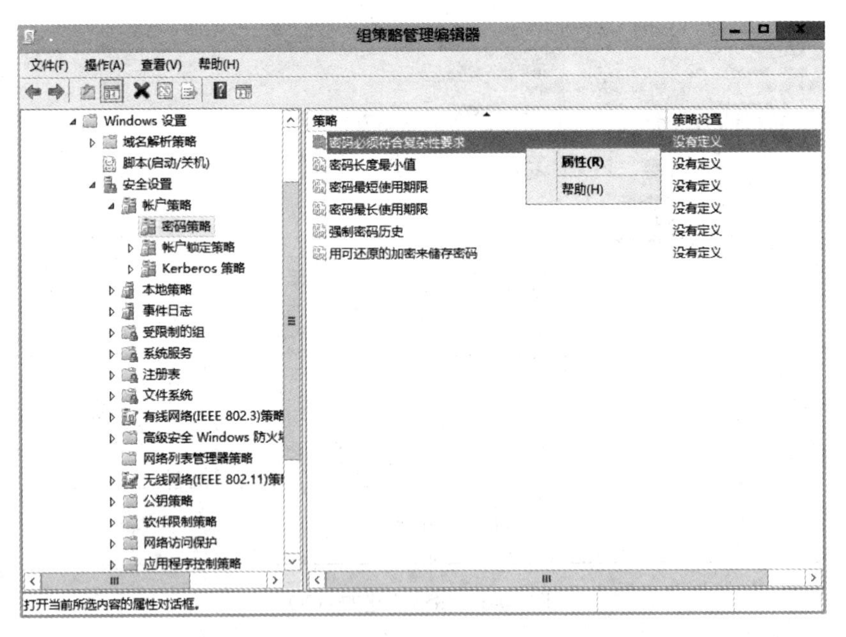

图 10-7　密码必须符合复杂性要求

08 如图 10-8 所示，在打开的对话框的“安全策略设置”选项卡中进中“定义此策略设置”复选框，选中“已启用”单选按钮，设置完成后依次单击“应用”、“确定”按钮。

09 设置审核策略。如图 10-9 所示，在“组策略管理编辑器”窗口中按顺序依次展开“计算机配置”→“策略”→“Windows 设置”→“安全设置”→“本地策略”→“审核策略”，展开“审核策略”列表窗口。

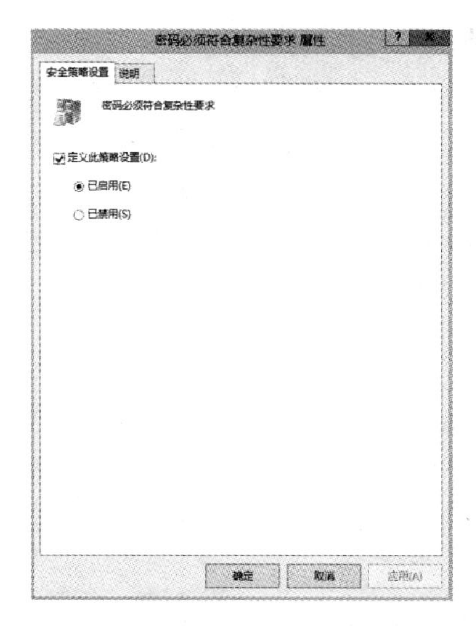

图 10-8　启用策略

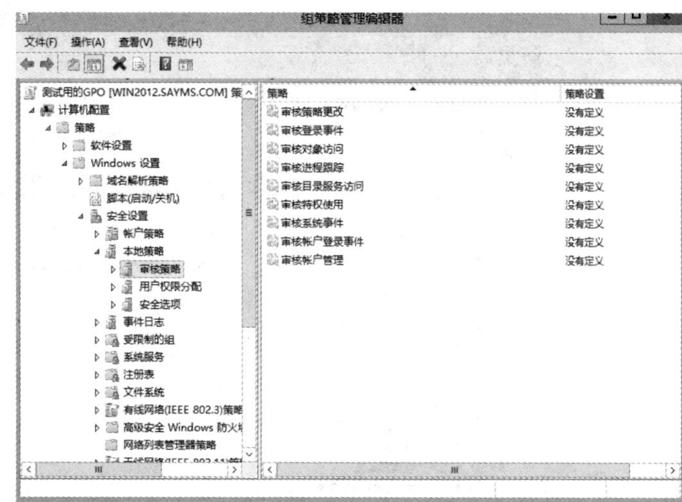

图 10-9　审核策略

10 如图 10-10 所示，右击“审核进程跟踪”选项，在弹出的快捷菜单中选择“属性”选项。

11 在如图 10-11 所示的“审核进程跟踪 属性”对话框的“安全策略设置”选项卡中，选中“定义这些策略设置”复选框后，选中“成功”、“失败”复选框，然后依次单击“应用”、“确定”按钮。

图 10-10　审核进程跟踪

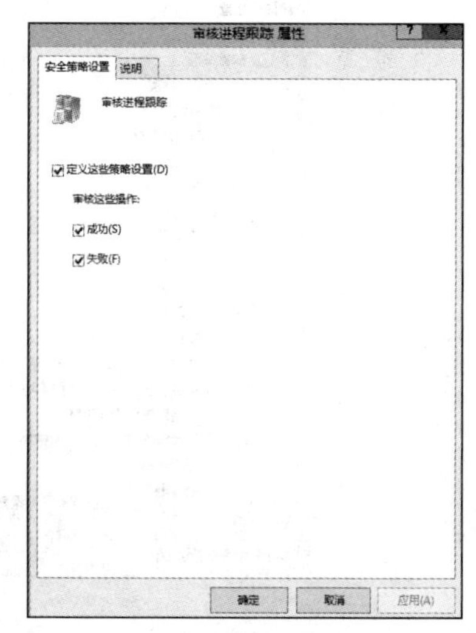

图 10-11　定义策略

12 设置软件限制策略。如图 10-12 所示，按顺序依次展开“计算机配置”→“策略”→“Windows 设置”→“安全设置”→“软件限制策略”。

13 如图 10-13 所示，右击“软件限制策略”选项，在弹出的快捷菜单中选择“创建软件限制策略”选项。

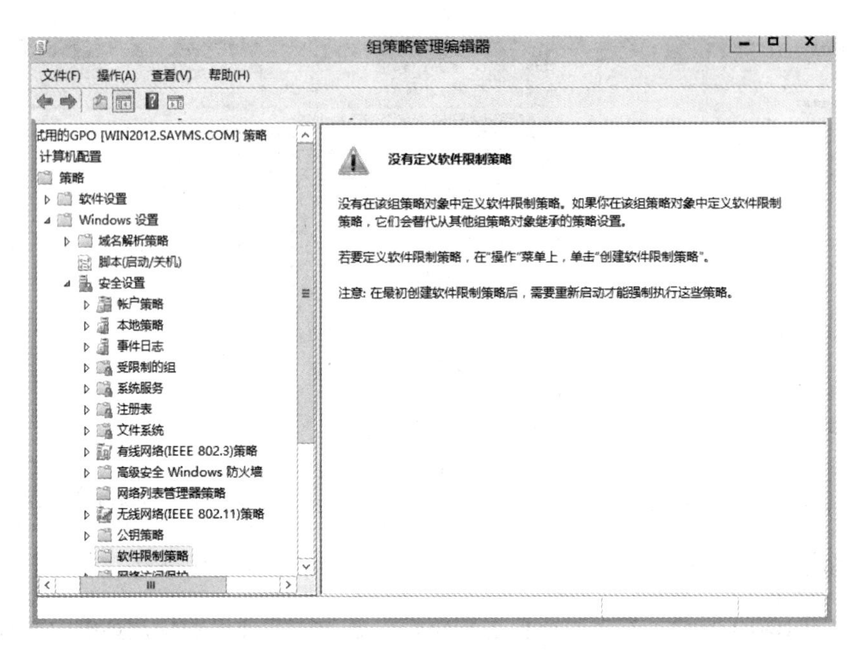

图 10-12　软件限制策略

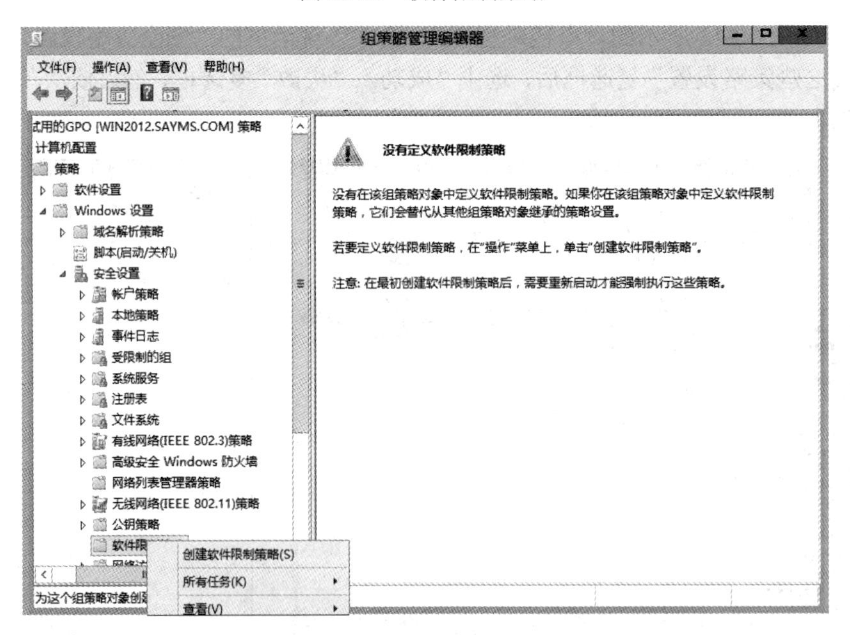

图 10-13　创建软件限制策略

14 如图 10-14 所示，在“对象类型”里系统添加了多个子项“安全级别”、“其他规则”、“强制”、“指定的文件类型”以及“受信任的发布者”。

15 双击“其他规则”选项，添加新的路径规则。

16 如图 10-15 所示，在打开的“其他规则”窗口空白处右击，在弹出的快捷菜单中选择“新建路径规则”选项。

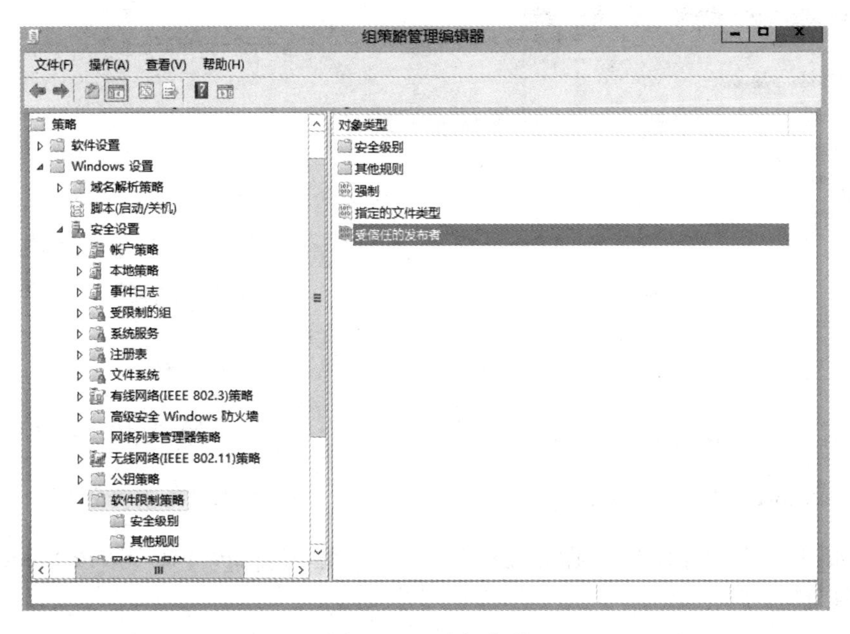

图 10-14　对象类型

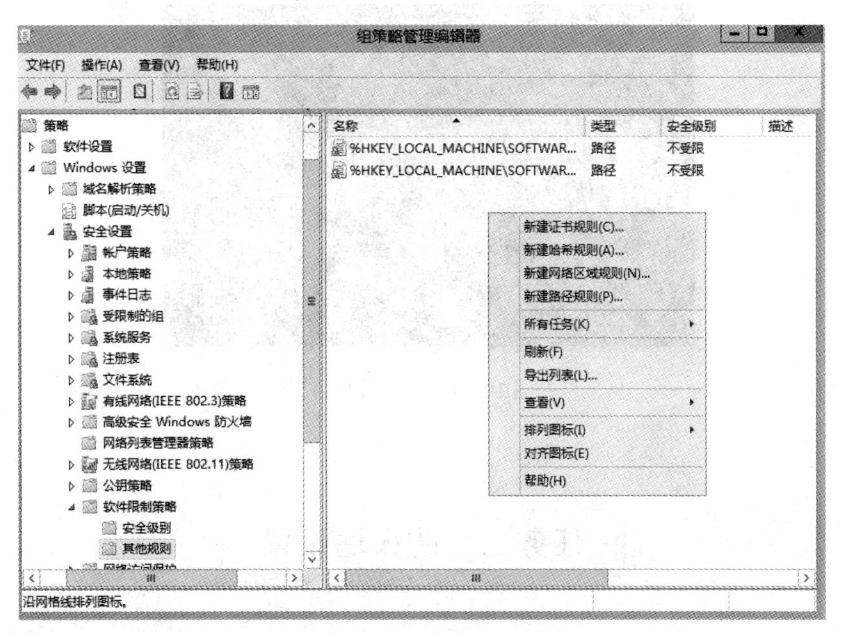

图 10-15　新建路径规则

17 如图 10-16 所示，在“路径”中选择指定执行的文件夹路径，将“安全级别”设为不允许（实际上这样就相当于封掉它指定的执行路径，可以作用于防止木马执行关键位置），然后依次单击“应用”、“确定”按钮。

18 如图 10-17 所示，打开“运行”对话框，输入 cmd 后单击“确定”按钮。

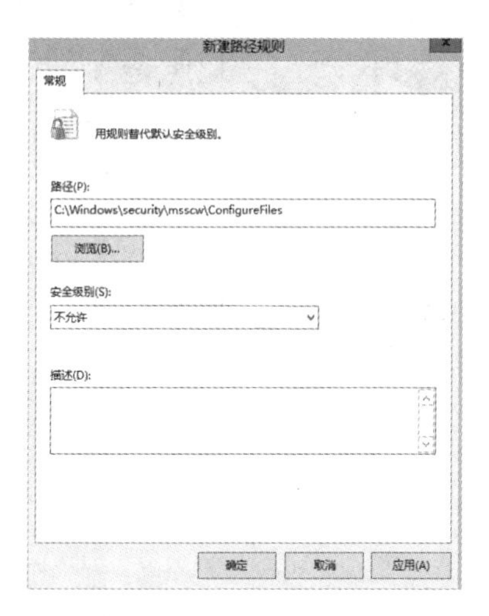

图 10-16　启用路径规则

图 10-17　打开命令行

19 如图 10-18 所示，在“命令提示符”窗口中输入 gpupate 命令后按 Enter 键执行，即时更新组策略。

图 10-18　更新组策略

任务二　防火墙设置

任务描述

通过防火墙的设置，实现允许 web、ftp 通过防火墙，其他禁止。观看“防火墙设置”教学视频请扫右侧二维码。

防火墙设置

相关知识

Windows Server 2012 内置的 Windows 防火墙可以保护计算机，避免遭受外部恶意程序的攻击。系统将网络位置分为专用网络、公用网络与域网络，而且会自动判断并设置计算机所在的网络位置。

实现步骤

01 如图 10-19 所示，打开“控制面板”窗口中的“所有控制面板项”，双击“Windows 防火墙”选项。

02 如图 10-20 所示，“Windows 防火墙”默认为全部开启。

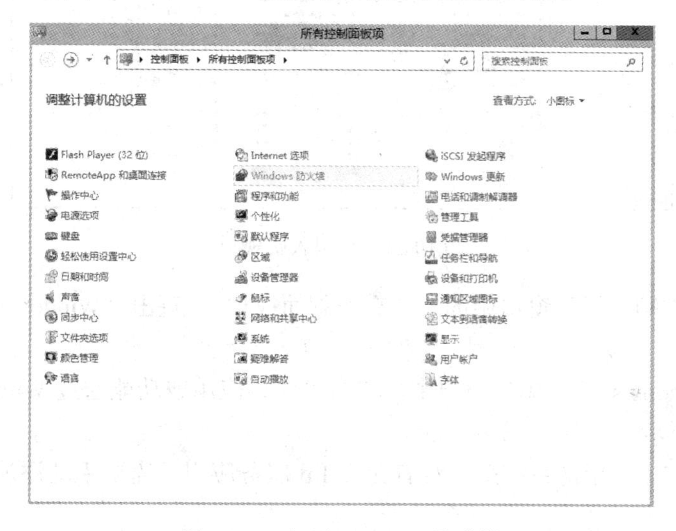

图 10-19 打开 Windows 防火墙

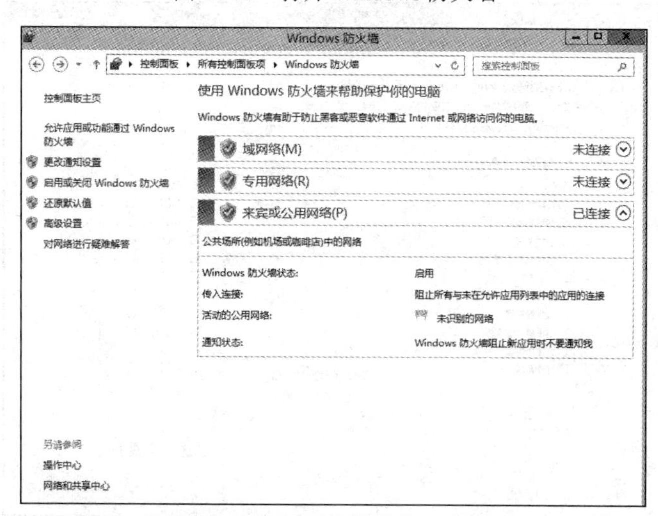

图 10-20 启用 Windows 防火墙

03 单击“高级设置”选项，设置相关的防火墙规则。

04 如图 10-21 所示，单击“入站规则”选项，选中图中所示的两个入站规则。

05 右击，在弹出的快捷菜单中选择“启用规则”选项，设置允许防火墙通过 web 服务的 80 端口。

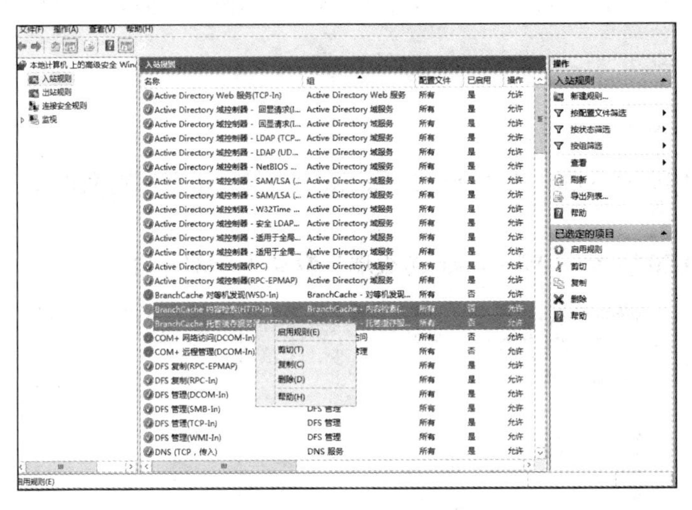

图 10-21　启用入站规则

06 打开“控制面板”窗口中的“所有控制面板项”，双击“Windows 防火墙”选项，如图 10-19 所示。

07 在“Windows 防火墙”窗口中，单击“允许应用或功能通过 Windows 防火墙”选项，如图 10-20 所示。

08 如图 10-22 所示，系统默认没有允许 ftp 服务应用，需要手动添加，单击“允许其他应用”按钮。

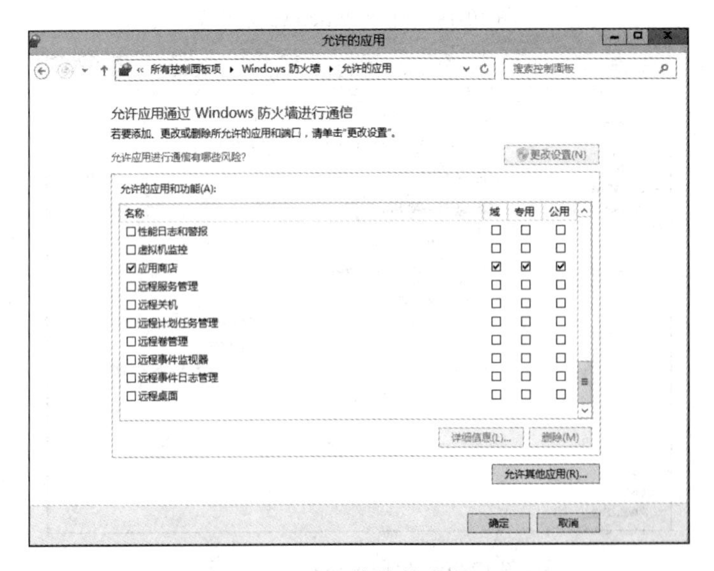

图 10-22　允许的应用

09 如图 10-23 所示，在打开的“添加应用”对话框中，单击“浏览”按钮。

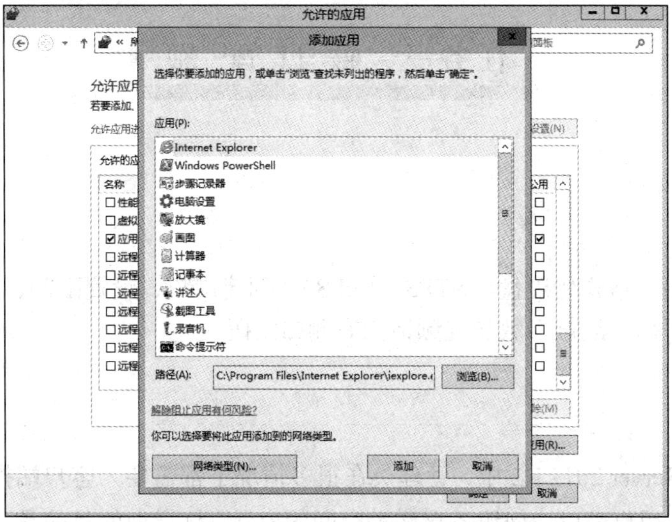

图 10-23　添加允许的应用

10 如图 10-24 所示，在“浏览”窗口中对应找到 ftp 应用程序位置 C://Windows/System32/scshost.exe 单击“打开”按钮。

11 如图 10-25 所示，返回到“添加应用”对话框后，单击“添加”按钮。

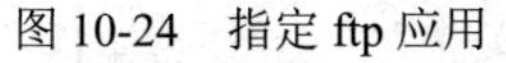
图 10-24　指定 ftp 应用

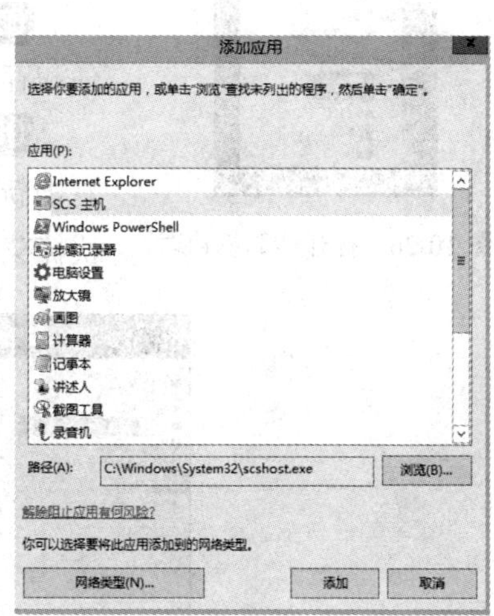

图 10-25　添加应用路径

任务三 磁 盘 配 额

任务描述

创建磁盘分区、格式化磁盘（NTFS、ReFS）、创建用户、设置配额、启用配额。观看“磁盘配额”教学视频请扫右侧二维码。

磁盘配额

相关知识

在 Windows Server 2012 R2 中，管理员在很多情况下都需要为客户端指定可以访问的磁盘空间配额，限制用户可以访问服务器磁盘空间的容量。这样做的目的是避免个别用户滥用磁盘空间。

实现步骤

01 创建磁盘分区。如图 10-26 所示，右击“这台电脑”的桌面图标，在弹出的快捷菜单中选择“管理”选项。

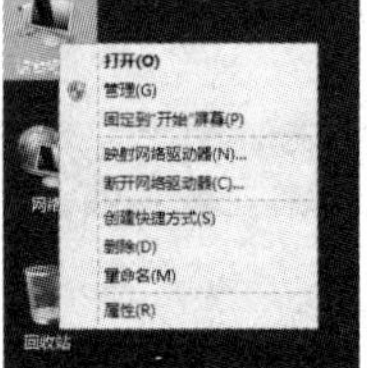

图 10-26　打开计算机管理

02 打开“服务器管理器”窗口，如图 10-1 所示，单击“文件和存储服务”选项。

03 在如图 10-27 所示，在打开的界面单击“磁盘”选项后，右击新添加的磁盘，此时新磁盘还处于“脱机”状态，在弹出的快捷菜单中选择“联机”选项。

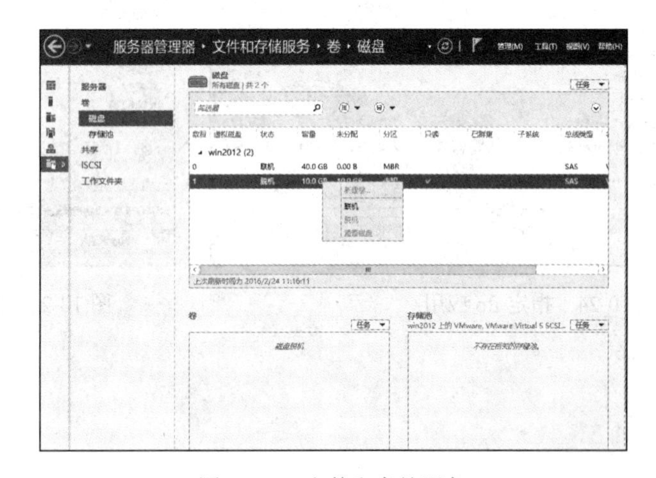

图 10-27　文件和存储服务

04 如图 10-28 所示，弹出“使磁盘联机”的对话窗口提醒，单击“是”按钮，继续操作。

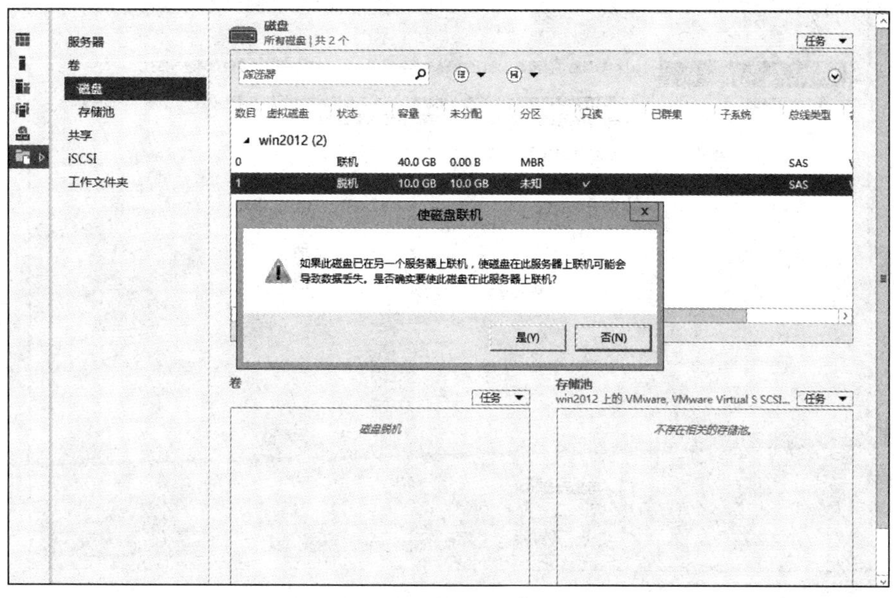

图 10-28　新磁盘联机

05 如图 10-29 所示，右击选中“联机”后的新磁盘，在弹出的快捷菜单中选择“新建卷”选项。

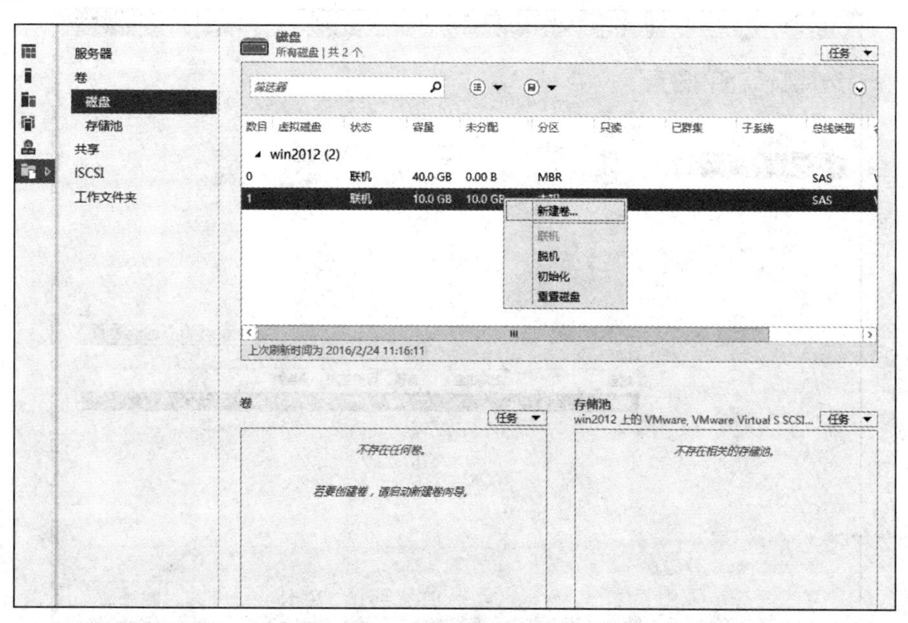

图 10-29　新建卷

06 如图 10-30 所示，进入“新建卷向导”对话窗口，直接单击“下一步”按钮。

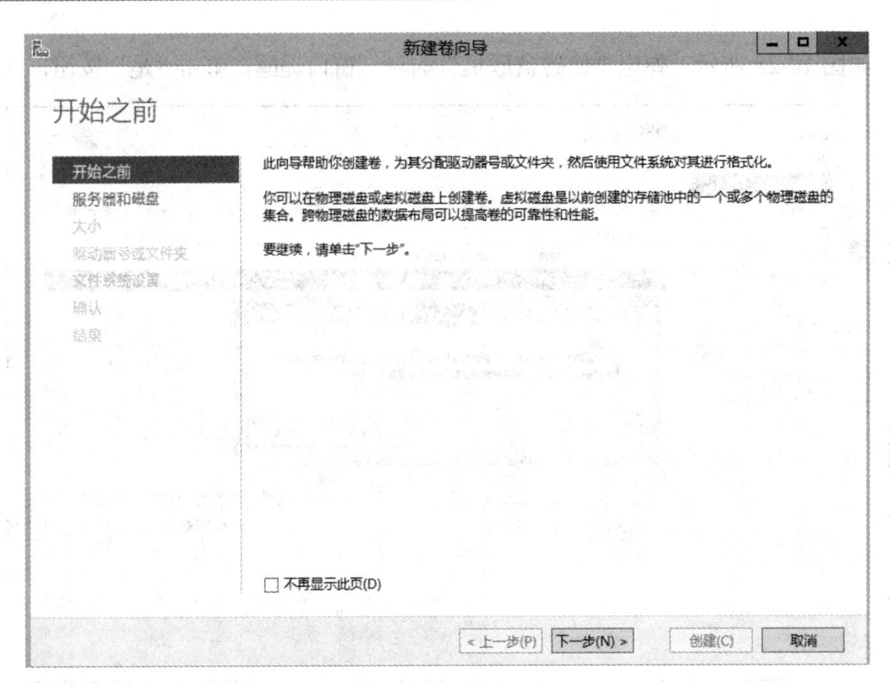

图 10-30　新建卷向导

07 如图 10-31 所示，在打开的“选择服务器和磁盘”界面显示出服务器和可用磁盘的信息，选中“磁盘 1”，单击“下一步”按钮。

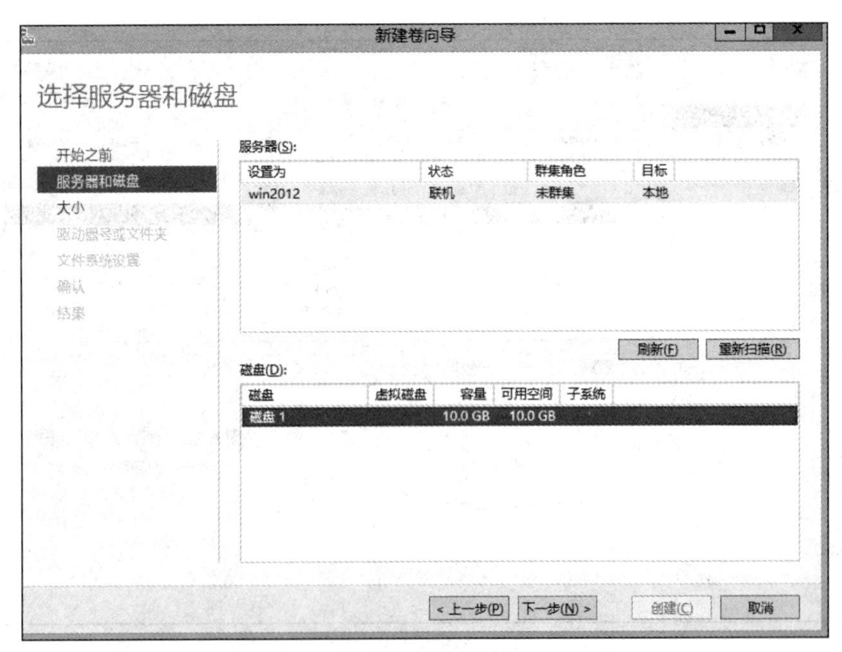

图 10-31　选择服务器和磁盘

08 如图 10-32 所示，出现“脱机或未初始化的磁盘”的弹窗提醒，单击“确定”按钮继续操作。

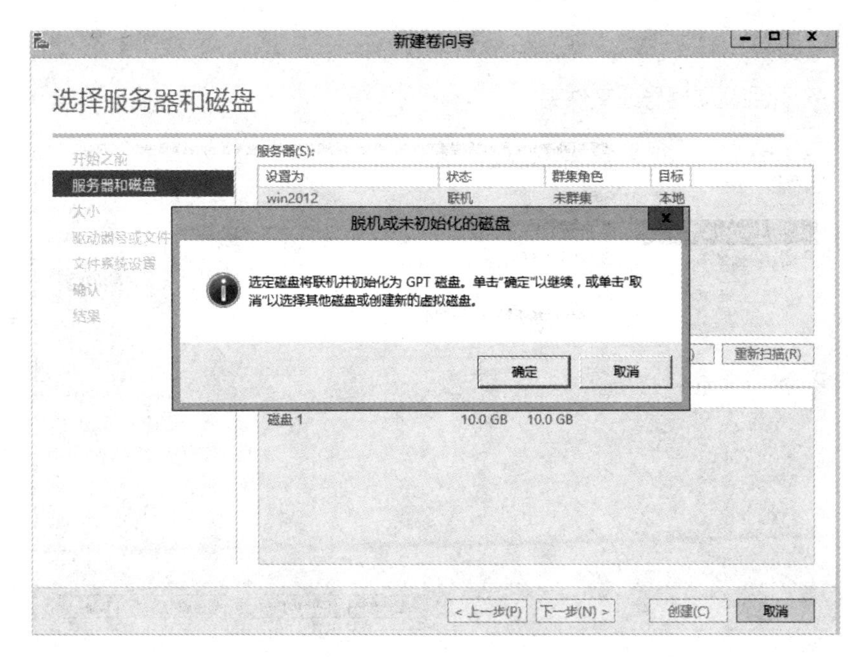

图 10-32　格式化磁盘

09 如图 10-33 所示，在打开的“指定卷大小”界面输入需要分配给“新建卷”的磁盘空间大小，默认磁盘空间为全部分配，单击“下一步”按钮。

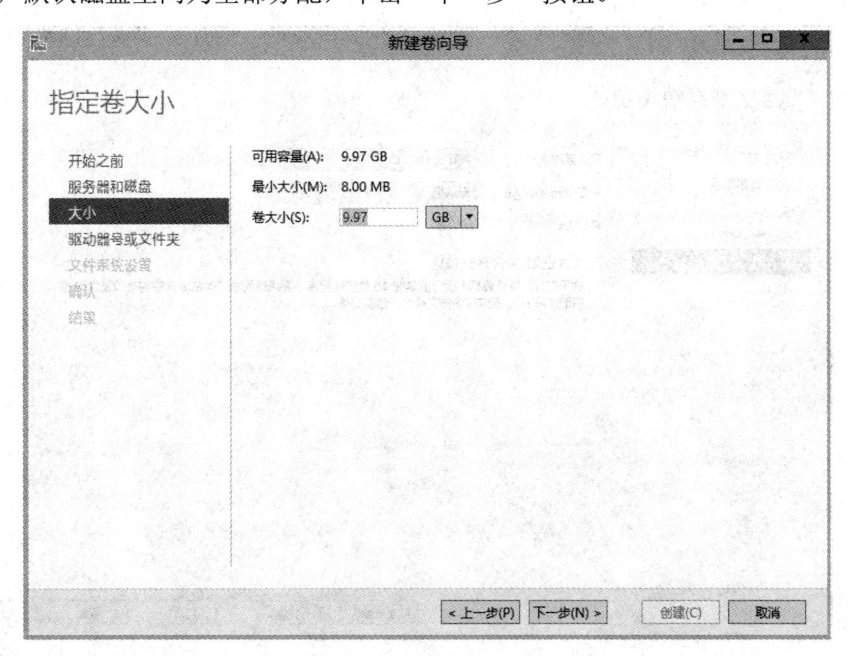

图 10-33　指定卷大小

10 如图 10-34 所示，在打开的“分配到驱动器或文件夹”界面，选择“新建卷”需要分配到的驱动器号，单击“下一步”按钮。

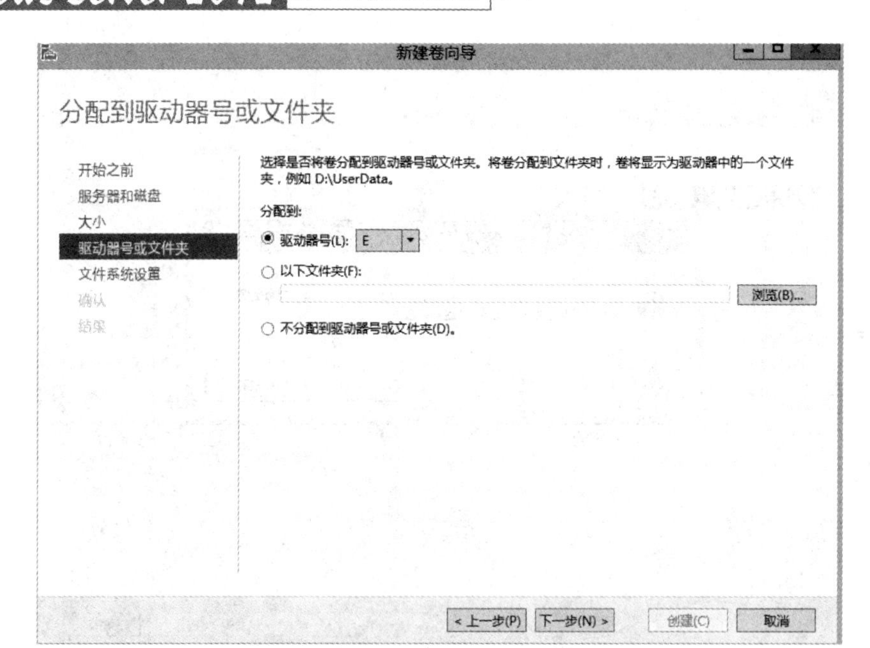

图 10-34　驱动器号或文件夹

11 如图 10-35 所示，在打开的“选择文件系统设置”中各项选值保持默认即可，其中，“文件系统”一项中可以选择 NTFS 或 ReFS，单击“下一步”按钮。

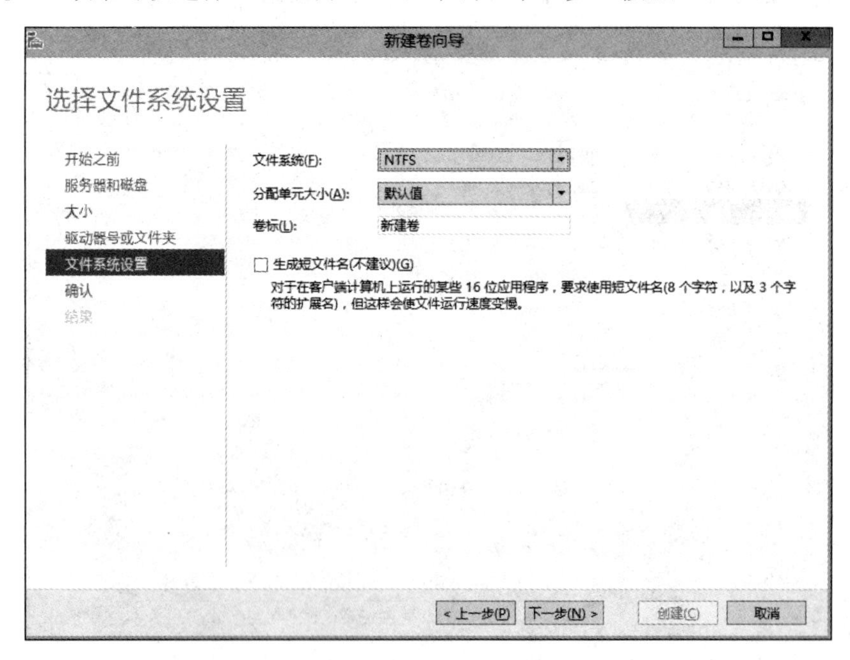

图 10-35　文件系统设置

12 如图 10-36 所示，在打开的“确认选择”界面确实信息无误后单击“创建”按钮，新建磁盘分区。

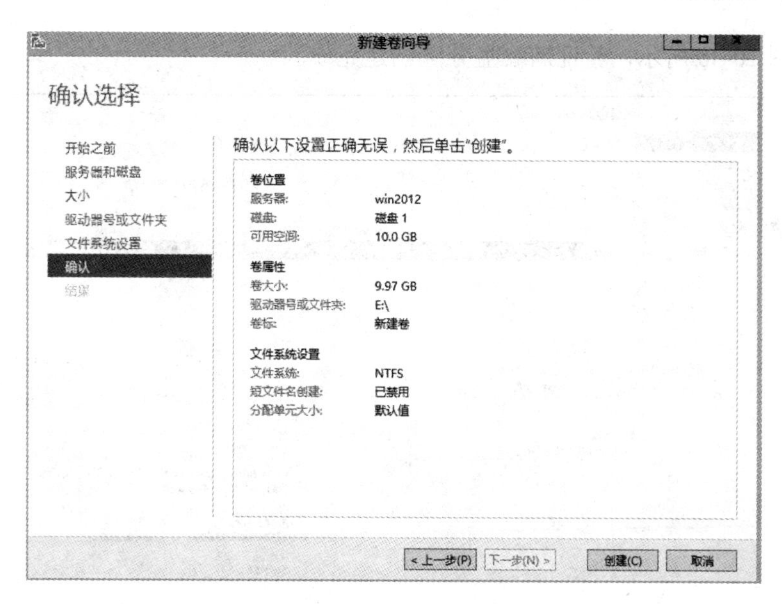

图 10-36 确认选择

13 如图 10-37 所示，等待创建磁盘分区完成，单击“关闭”按钮。

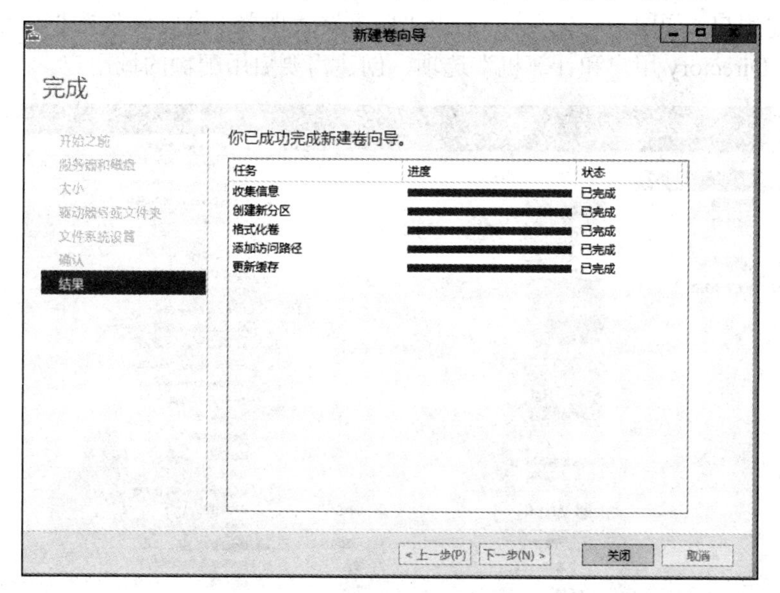

图 10-37 完成磁盘分区

14 如图 10-38 所示，验证新磁盘分区创建完成。

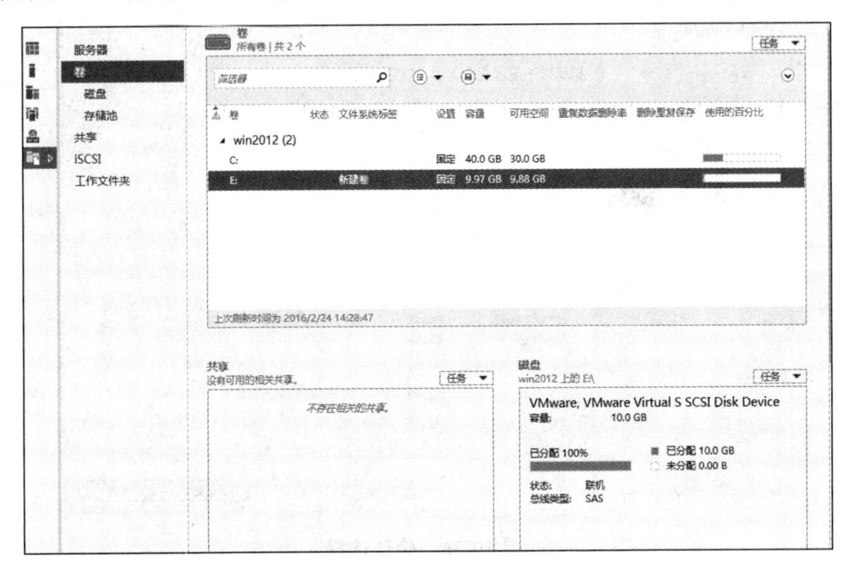

图 10-38　验证磁盘分区

15 创建用户。如图 10-39 所示，打开“服务器管理器”窗口后单择“工具”菜单按钮，选择“Active Directory 用户和计算机”选项，创建需要启用配额的域用户。

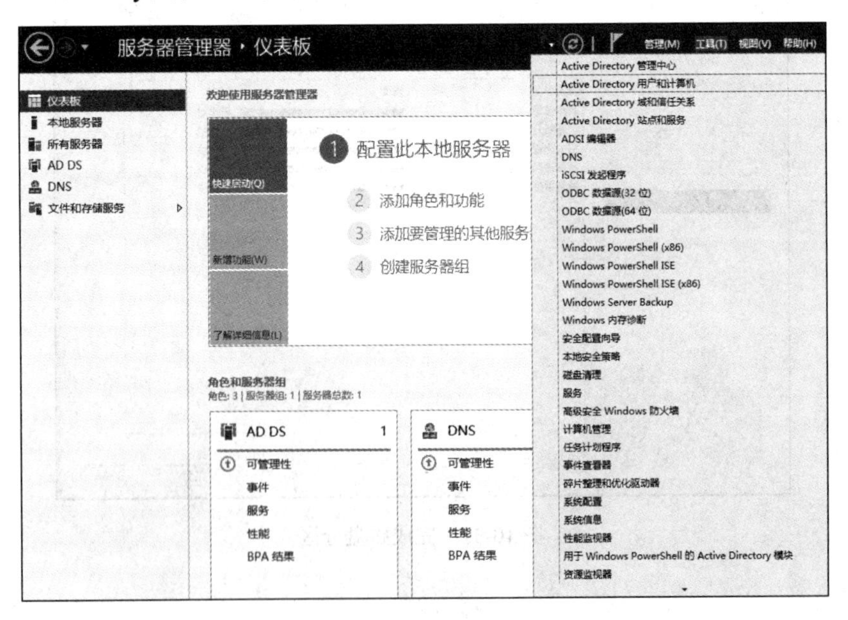

图 10-39　服务器管理器

16 如图 10-40 所示，展开 sayms.com 选项，选择 Users 选项，右击窗口空白区域，在弹出的快捷菜单中依次选择“新建”→“用户”选项。

17 如图 10-41 所示，在打开的“新建对象一用户”对话框中创建名为 test 的新用户，单击“下一步”按钮。

18 如图 10-42 所示，填写用户的密码，选中“用户不能更改密码”、“密码永不过期”复选框，单击“下一步”按钮。

19 如图 10-43 所示，确认用户信息无误后，单击“完成”按钮即创建一个新用户。

20 设置配额。如图 10-44 所示，打开“这台电脑”窗口，右击“新加卷（E:)”，在弹出的快捷菜单中选择“属性”选项。

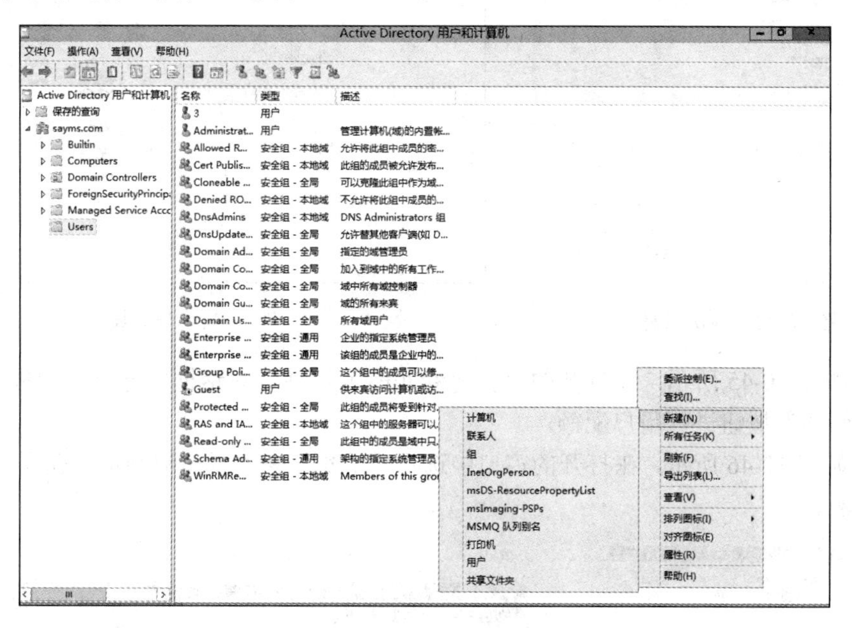

图 10-40　新建用户

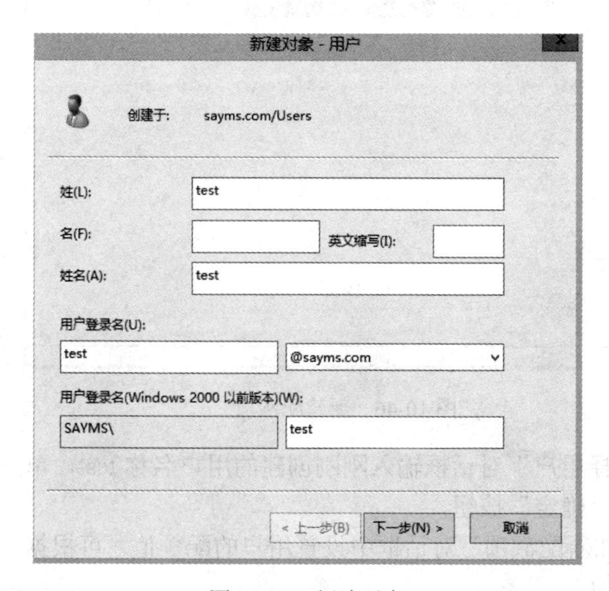

图 10-41　新建对象

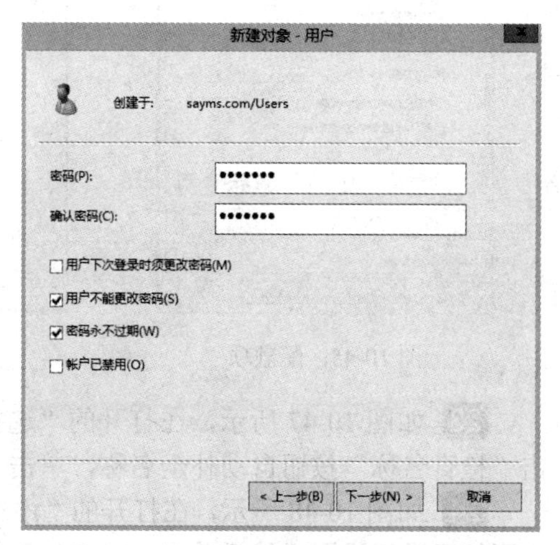

图 10-42　密码选项

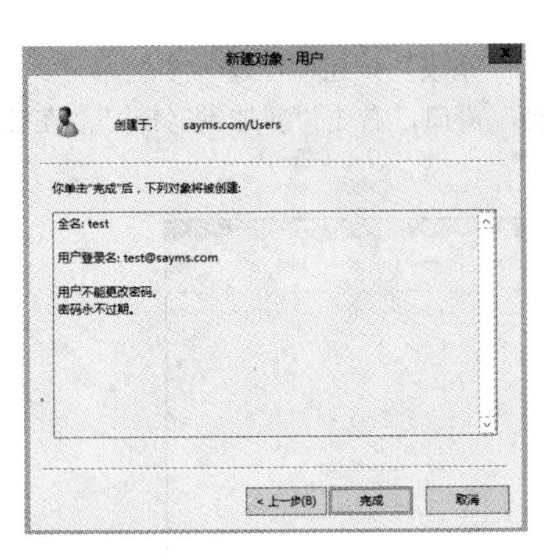

图 10-43 确认信息

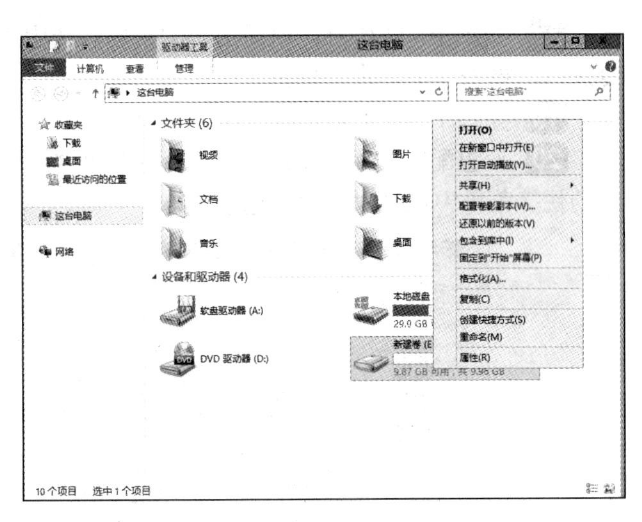

图 10-44 分区属性

21 如图 10-45 所示，在打开的“新建卷（E:）属性”对话框中选择“配额”选项卡，单击“配额项”按钮进行用户配额。

22 如图 10-46 所示，在打开的窗口中选择“配额”→“新建配额项”选项，为创建的新用户配额。

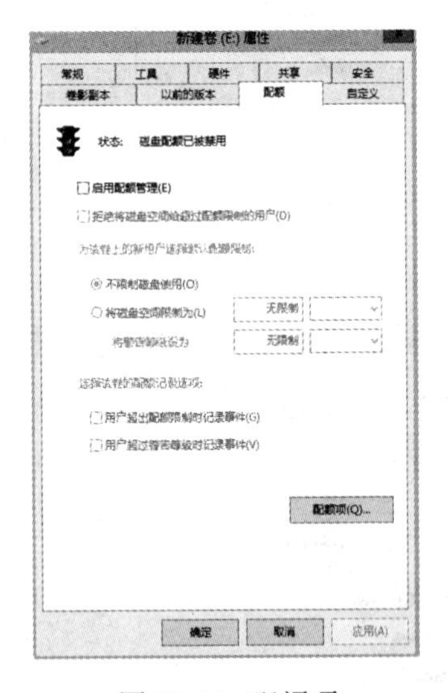

图 10-45 配额项

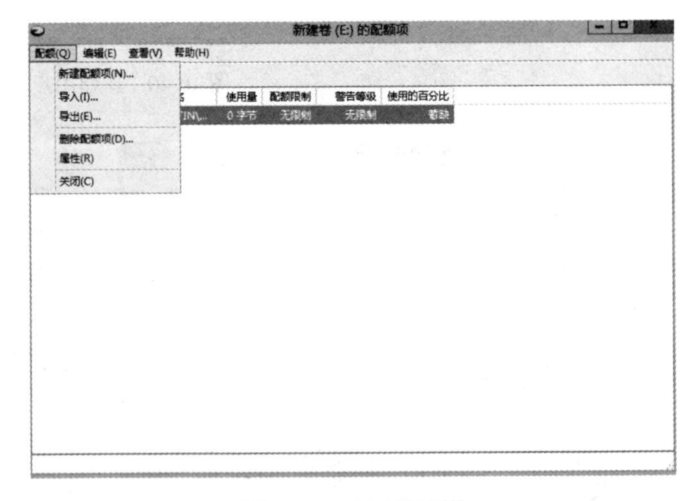

图 10-46 新建配额项

23 如图 10-47 所示，在打开的“选择用户”对话框输入刚刚创建的用户名称 test，单击“检查名称”按钮自动补全名称，单击“确定”按钮。

24 如图 10-48 所示，在打开的“添加新配额项”对话框中设置用户的配额值，可根据实际情况进行设置，然后单击“确定”按钮。

25 如图 10-49 所示，“状态”显示为“正常”，test 用户的配额项已成功设置。

26 如图 10-50 所示，启用配额，选中“启用配额管理”选项，然后单击“应用”按钮，在提醒的弹窗中单击“确定”按钮即启用磁盘配额。

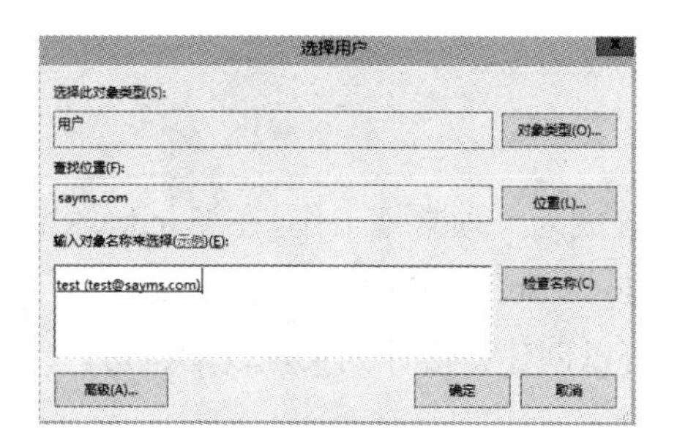

图 10-47　选择用户

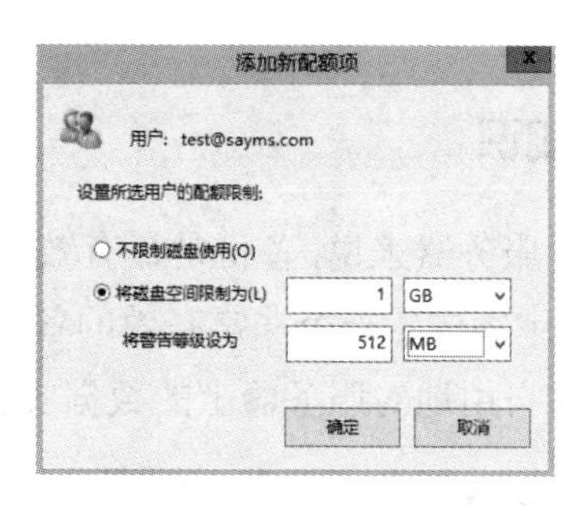

图 10-48　添加新配额项

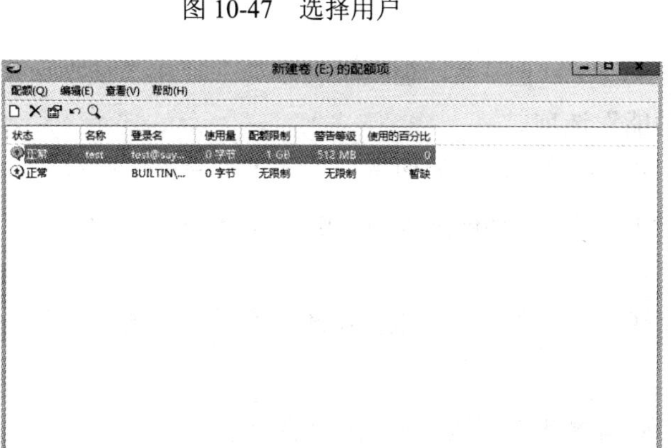

图 10-49　验证配额项

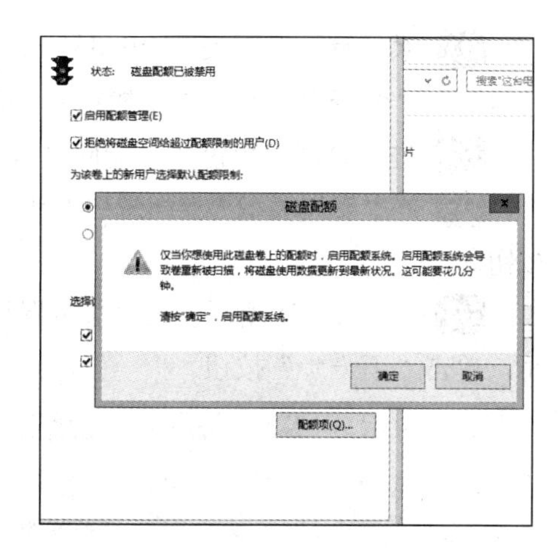

图 10-50　启用配额

拓展提高

ReFs 是在 Windows Server 2012 R2 中新引入的一个文件系统。该系统目前只能应用于存储数据，还不能引导系统，并且在移动媒介上也无法使用。ReFS 与 NTFS 大部分是兼容的，其主要目的是为了保持较高的稳定性，可以自动验证数据是否损坏，并尽力恢复数据。如果和引入的 Storage Spaces（存储空间）联合使用，则可以提供更佳的数据防护，同时对于上亿级别的文件处理也有性能上的提升。

任务四　备份与恢复

任务描述

设置系统定期增量备份，系统灾难恢复操作。观看“备份与恢复”教学视频请扫右侧二维码。

备份与恢复

相关知识

对于服务器来说，备份是最有效的保障措施，应该成为一项常规工作。在 Windows Server 2012 R2 中集成了一个非常高效的备份工具——Windows Server Backup，利用该工具，管理员可非常自由地对服务器上的数据实施备份，而且可以创建备份计划实现自动备份。

实现步骤

01 系统默认没有安装 Windows Server Backup 工具，需要手动添加。打开“服务器管理器”在“仪表板”单击“添加角色与功能”选项。

02 进入“添加角色和功能向导”，在“开始之前”界面直接单击“下一步”按钮。

03 在“安装类型”界面选中“基于角色或基于功能的安装”单选按钮，单击“下一步”按钮。

04 如图 10-51 所示，在“服务器选择”界面选中“从服务器池中选择服务器”单选按钮，单击“下一步”按钮。

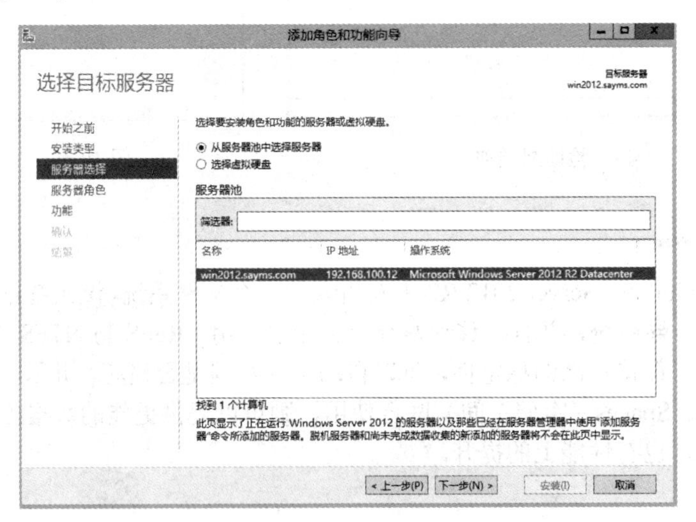

图 10-51　服务器选择

05 如图 10-52 所示，在“服务器角色”界面各选项保持默认，直接单击“下一步”按钮。

06 在如图 10-53 所示，在“功能”界面中选中 Windows Server Backup 复选框后，单击“下一步”按钮。

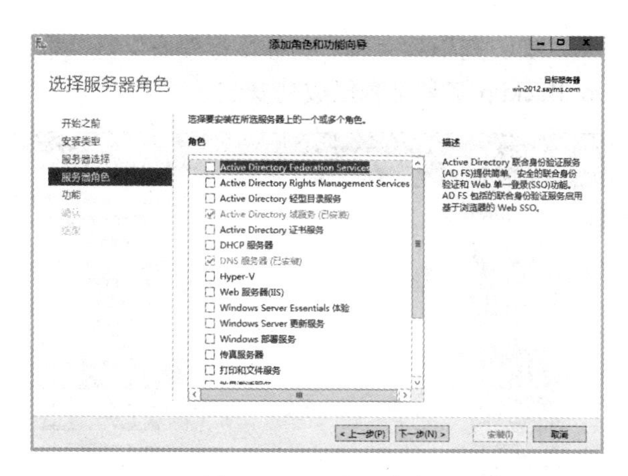

图 10-52　服务器角色

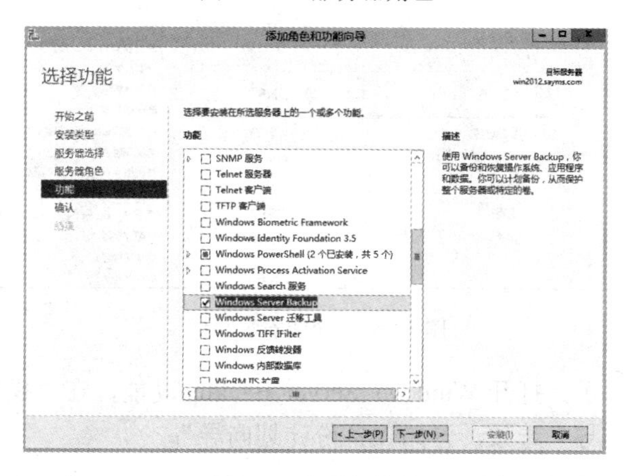

图 10-53　选择功能

07 如图 10-54 所示，在“确认”界面选中“如果需要，自动重新启动目标服务器”复选框，在弹出的提示对话框中单击“是”按钮，开始安装。

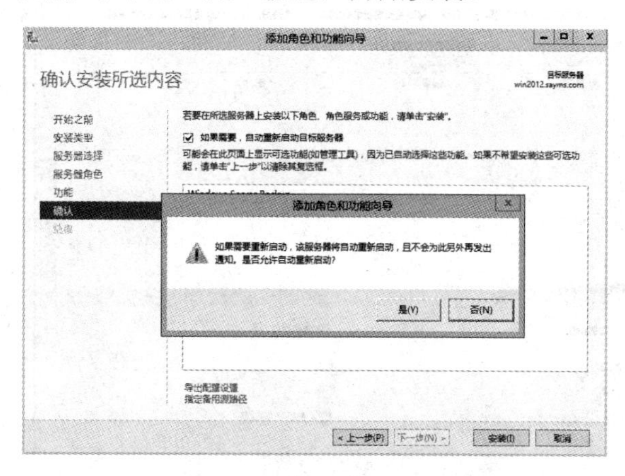

图 10-54　确认安装所选内容

08 如图 10-55 所示，安装完毕后，在“服务器管理器”窗口中，单择“工具”菜单按钮，验证 Windows Server Backup 工具是否已成功安装。

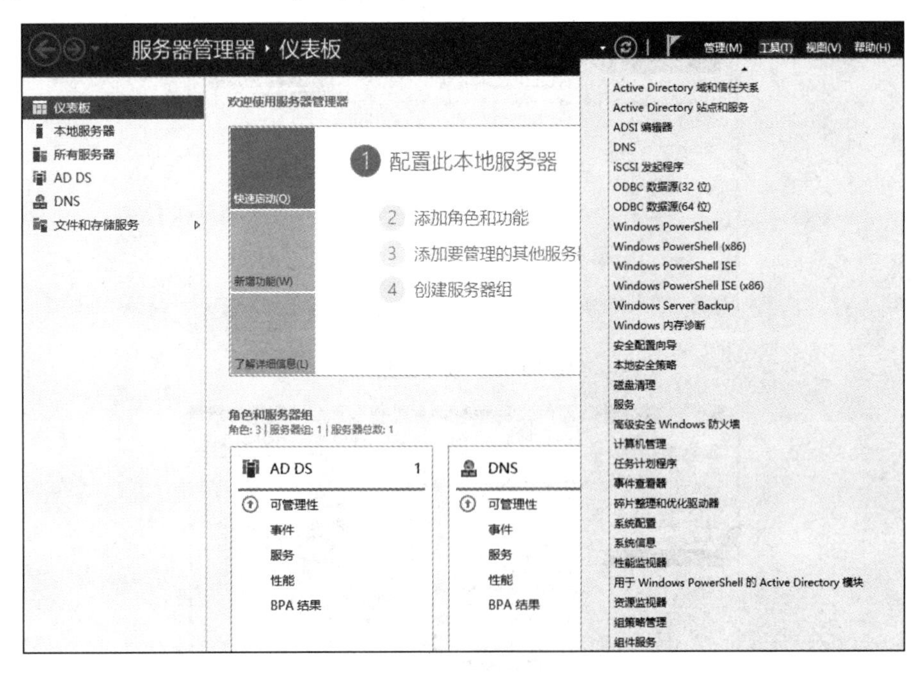

图 10-55　功能安装验证

09 如图 10-56 所示，打开 Windows Server Backup 功能，在“操作”栏中选择“本地备份”→“备份计划向导”选项，开始“备份计划向导”。

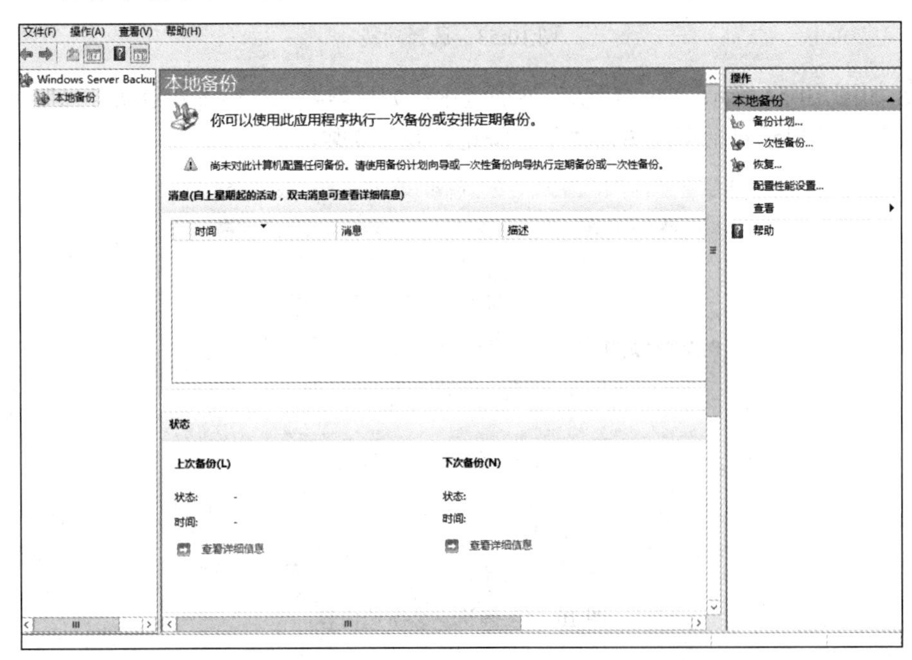

图 10-56　备份计划

10 如图 10-57 所示，在“开始”步骤直接单击“下一步”按钮。

11 如图 10-58 所示，在“选择备份配置”中可以选择“整个服务器”或“自定义”备份，按自己的实际需要，这里选择“自定义”备份，单击“下一步”按钮。

图 10-57　备份计划向导

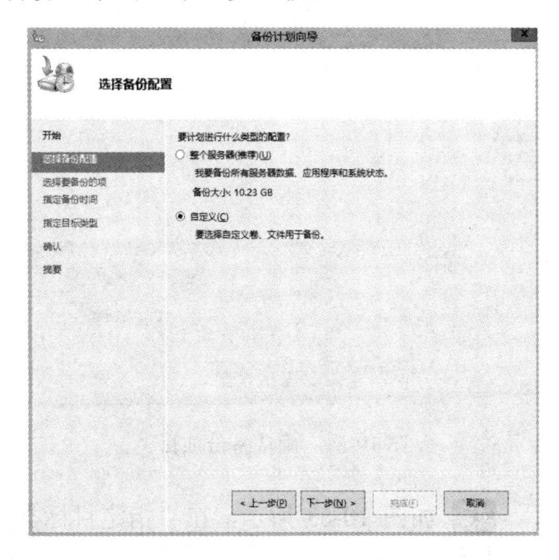

图 10-58　选择备份配置

12 在如图 10-59 所示，在“选择要备份的项”中单击“添加项目”按钮。

13 如图 10-60 所示，在“选择项”对话框中选中“系统状态”和“本地磁盘”复选框，单击“确定”按钮。

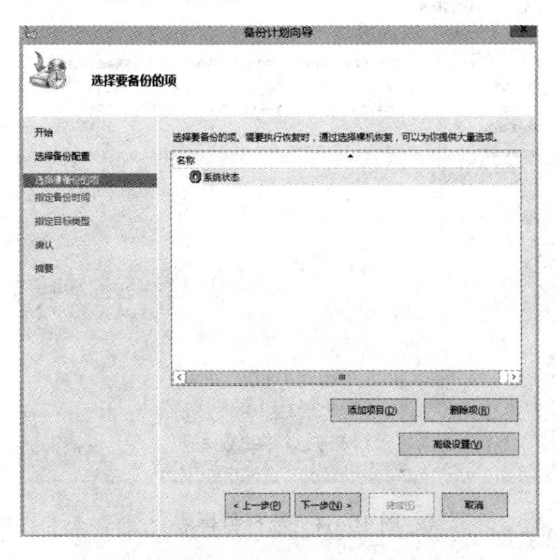

图 10-59　选择要备份的项

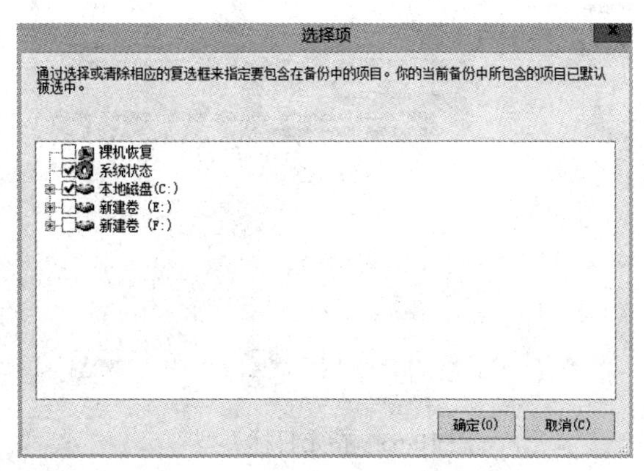

图 10-60　选中选择项

14 如图 10-61 所示，返回到“备份计划向导”窗口，单击“下一步”按钮。

15 如图 10-62 所示，添加运行备份的具体时间，根据实际情况自行设置，单击“下一步”按钮。

图 10-61　确认备份项目

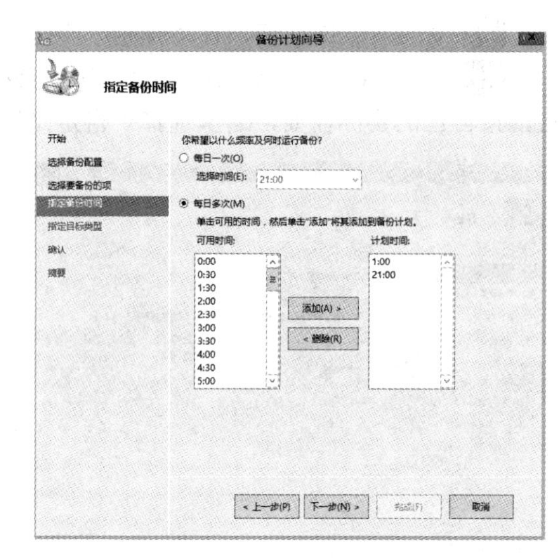

图 10-62　指定备份的时间

16 如图 10-63 所示，在“指定目标类型”中选中“备份到卷”单选按钮，单击“下一步”按钮。

17 如图 10-64 所示，在“选择目标卷”中单击“添加”按钮，选择需要备份到的空闲磁盘后，单击“下一步”按钮。

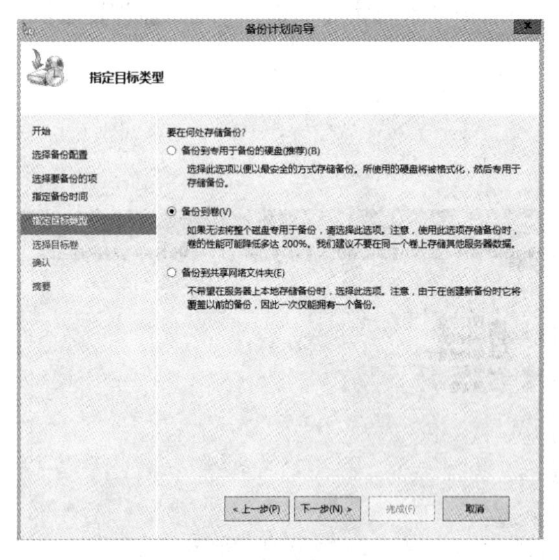

图 10-63　指定目标类型

图 10-64　选择目标卷

18 如图 10-65 所示，确定备份计划的各项信息，单击“完成”按钮进行下一步操作。

19 如图 10-66 所示，检验创建好的计划备份，单击“确定”按钮。

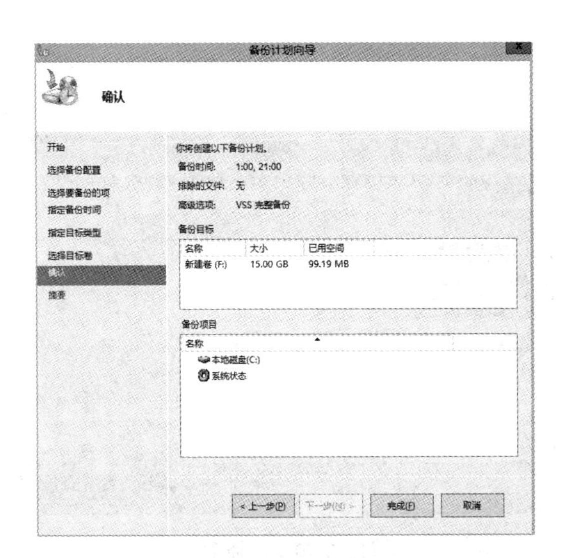

图 10-65 确认

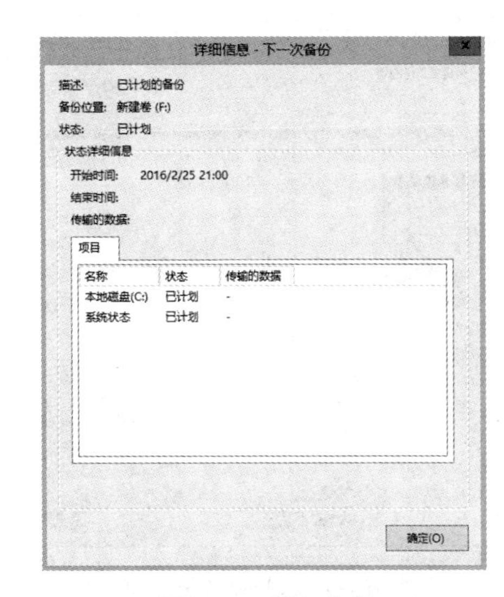

图 10-66 详细信息

20 模拟系统灾难恢复。打开 Windows Server Backup，在“操作”栏中选择“本地备份”组中的“一次性备份”选项。

21 如图 10-67 所示，在“备份选项”下选中“其他选项”单选按钮，单击“下一步”按钮。

22 如图 10-68 所示，在“选择备份配置”下选中“自定义”单选按钮，单击“下一步”按钮。

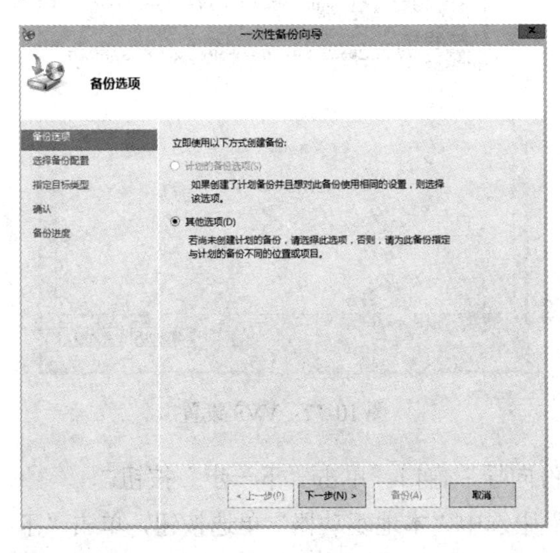

图 10-67 备份选项

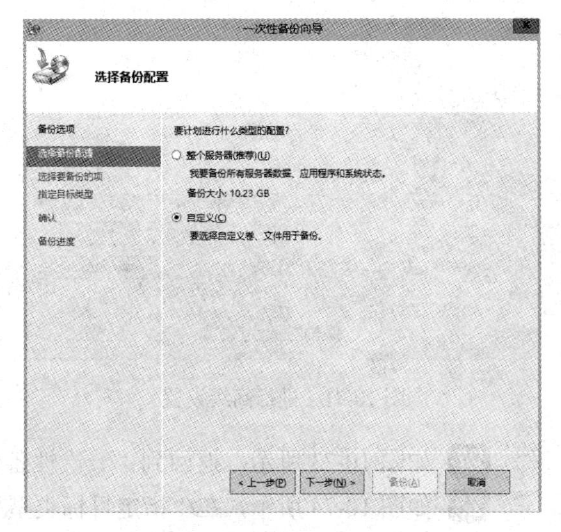

图 10-68 选择备份配置

23 如图 10-69 所示，在“选择要备份的项”中单击“添加项目”按钮。

24 如图 10-70 所示，在“选择项”对话框量选中“裸机恢复”、“系统状态”、“本地磁盘”复选框，单击“确定”按钮。

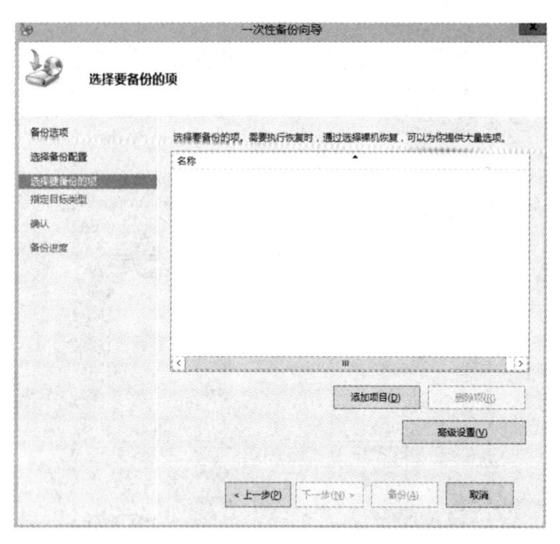

图 10-69　选择要备份的项

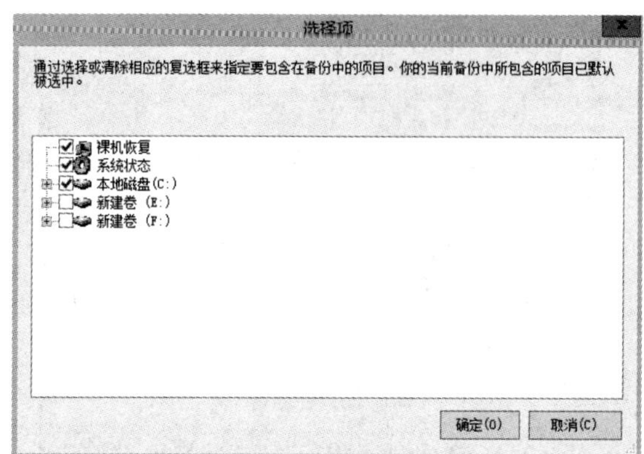

图 10-70　选择项

25 如图 10-71 所示，添加备份的项后，单击“高级设置”按钮。

26 如图 10-72 所示，在打开的“高级设置”对话框中选择“VVS 设置”选项卡，选中“VVS 完整备份”单选按钮，单击“确定”按钮。

图 10-71　进行高级设置

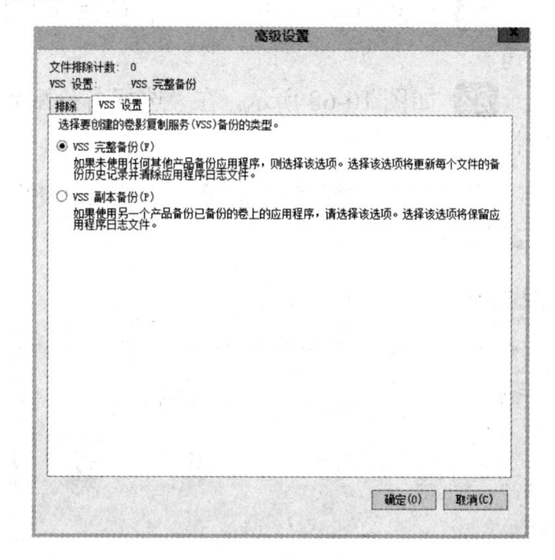

图 10-72　VVS 设置

27 如图 10-73 所示，返回到“一次性备份向导”窗口，单击“下一步”按钮。

28 如图 10-74 所示，在“指定目标类型”中选中“本地驱动器”单选按钮，单击“下一步”按钮。

29 如图 10-75 所示，在“选择备份目标”中选择空闲的磁盘分区，用作保存备份，单击“下一步”按钮。

30 如图 10-76 所示，在“确认”中确认信息后，单击“备份”按钮，开始系统备份。

31 如图 10-77 所示，等待备份完毕，单击“关闭”按钮退出窗口。

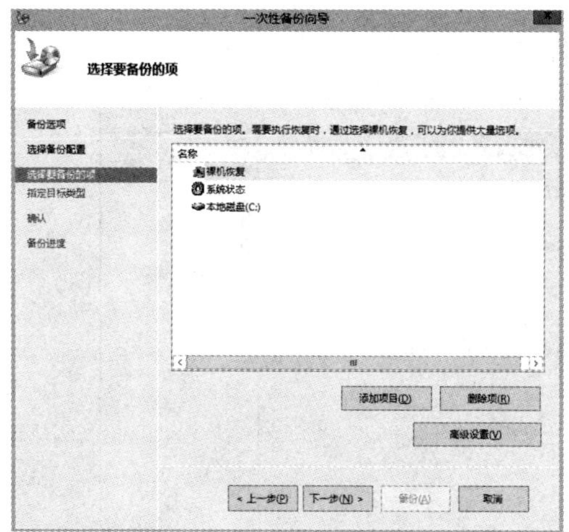

图 10-73　备份项目

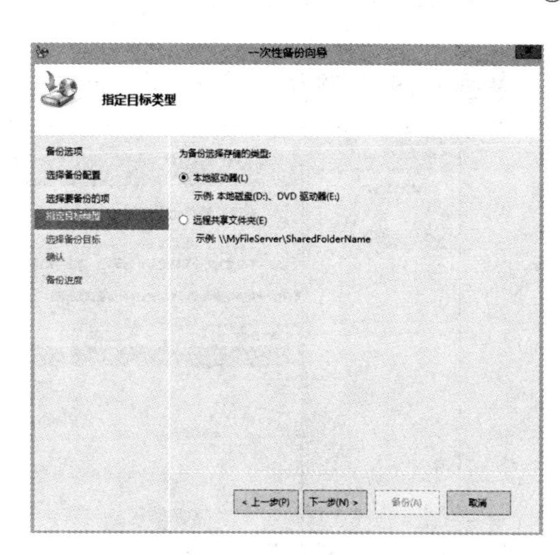

图 10-74　指定目标类型

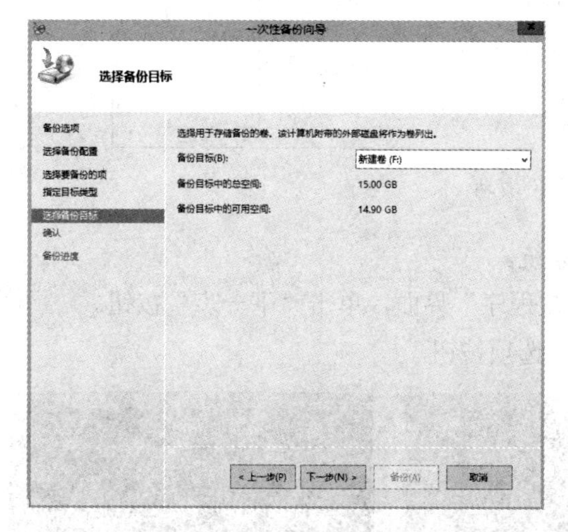

图 10-75　选择备份目标

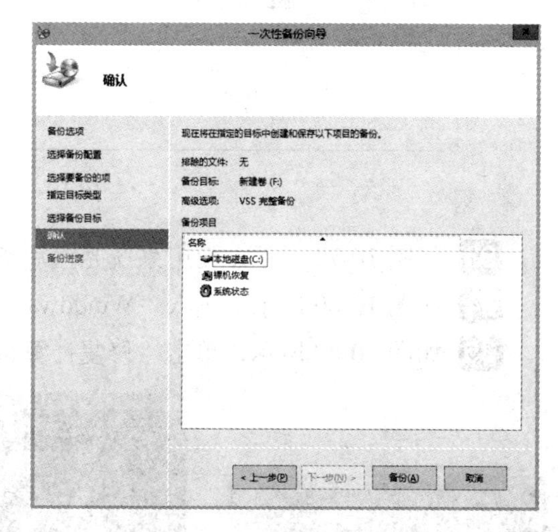

图 10-76　确认备份信息

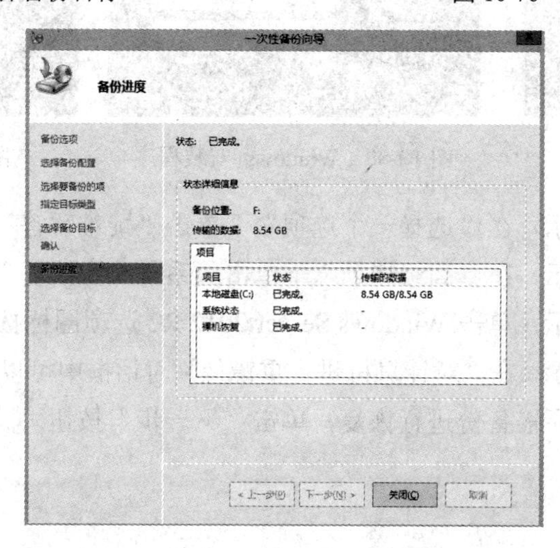

图 10-77　备份完毕

32 如图 10-78 所示，查看验证一次性备份信息。

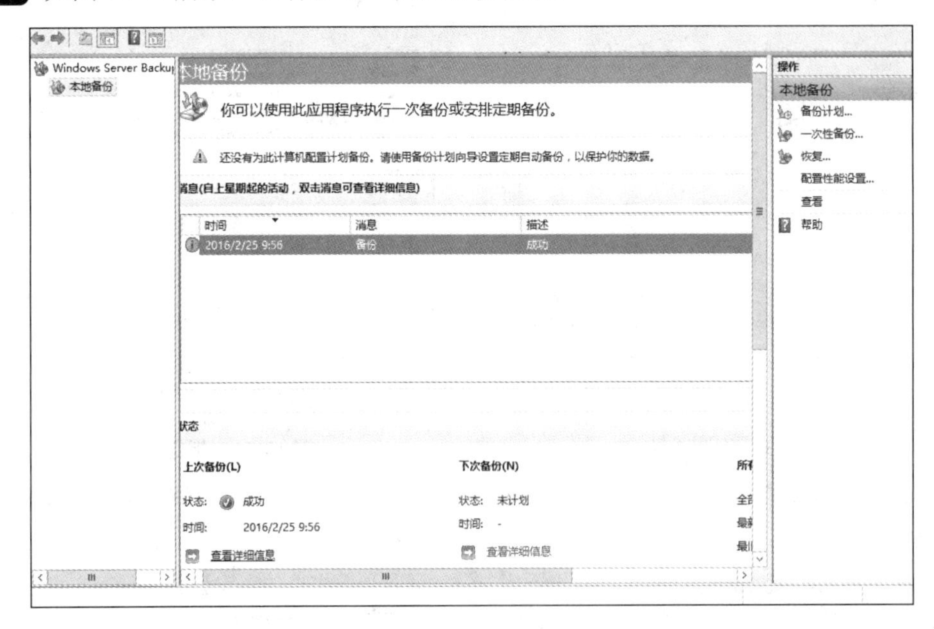

图 10-78　备份成功

33 如图 10-79 所示，使用系统光盘启动系统。

34 如图 10-80 所示，进入“Windows 安装程序”界面，单击“下一步”按钮。

35 如图 10-87 所示，单击“修复计算机”选项按钮。

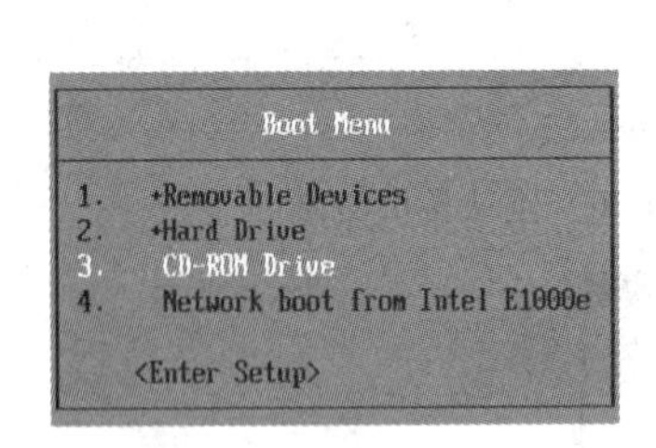

图 10-79　光盘启动

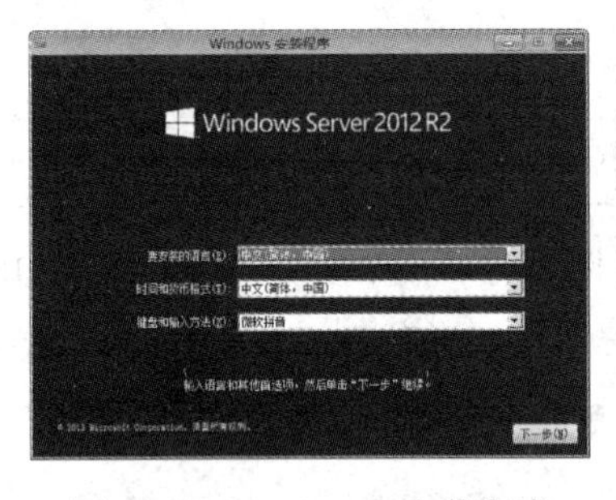

图 10-80　Windows 安装程序

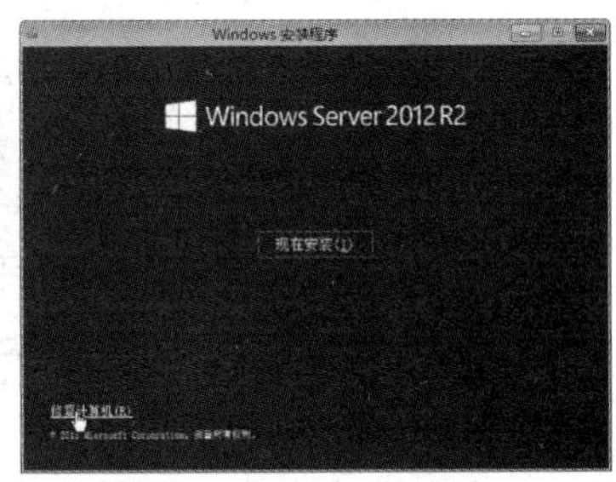

图 10-81　修复计算机

36 如图 10-82 所示，在“选择一个选项”下单击“疑难解答”选项图标按钮。

37 如图 10-83 所示，在“高级选项”下单击“系统映像恢复”选项图标按钮。

38 如图 10-84 所示，单击 Windows Server 2012 R2 选项图标按钮。

39 如图 10-85 所示，在“对计算机进行重镜像”对话框中可以直接选择最近一次备份进行恢复，也可以选择所需备份进行恢复，单击“下一步”按钮。

图 10-82　疑难解答

图 10-83　系统映像恢复

图 10-84　选择目标操作系统

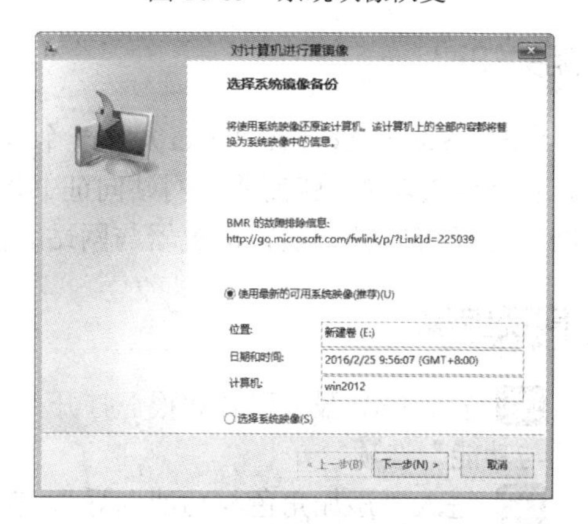

图 10-85　选择备份的系统映像

40 如图 10-86 所示，将“选择其他的还原方式”中的设置保持默认，单击“下一步”按钮。

41 如图 10-87 所示，单击“完成”按钮，计算机开始恢复系统备份。

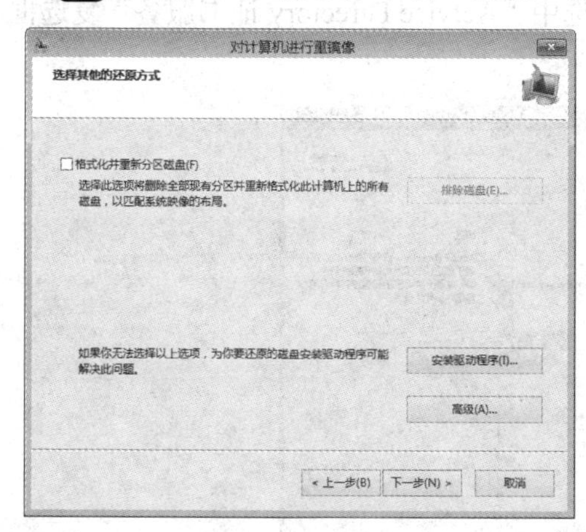

图 10-86　还原方式

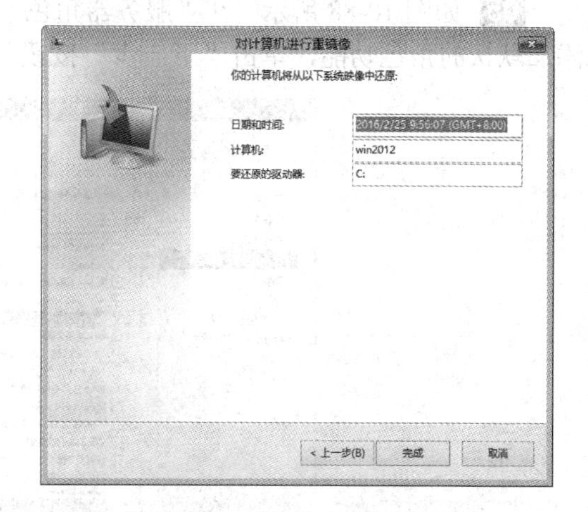

图 10-87　对计算机进行重镜像

42 系统恢复完毕后，重启计算机，进入恢复后的系统。

任务五　创建 SSL 网站证书服务

任务描述

安装证书服务器企业根、为 Web 站点颁发证书、实现 SSL 访问。观看“创建 SSL 网站证书服务”教学视频请扫右侧二维码。

创建 SSL 网站证书服务

相关知识

SSL（Secure Sockets Layer）是一个以 PKI 为基础的安全性通信协议，若要让网站拥有 SSL 安全连接功能，就需要为网站向证书颁发机构（CA）申请 SSL 证书（Web 服务器证书）。在网站拥有 SSL 证书后，浏览器与网站之间就可以通过 SSL 安全连接来通信了。

实现步骤

01 安装证书服务器企业根。打开“服务器管理器”窗口，在“仪表板”中单击“添加角色与功能”选项。

02 进入“添加角色与功能向导”，在“开始之前”界面直接单击“下一步”按钮。

03 在“安装类型”界面选中“基于角色或基于功能的安装”单选按钮，单击“下一步”按钮。

04 “服务器选择”界面选中“从服务器池中选择服务器”单选按钮，单击“下一步”按钮。

05 如图 10-88 所示，在“服务器角色”中选中“Actvice Directory 证书服务”复选框，添加默认的角色功能，单击“下一步”按钮。

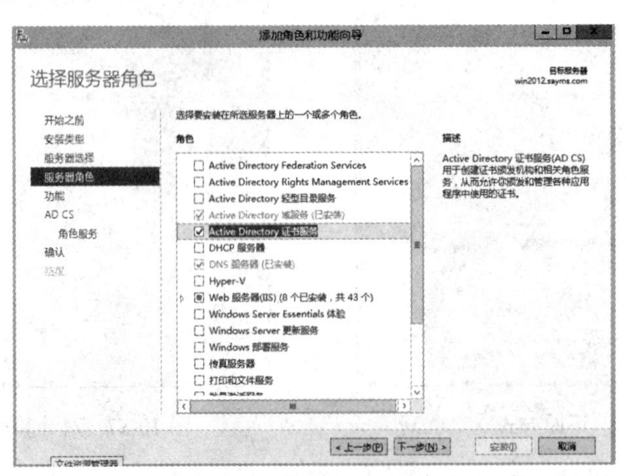

图 10-88　选择服务器角色

06 如图 10-89 所示，在“选择功能”这一步保持默认，单击“下一步”按钮。

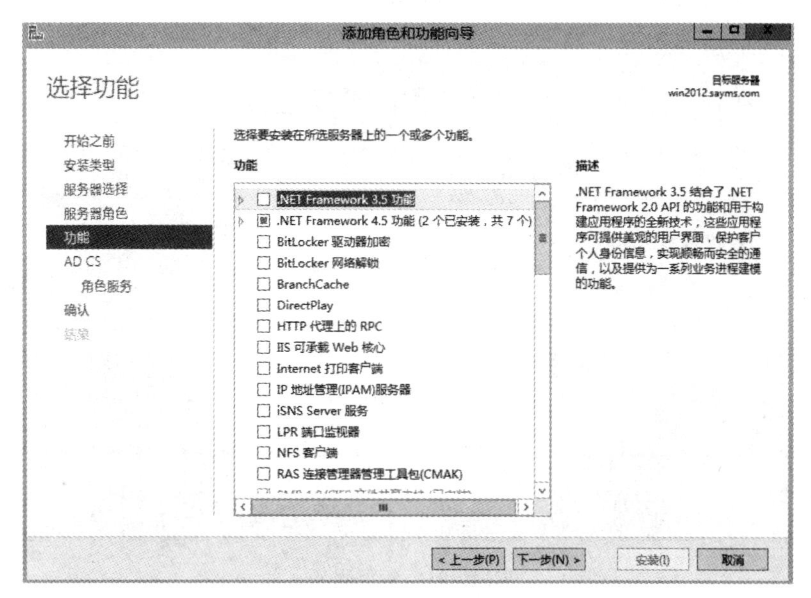

图 10-89 选择功能

07 如图 10-90 所示，在“Actire Direetory 证书服务”中直接单击“下一步”按钮。

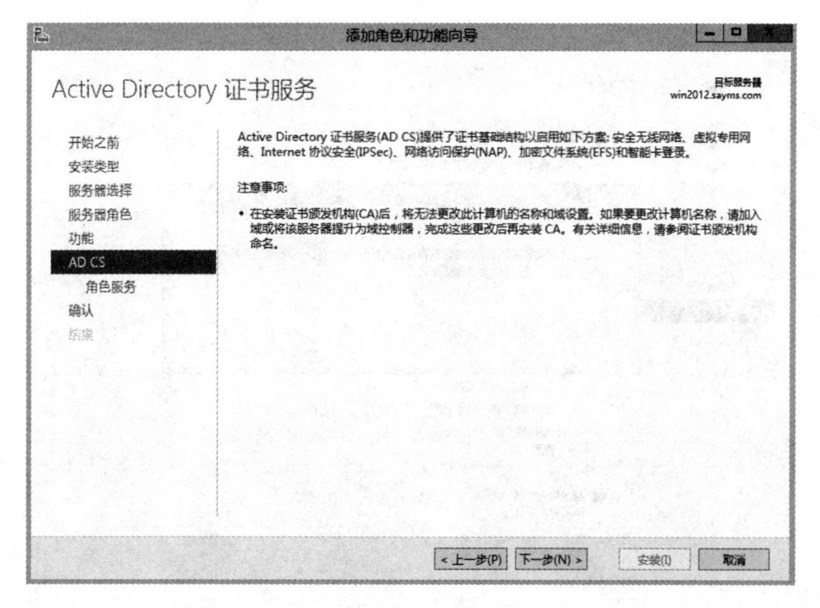

图 10-90 选择 AD CS

08 如图 10-91 所示，在“选择角色服务”中选中“证书颁发机构”、“证书颁发机构 Web 注册”、“证书注册 Web 服务”和“证书注册策略 Web 服务”复选框，单击“下一步”按钮。

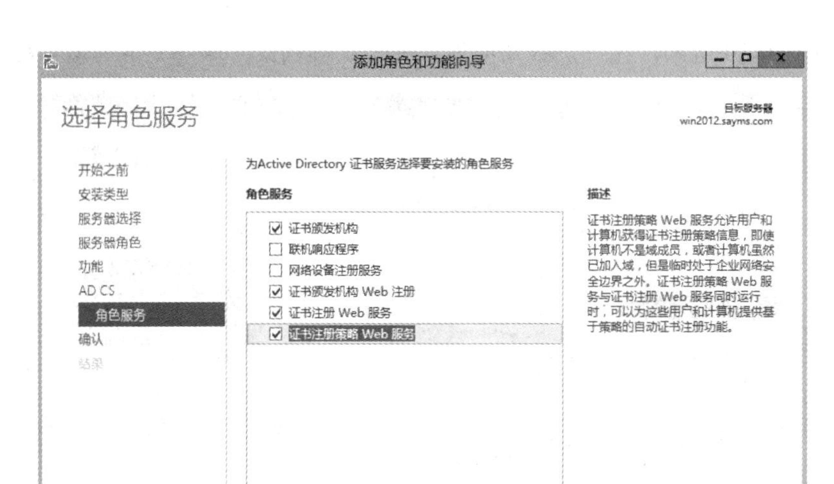

图 10-91　角色服务

09 如图 10-92 所示，在“确认”界面选中“如果需要，自动重新启动目标服务器”复选框，在弹出的提示弹对话框单击“是”按钮，进行安装。

图 10-92　确认安装

10 如图 10-93 所示，安装完成后，返回“服务器管理器”的“仪表板”界面，单击黄色感叹号显示任务通知，选择“配置目标服务器上的 Actice Directory 证书服务”选项。

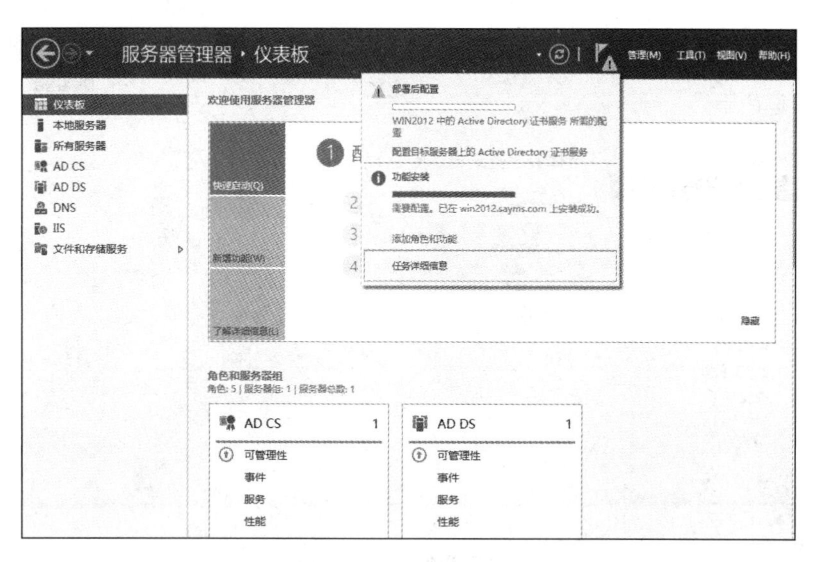

图 10-93　部署后配置

11 如图 10-94 所示，这里的“凭据”不需更改（企业根 CA 需要域管理员的凭据），保持默认即可，单击“下一步”按钮。

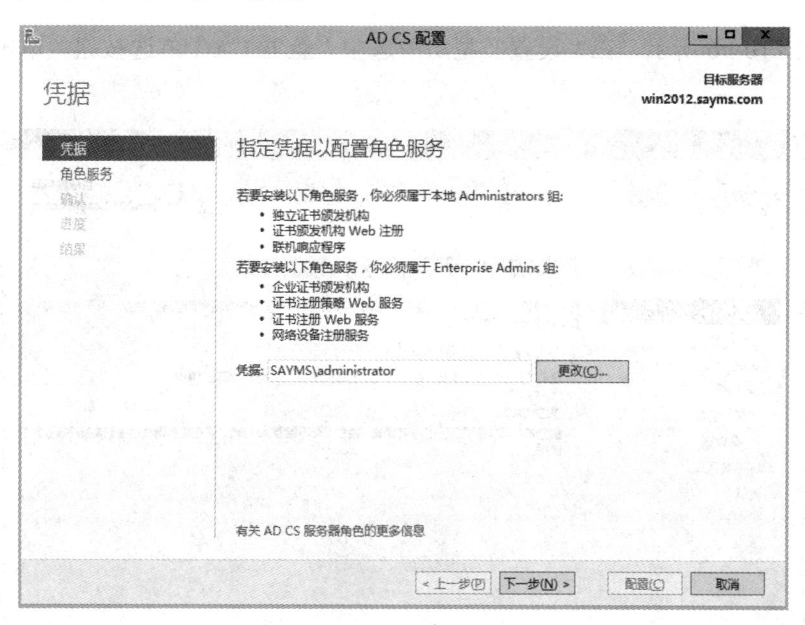

图 10-94　服务凭据

12 如图 10-95 所示，在“角色服务”选项中选中“证书颁发机构”、“证书颁发机构 Web 注册”复选框，单击“下一步”按钮。

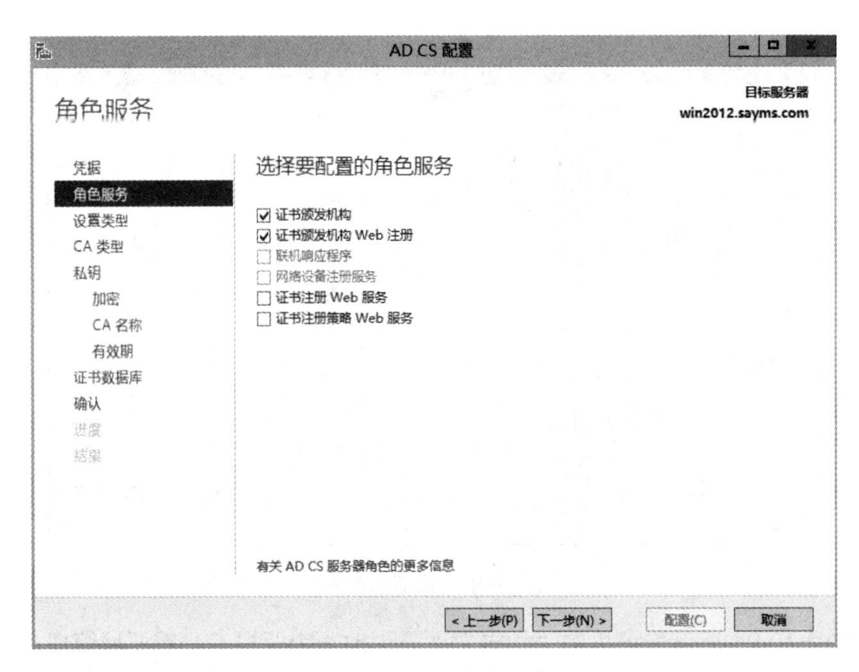

图 10-95　配置角色服务

13 如图 10-96 所示，在“设置类型”中选中“企业 CA”单选按钮，单击“下一步”按钮。

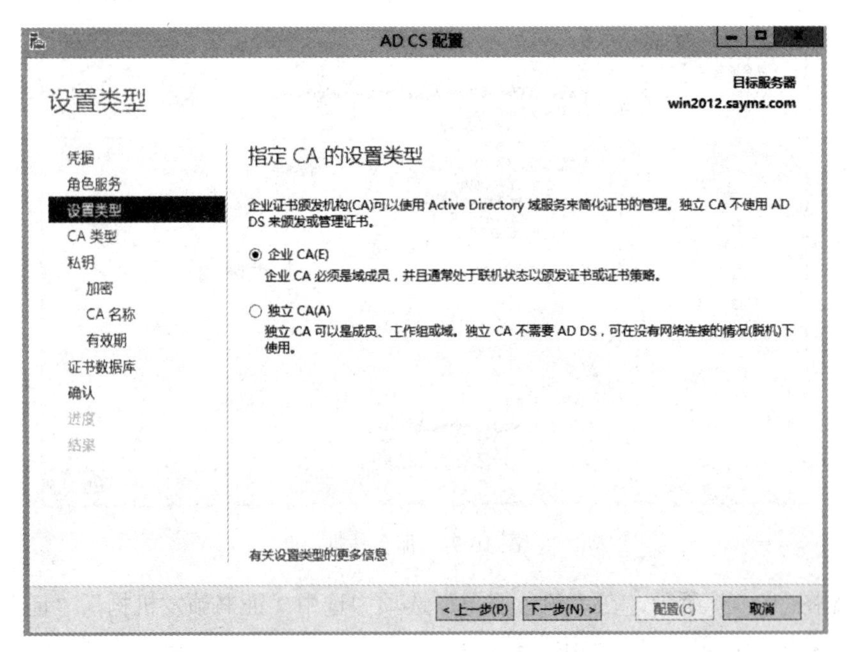

图 10-96　设置类型

14 如图 10-97 所示，在“CA 类型”中选中“根 CA”单选按钮，单击“下一步”按钮。

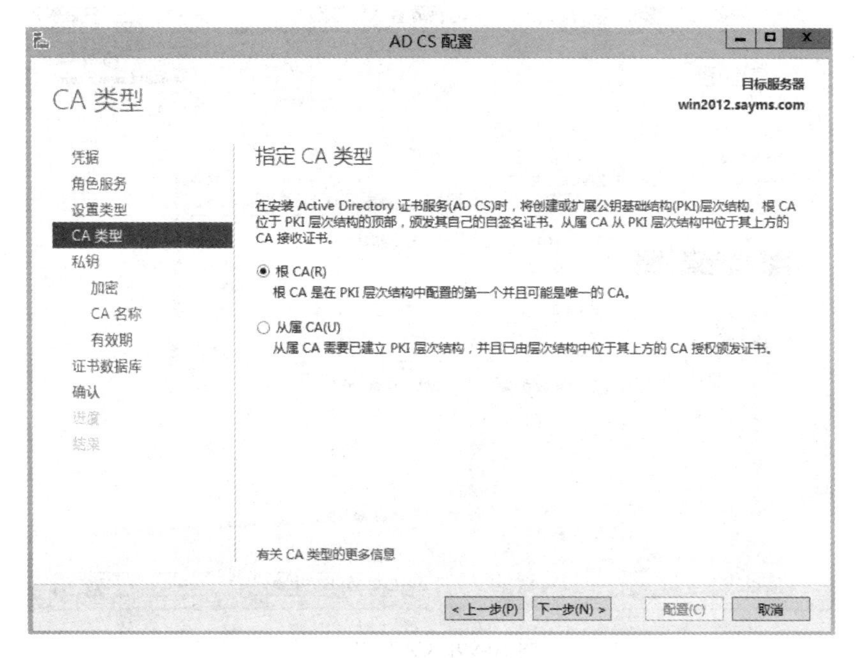

图 10-97 指定 CA 类型

15 如图 10-98 所示，在“私钥”中选中“创建新的私钥”单选按钮，单击“下一步”按钮。

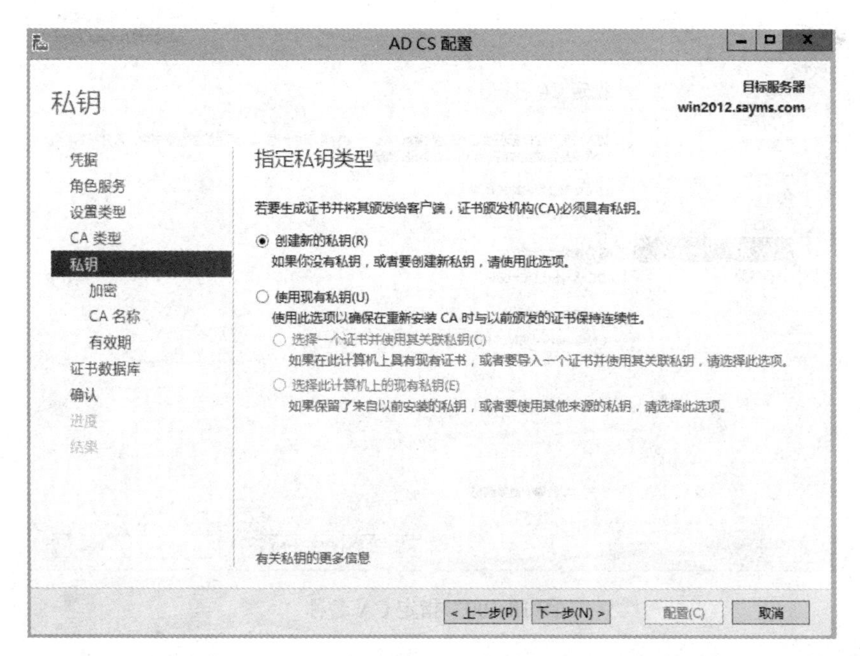

图 10-98 指定私钥类型

16 如图 10-99 所示，在“CA 的加密”中加密算法保持默认即可，也可根据实际需要进行选择，单击“下一步”按钮。

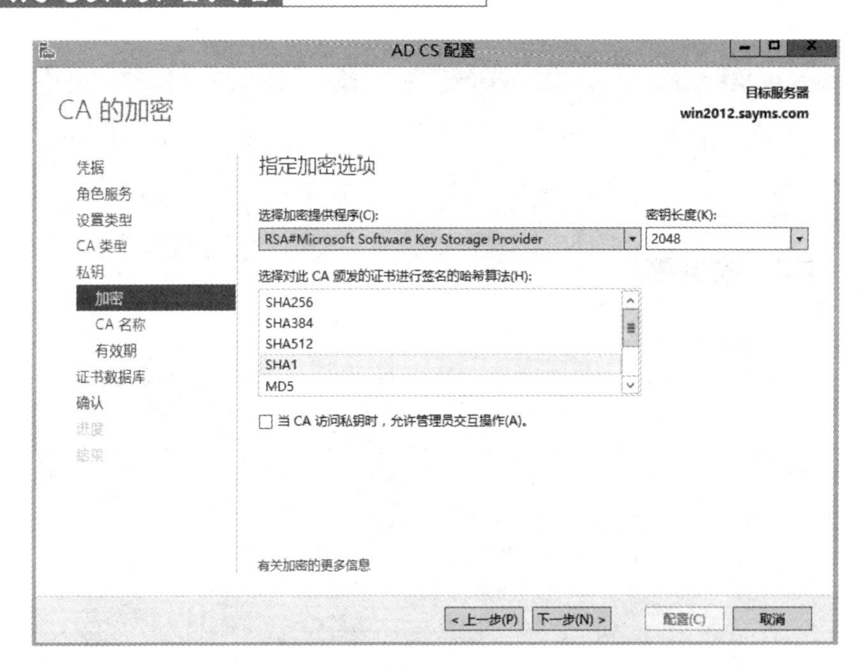

图 10-99　CA 的加密

17 如图 10-100 所示，在“CA 名称”中保持默认配置即可，直接单击“下一步”按钮。

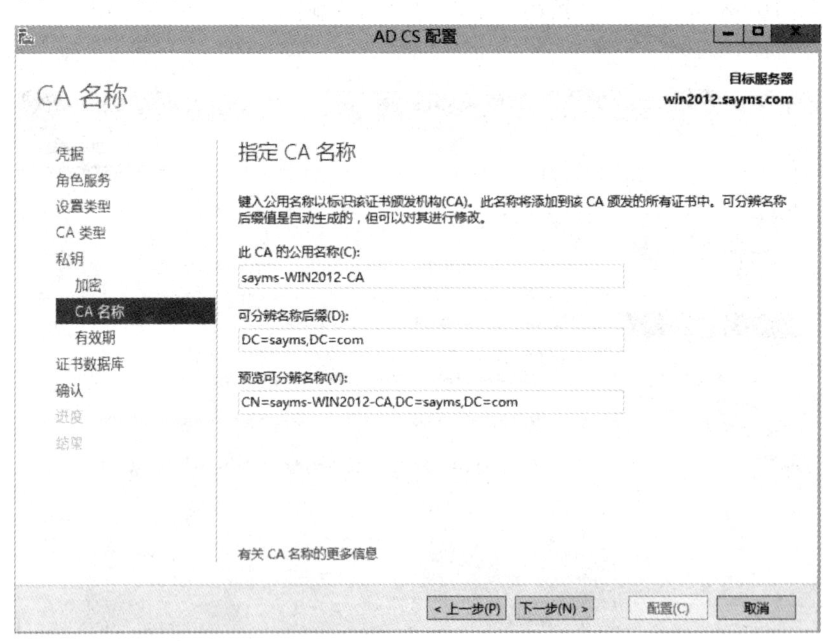

图 10-100　指定 CA 名称

18 如图 10-101 所示，在“有效期”中直接单击“下一步”按钮。

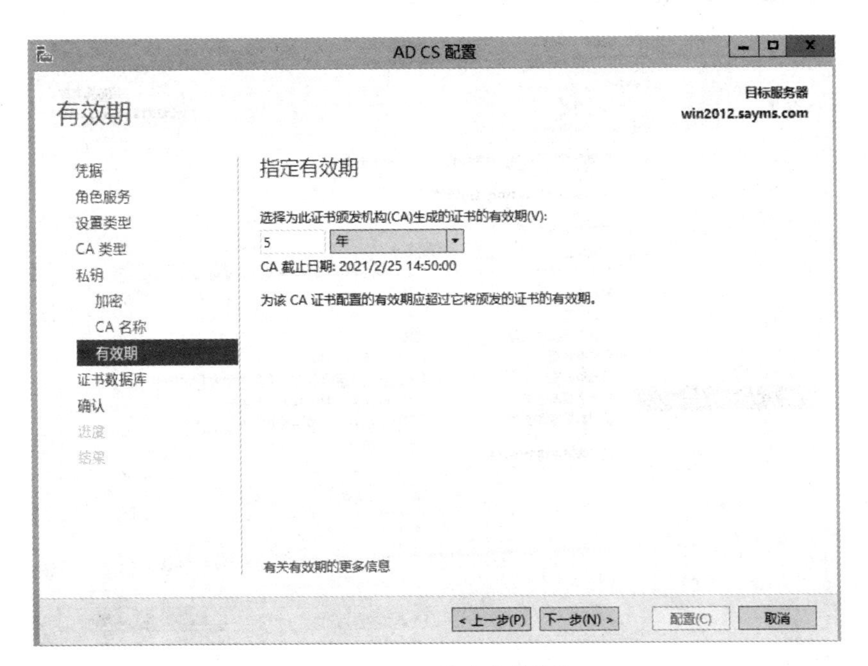

图 10-101 指定有效期

19 如图 10-102 所示，在“CA 数据库”中的“指定数据库位置”可自行设置。这里保持默认，直接单击“下一步”按钮。

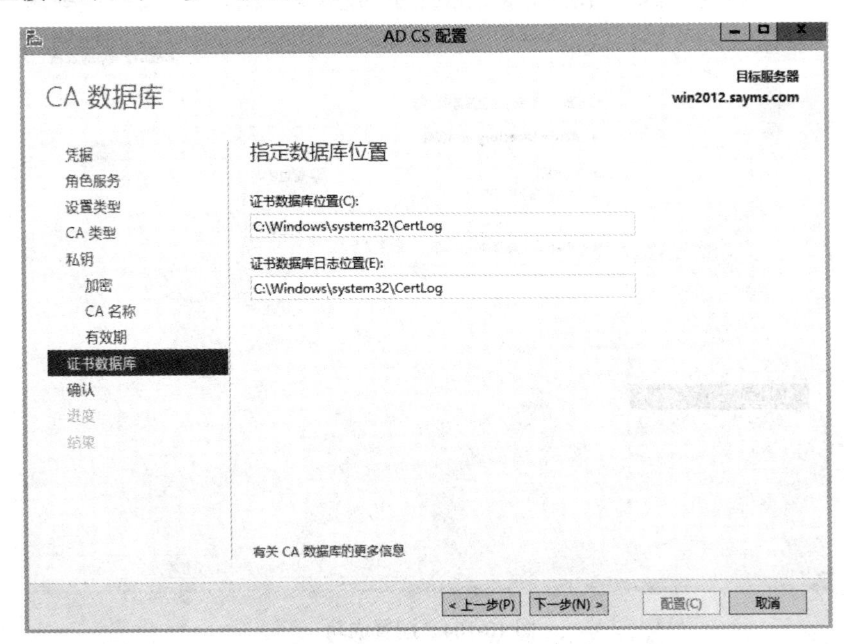

图 10-102 指定数据库位置

20 如图 10-103 所示，在“确认”中确认最后“AD CS 配置”信息，单击“配置”按钮。

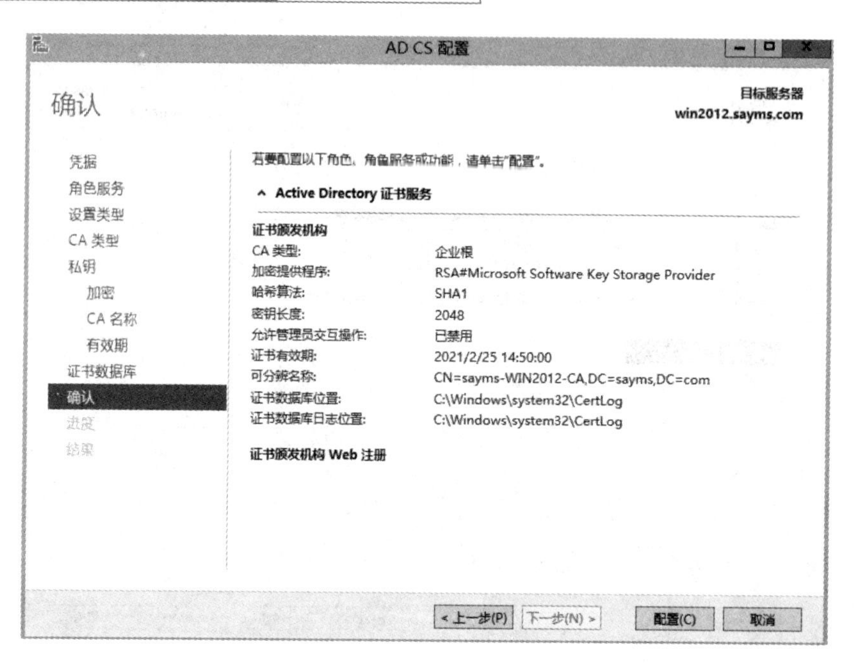

图 10-103　确认配置信息

21 如图 10-104 所示，在“结果”中等待证书服务配置完毕，单击“关闭”按钮。

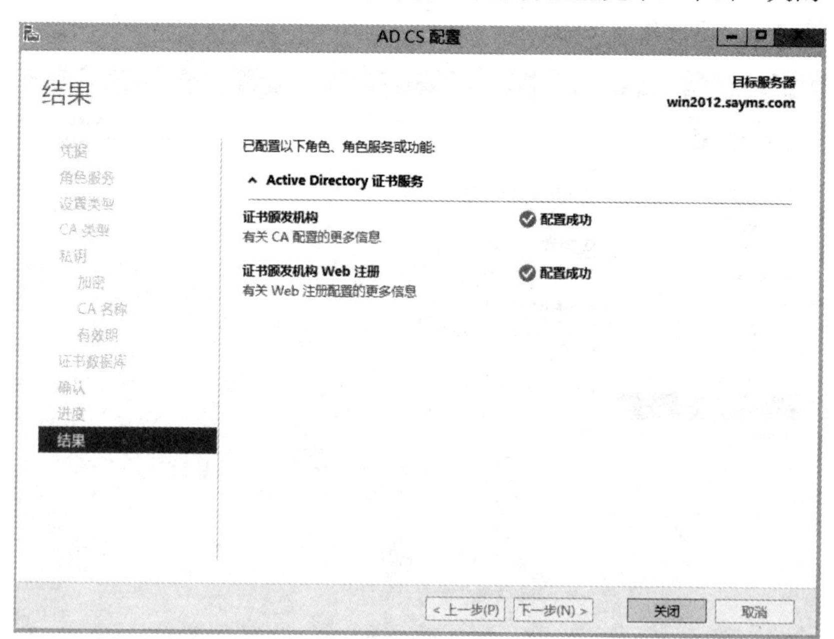

图 10-104　配置成功

22 为 Web 站点颁发证书。如图 10-105 所示，打开“IIS 管理器”主窗口。

23 如图 10-106 所示，选择“WIN2012（SAYMS\administrator）”主页项，双击打开“服务器证书”选项。

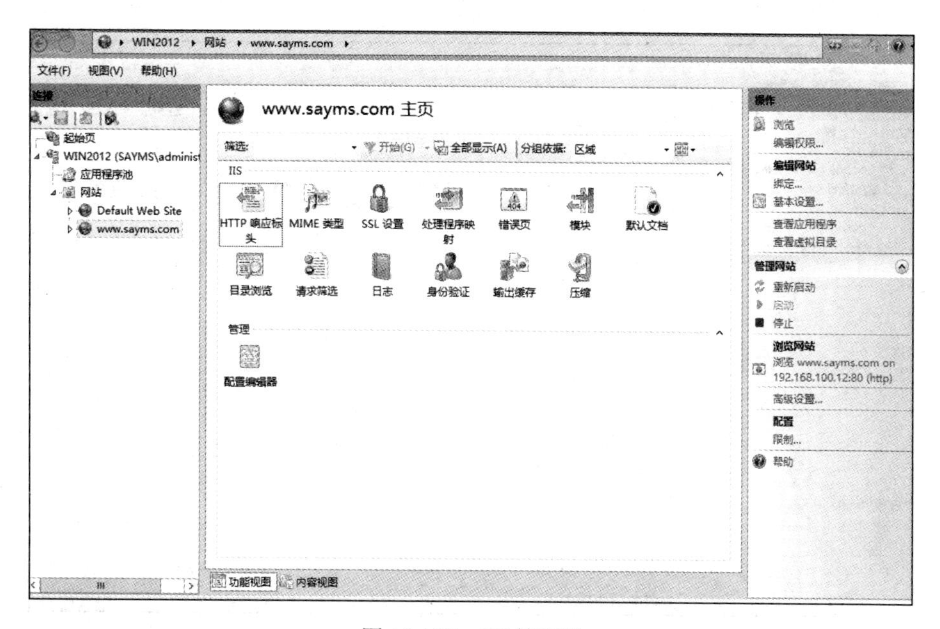

图 10-105　IIS 管理器

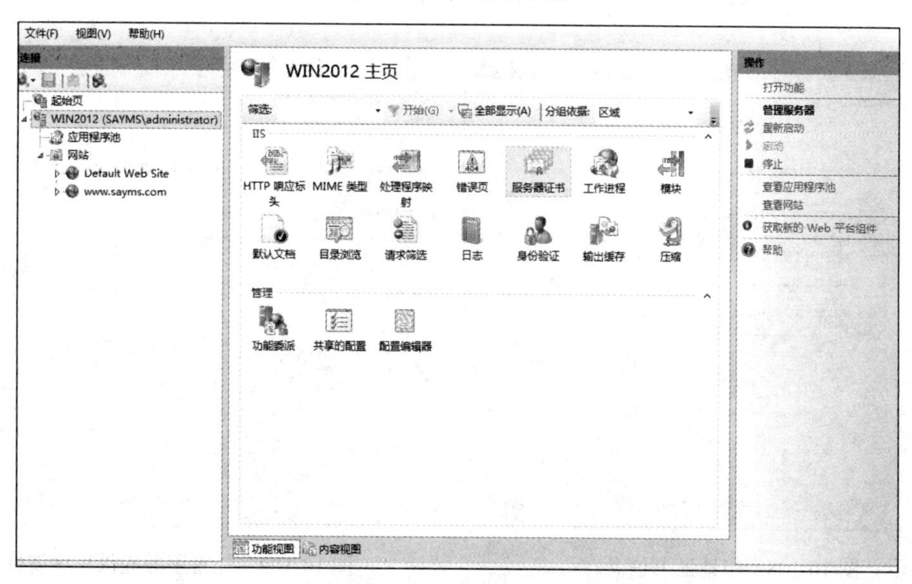

图 10-106　服务器证书

24 如图 10-107 所示，进入“服务器证书”窗口，在“操作”栏中选择“创建证书申请”选项。

25 如图 10-108 所示，在填写申请证书的各项信息后，单击“下一步”按钮。

26 如图 10-109 所示，在“加密服务提供程序属性”中保持默认设置，单击“下一步”按钮。

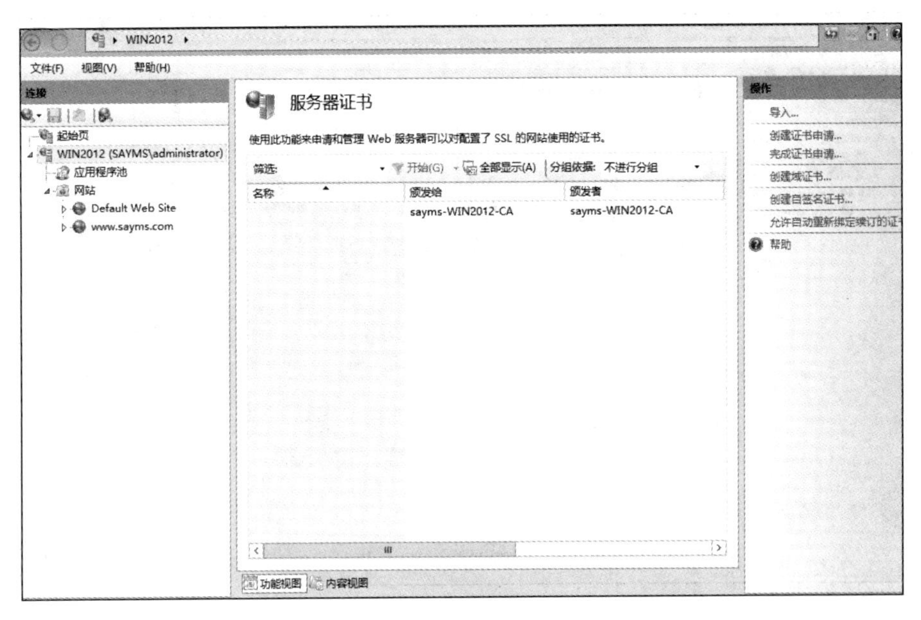

图 10-107　创建服务器证书

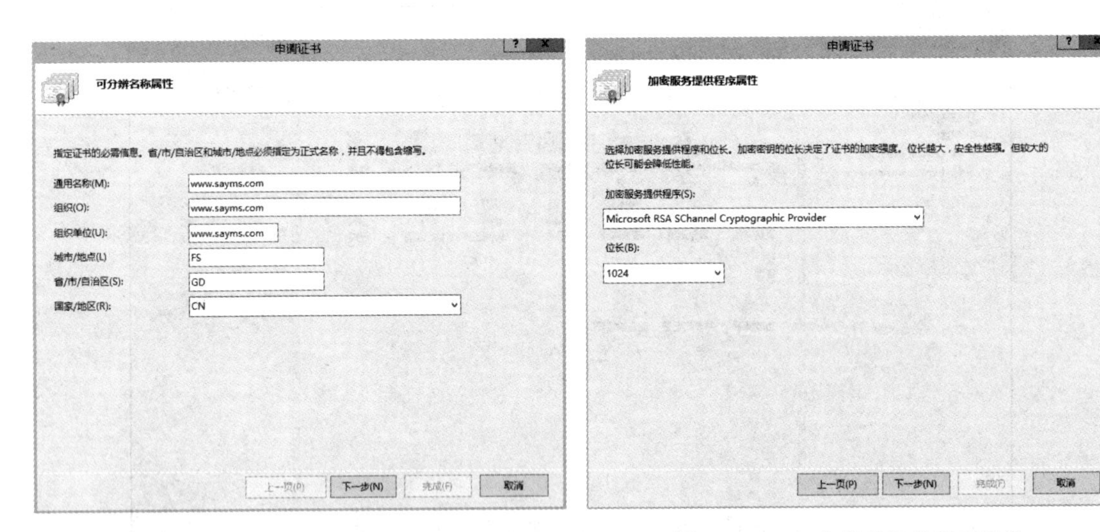

图 10-108　申请证书信息　　　　图 10-109　加密服务提供程序属性

27 如图 10-110 所示，在“文件名”中单击“...”按钮，指定证书申请的保存路径。

28 如图 10-111 所示，在“指定另存为文件名”窗口中指定文件名并保存到桌面。

29 如图 10-112 所示，返回到“文件名”中单击“完成”按钮。

30 如图 10-113 所示，打开保存的证书申请 1.txt 文件，把内容全部选中，右击，在弹出的快捷菜单中选择“复制”命令。

31 如图 10-114 所示，打开“IIS 管理器”，展开“网站”中的 Default Web Site 组选择 CertSrv 选项，单击“管理应用程序”中的“浏览 *.80（http）”选项，进入申请证书的 Web 页面。

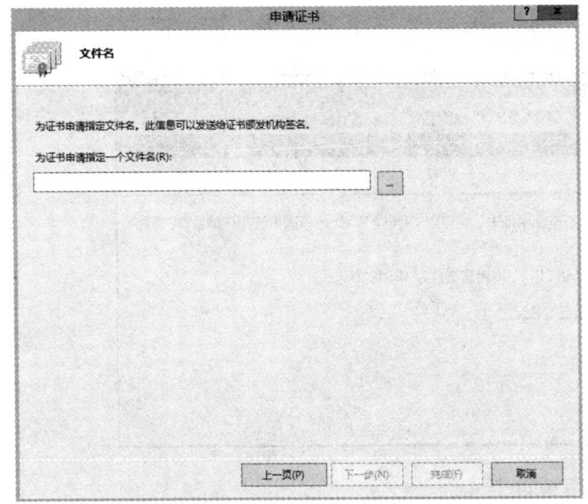

图 10-110　指定证书申请文件名

图 10-111　指定文件名

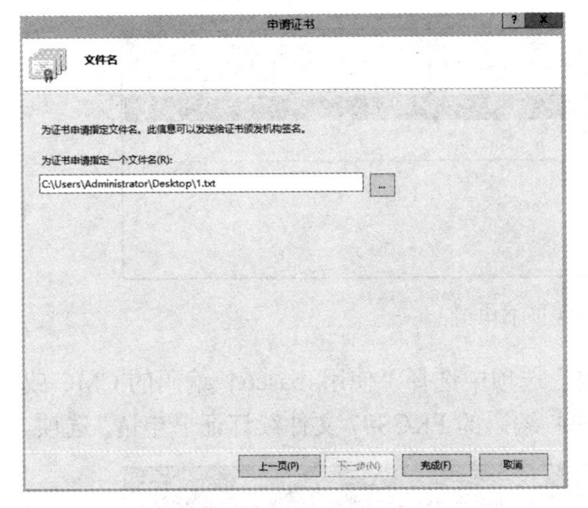

图 10-112　保存证书申请

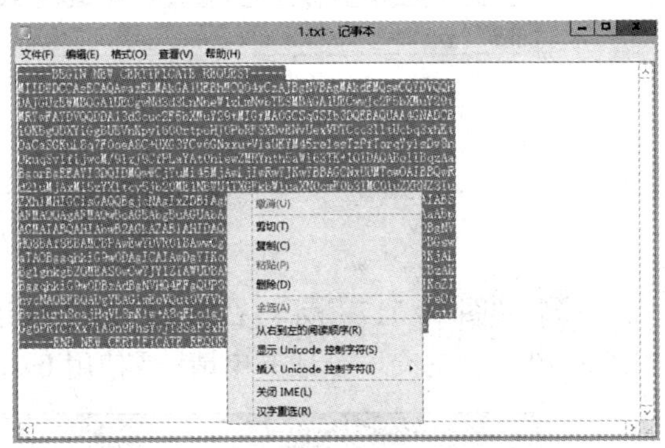

图 10-113　复制证书申请

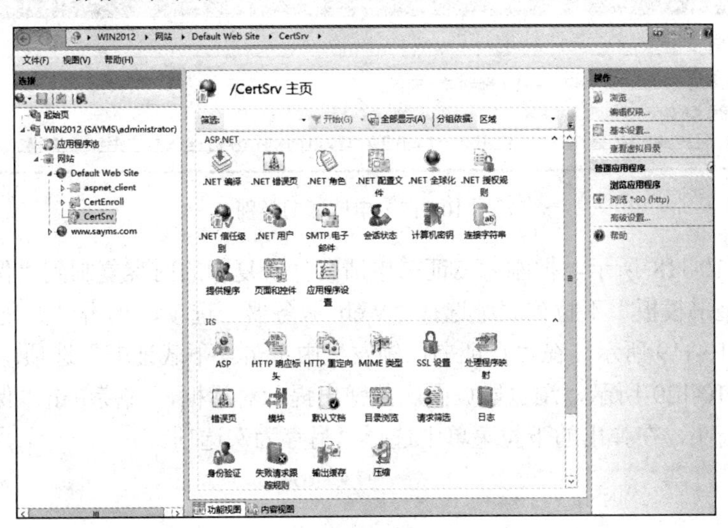

图 10-114　访问证书申请网站

32 如图 10-115 所示，在“选择一个任务”选项中单击“申请证书”选项。

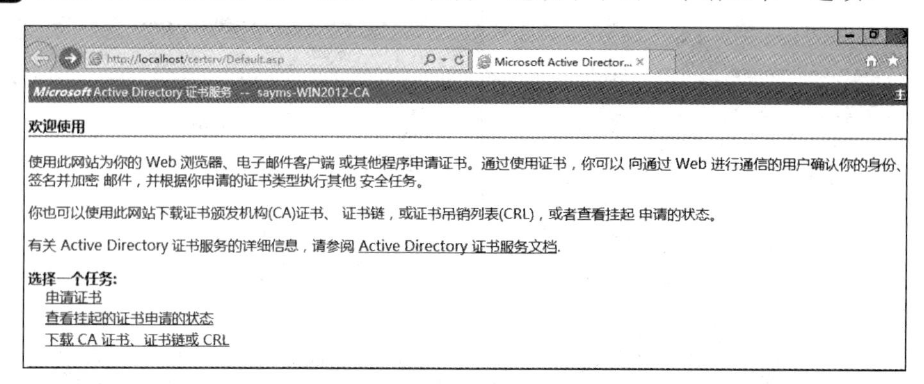

图 10-115 申请证书

33 如图 10-116 所示，在“申请一个证书”选项中单击“高级证书申请”选项。

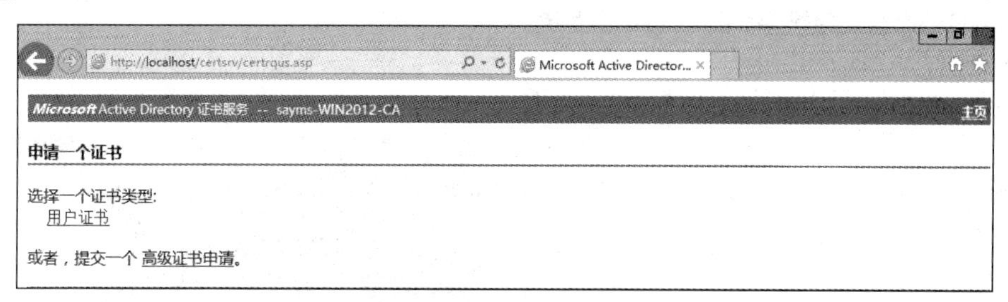

图 10-116 高级证书申请

34 如图 10-117 所示，在“高级证书申请”选项中选择“使用 base64 编码的 CMC 或 PKCS#10 文件提交一个证书申请，或使用 base64 编码的 PKCS#7 文件续订证书申请”选项。

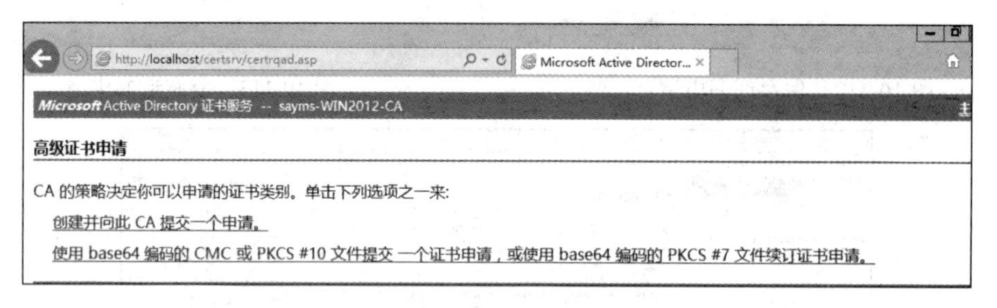

图 10-117 申请证书类别

35 如图 10-118 所示，把刚才在证书申请文件所复制的内容复制到“保存的申请”文本框中，在“证书模板”下拉列表中选择“Web 服务器”选项，单击“提交”按钮。

36 如图 10-119 所示，在“在证书已领发”中单击“下载证书”选项。

37 如图 10-120 所示，浏览器页面底部弹出提示对话框，直接单击“保存”按钮或单击旁边的下向箭头，在弹出的下拉菜单中选择“另存为”选项。

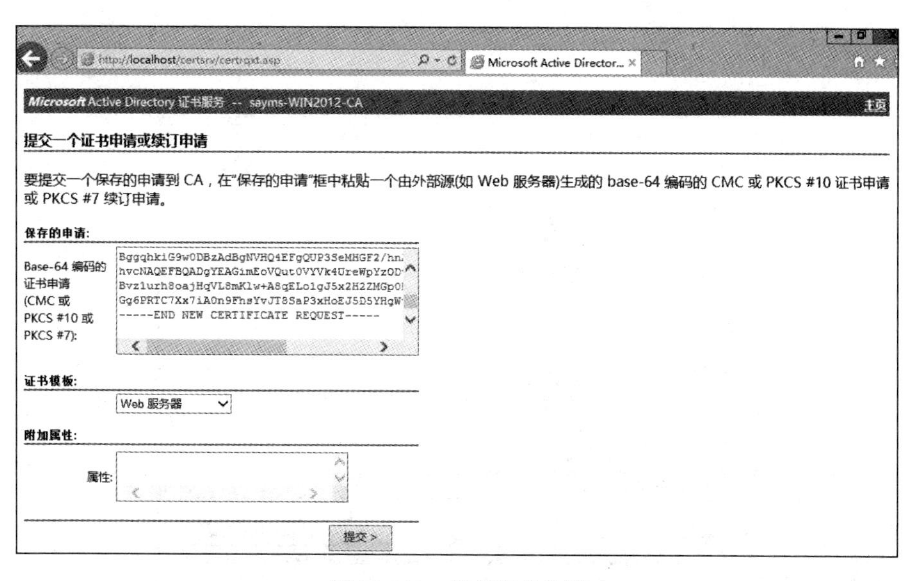

图 10-118　提交证书申请

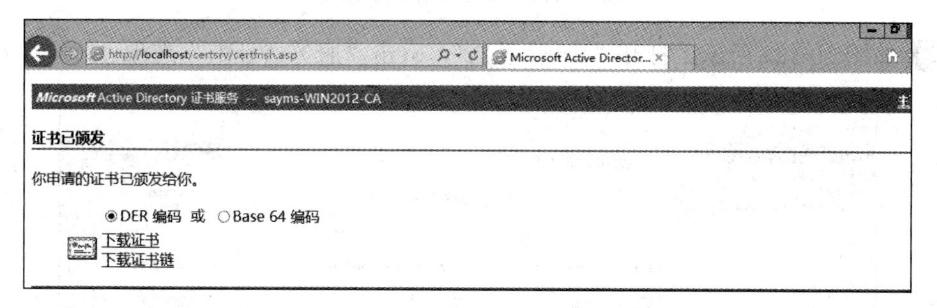

图 10-119　下载证书

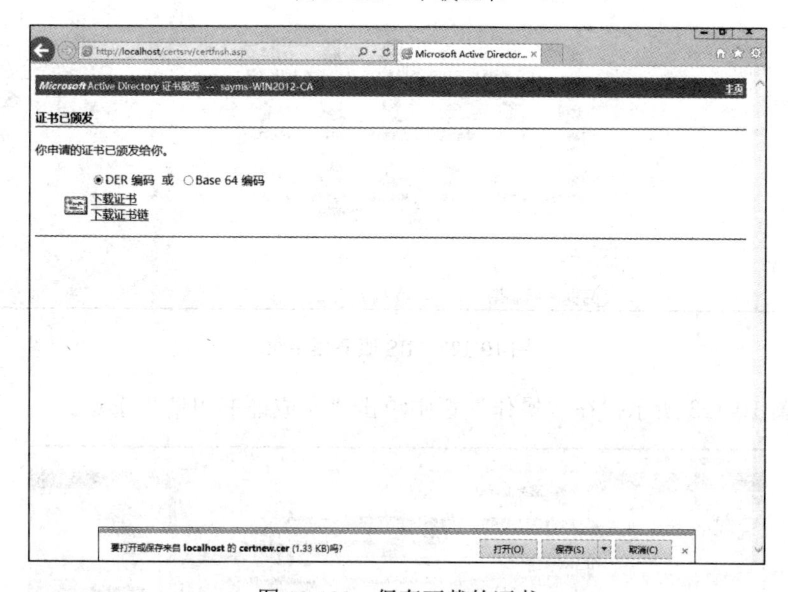

图 10-120　保存下载的证书

38 如图 10-121 所示，在打开的“另存为”窗口中指定保存证书的路径，单击“保存”

按钮。

图 10-121　指定保存证书路径

39 如图 10-122 所示，打开“IIS 管理器”，双击“服务器证书”选项。

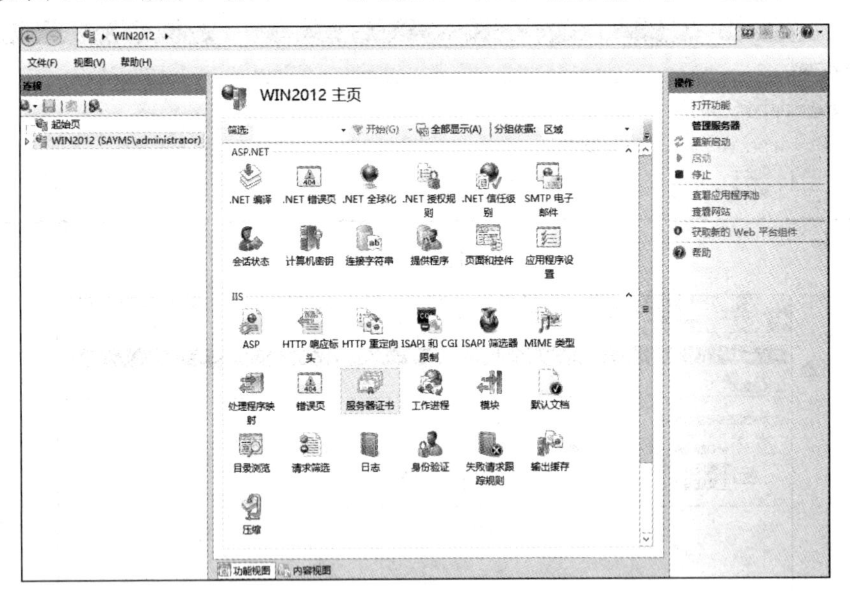

图 10-122　IIS 服务器主页

40 如图 10-123 所示，在“操作”栏中单击“完成证书申请”选项。

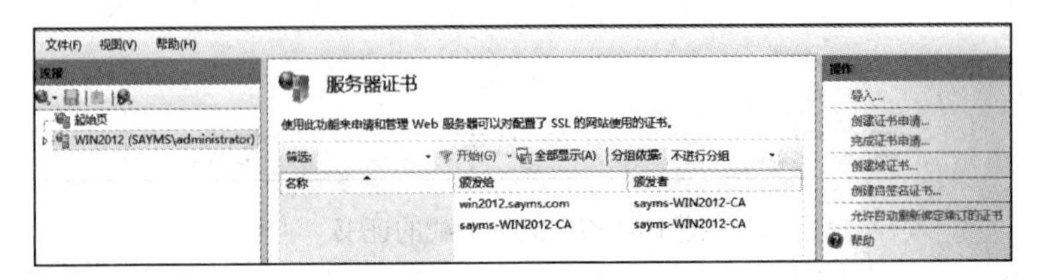

图 10-123　完成证书申请

41 如图 10-124 所示，单击“...”按钮后在打开的“打开”窗口中指定服务器证书保存的路径，单击“打开”按钮。

图 10-124　打开下载的证书

42 如图 10-125 所示，输入方便记忆的名称，单击“确定”按钮。

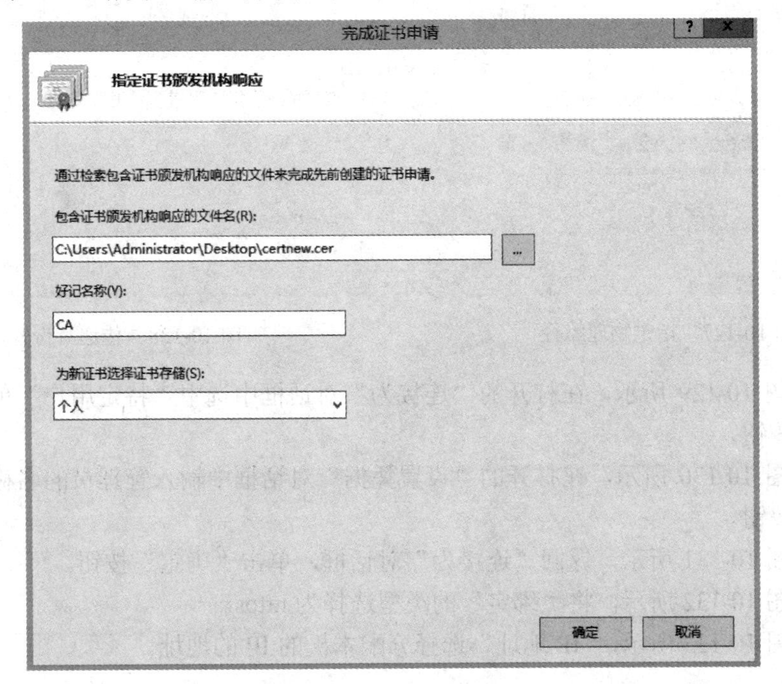

图 10-125　指定方便记忆的证书

43 实现 SSH 访问。如图 10-126 所示，打开“IIS 管理器”，右击“网站”选项，在弹出的快捷菜单中选择“添加网站”选项。

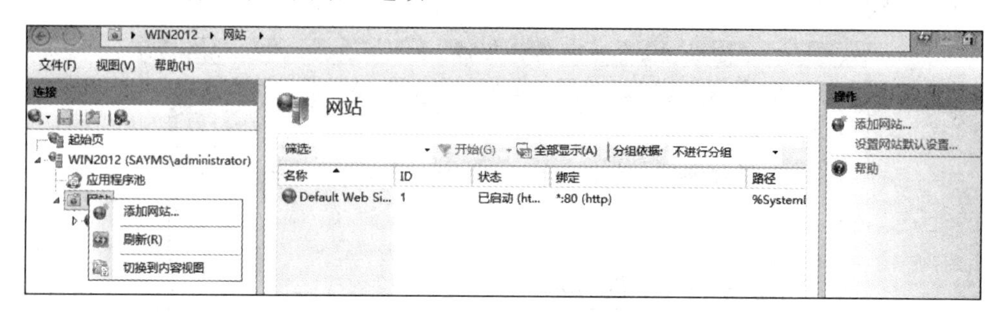

图 10-126 添加网站

44 如图 10-127 所示，在打开的“添加网战”对话框中填上网站名，指定“物理路径”，选择存放网站首页的文件夹，单击“确定”按钮。

45 如图 10-128 所示，单击“连接为”按钮。

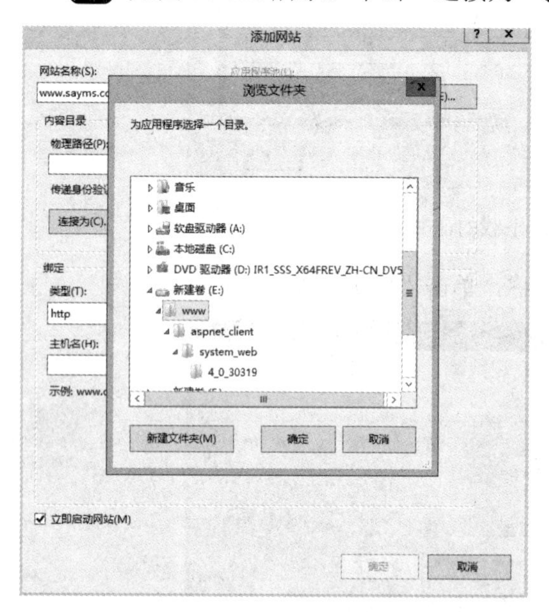

图 10-127 指定物理路径

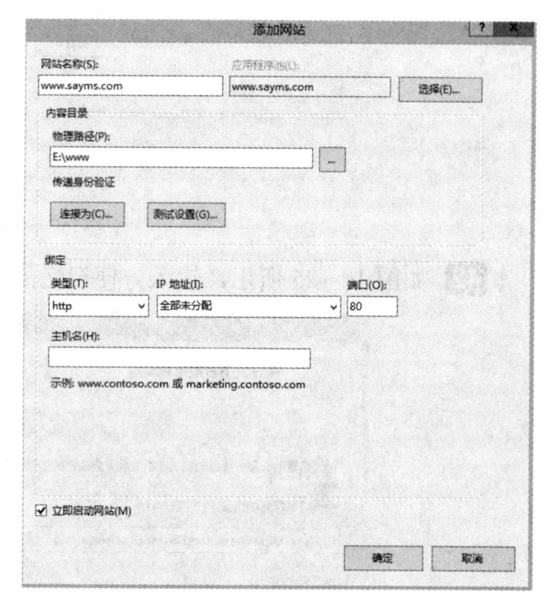

图 10-128 传递身份验证

46 如图 10-129 所示，在打开的“连接为”对话框中选中“特定用户”单选按钮，单击“设置”按钮。

47 如图 10-130 所示，在打开的“设置凭据”对话框中输入管理员的名称和密码，单击“确定”按钮。

48 如图 10-131 所示，返回“连接为”对话框，单击“确定”按钮。

49 如图 10-132 所示，将“绑定”的类型选择为 https。

50 如图 10-133 所示，“IP 地址”选择分配本机的 IP 的地址。

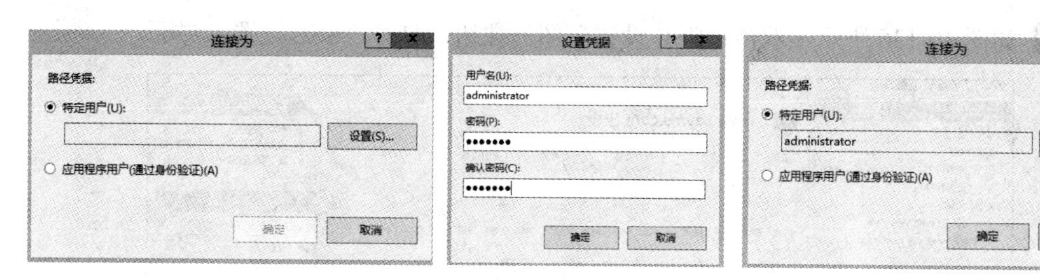

图 10-129　设置特定用户　　图 10-130　设置凭据　　图 10-131　连接为指定 administrator

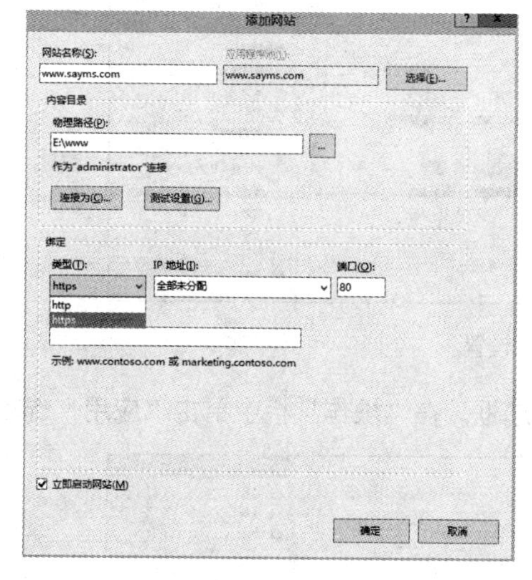

图 10-132　网站绑定类型

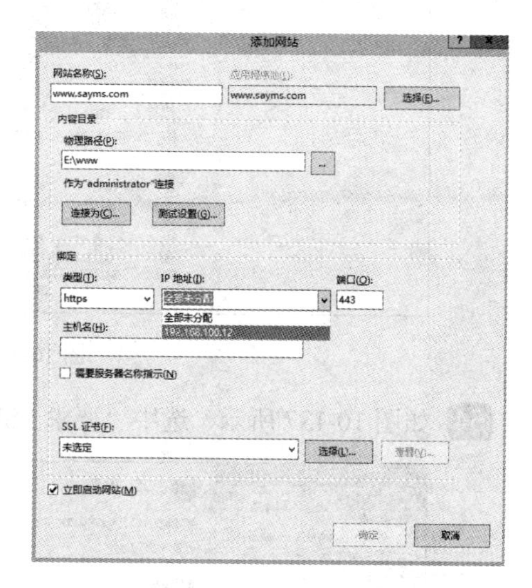

图 10-133　分配网站 IP 地址

51 如图 10-134 所示，“主机名”可以填上网站的域名。

52 如图 10-135 所示，“SSL 证书”选择刚申请保存的证书 CA，单击“确定”按钮。

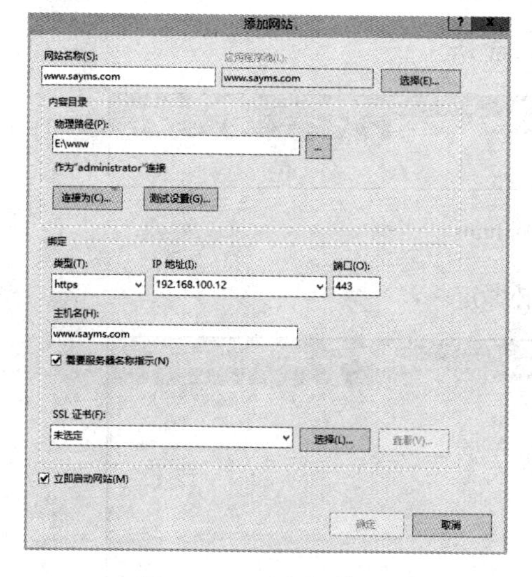

图 10-134　网站主机名

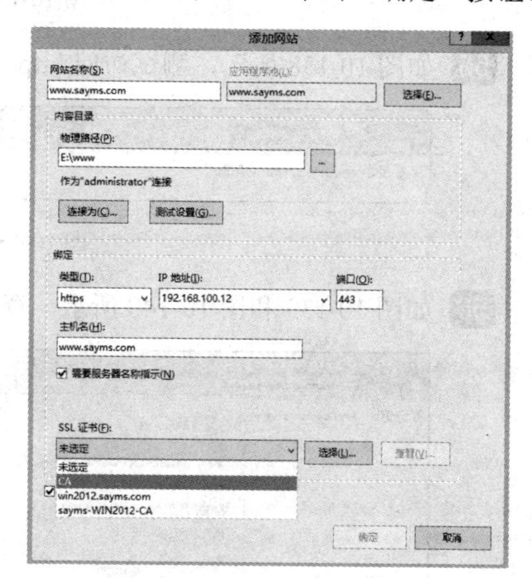

图 10-135　选择 SSL 证书

53 如图 10-136 所示，双击“SSL 设置”图标按钮，打开“SSL 设置”界面。

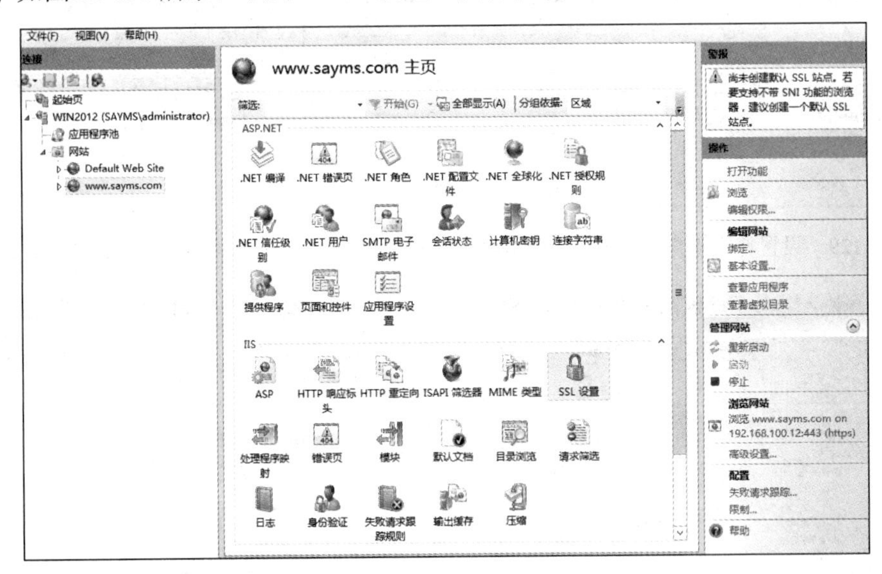

图 10-136 SSL 设置

54 如图 10-137 所示，选中“要求 SSL”复选框，在“操作”栏中单击“应用”选项。

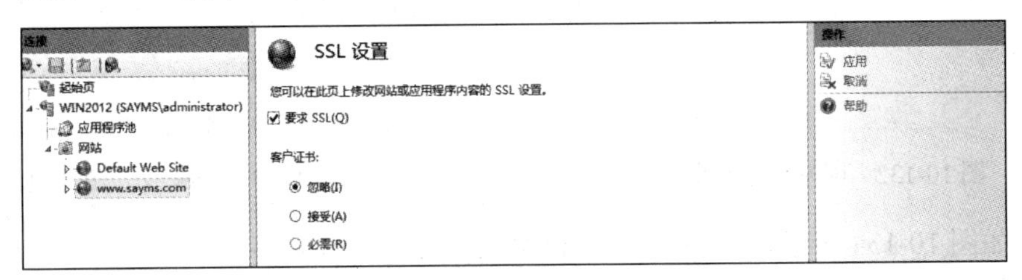

图 10-137 要求 SSL

55 如图 10-138 所示，测试访问 https 网站，成功。

图 10-138 访问 https

56 如图 10-139 和图 10-140 所示，查看证书绑定。

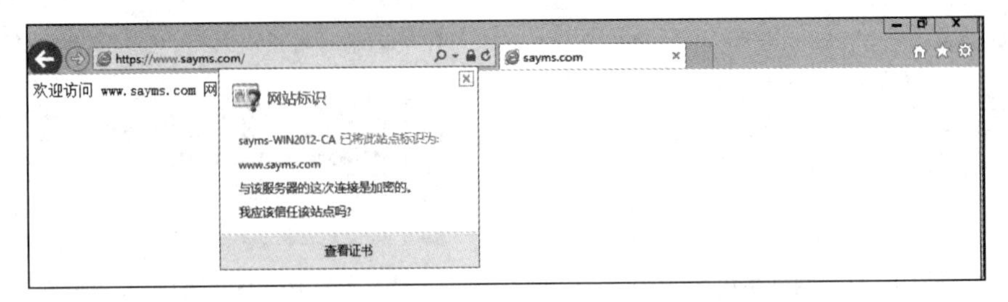

图 10-139 查看服务器证书

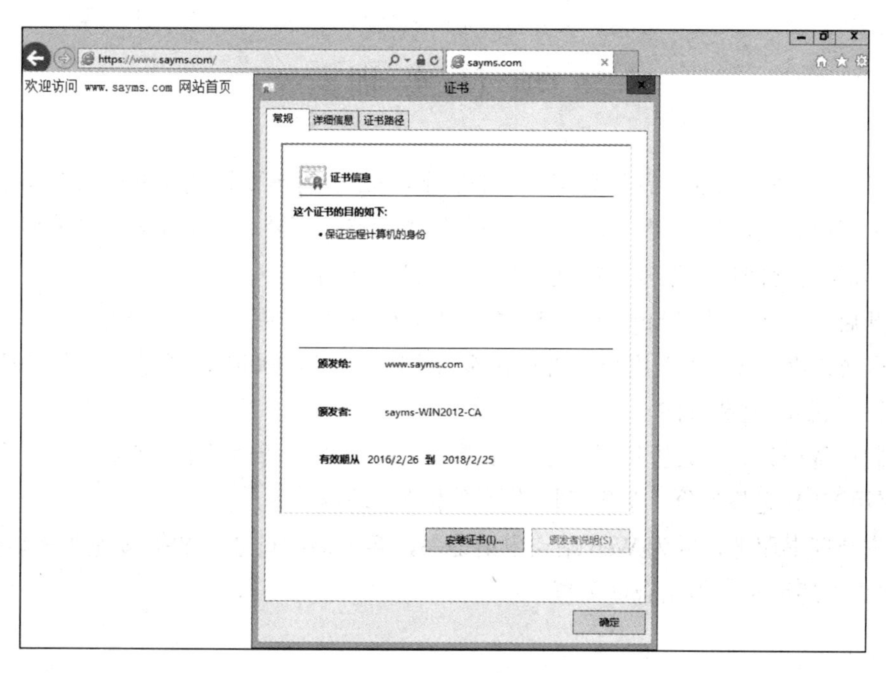

图 10-140　服务器证书信息

项 目 小 结

服务器是网络应用的基础，服务器系统的安全自然也就是网络安全的重点，根据服务器所处环境的不同，Windows Server 2012 R2 系统支持管理员启用不同的安全防护策略。

在实际应用中，Windows Server 2012 R2 能够帮助企业管理和扩大业务流程，对于一个企业来说，定义系统保护策略以确保企业的关键业务信息的安全是至关重要的。保证服务器安全是一个系统的工程，很难通过一种手段或方法保证安全目标的实现，我们需要针对不同的安全需要来选择不同方法，立体地保护 Windows Server 2012 R2 系统的安全。

在本项目中，具体介绍了关于系统安全管理的几个常用技术。主要从五个任务着手：组策略和磁盘配额适用于域用户，组和组织单位，前者是在安全策略上的管理，后者更多的是起到一定的限制作用，同时也保证了服务器中的磁盘能正常使用和运作；Windows 防火墙用于在网络通信中进行安全限制，对网络信息进行过滤；系统的备份则是为了保护系统中的重要数据，尽可能减少灾难损失；而 Web 站点采用 SSL 加密访问，可以确保站点访问信息的安全性。当然，这些只是安全管理操作的一部分，也是比较基本的安全管理操作，只有从各方面保护服务器的安全，才能提供可靠的服务基础。

项 目 实 训

为了保证公司内部的信息与系统网络的安全，SZ 公司需要管理员进行以下操作：

1）配置组策略，禁止用户使用可移动存储类策略；配置域安全策略，帐户锁定阈值为四次，如果超过此阈值，该帐户将被锁定的时间为 60min。

2）开启防火墙，开启 http80 端口，允许 WinRAR 程序通过防火墙通信。

3）启动磁盘配额，为新用户设置默认磁盘空间限制为 800MB，警告等级为 500MB，用户超过配额限制时记录事件。

4）制订备份计划，设置每日的凌晨 1 点和下午 6 点对活动目录、系统状态进行正常备份，并采用 VVS 完整备份，备份目标选择“本地驱动器”。

5）安装证书服务，并为 Web 站点申请证书，要求该站点通过 SSL 安全加密访问。

请根据上述要求，做出合适配置。